JMPによる技術者のための多変量解析

技術企画から信頼性評価まで

廣野 元久 著

日本規格協会

JMP, SAS, その他 SAS Institute Inc. の製品名・サービス名は, SAS Institute Inc. の, 米国及びその他の国における登録商標又は商標です.

本書中では, ®マーク, TM は明記しておりません.

まえがき

　世の中は，ビッグデータやAI（人工知能）といった統計学を基盤としたデータ分析により何回目かの統計ブームが起きている。データ分析する人たちが自らをデータサイエンティストや統計学者といった名前で呼び，新たなビジネスの可能性に賭けている。今度ばかりはブームではなく，我が国でも統計学を基礎としたデータ分析が定着しそうな気配である。嬉しい限りである。統計学の書籍には，学術的に統計手法の数理を解説したり研究者の成果をまとめたりした専門的なものから，統計ソフトの使いこなしを解説したハウツー的なものまで多種多様であり，医薬・工学・マーケティング・経済・スポーツ・教育・行政など各分野によって用いられる手法や作法も様々である。ブームに乗り統計学の書籍が毎月のように出版されている。数ある良書が簡単に手に入る中で，新たに多変量解析の本を世に問うことは勇気のいることであった。本書は数理的な側面をできるだけ削ぎ落とし，問題解決の手段として多変量解析を活用したい技術者を対象とした手順書に徹した内容を目指したものである。

　そのために，例題を通じて多変量解析のツボ・コツがわかるように，例題に用いたデータには以下の点を配慮した。
① データは読者が実際に分析できるように全て提供する。具体的には日本規格協会のホームページから全てのデータをダウンロードできる。
② 例題は分析過程を単純化するために実際のデータを加工したものや成書で取り扱われた有名なデータを加工したものを用意した。できるだけ実例の泥臭さを残して実際の問題解決に役立つように工夫した。
③ 世に言うビックデータほどの量はないものの，ある程度の量を持つデータを用意して臨場感を消さないように配慮した。
④ 例題は各章で紹介する手法の基本的な手順を理解するために用意したが，

他の章で紹介する手法の練習問題にもなる．読者は例題を使って，様々な角度からJMPを使ったデータ分析に挑戦してほしい．

また，役立つ例題に仕立てるには良いソフトウェアが必要である．本書では数ある評判のよいソフトウェアの中から，SAS社が開発した統計ソフトウェアのJMPを採用している．JMPを選んだのは，以下に示す7つの要素を備えた稀有なソフトウェアであるからである．

① 利便性―誰もが直感的に自由に使いこなせる道具であること
② 客観性―データ分析を通じて科学的な仮説検証過程を学べること
③ 作業性―問題解決の思考を邪魔しないオペレーションができること
④ 伝達性―データの可視化が直感的なグラフで表現できること
⑤ 正確性―単なる集計では見えない隠れた情報を正しく抽出できること
⑥ 学習性―モデリング志向により組織知の成長を促すことができること
⑦ 蓄積性―報告資料の標準化が簡単にできること

JMPを使ったことのない読者はJMPのホームページにアクセスして，JMPデモ版を利用すれば，例題を通して多変量解析の醍醐味を体験できるだろう．ぜひ本書と共にJMPの良さを体感してほしい．

ところで，数ある多変量解析の手法は，どのような目的で使われるのであろうか．技術者が多変量解析を実務(研究開発・新製品開発・品質管理等)に役立てるために，以下に示す3つの視点で手法をまとめてみた．

(1) データの要約

工学的な因果仮説の立案や品質改善に向けて，複数の特性や項目を単純な構造に要約することが目的の場合は，特性間の関連性に基づいた次元の縮約を行う**主成分分析**や**対応分析**が役立つ．前者は量的なデータの要約，後者は質的なデータの要約の多変量解析手法である．

(2) データの分類

データの特徴に基づいて客観的に類似のものをまとめたり，異質なものを層別したりすることが目的の場合は，統計的な分類規則を作る**クラスター分**

析や**判別分析**が役立つ。分類するための基礎となる情報がない前者を「教師なし分類」，分類のための基礎情報がある後者を「教師つき分類」と言う。

（3） データによる予測

1つあるいはそれ以上の要因に基づいて，結果を予測したり説明したりしたい場合は**決定木**や**重回帰分析**が役立つ。（良・不良）といった質的な結果の予測には**ロジスティック回帰分析**を用いるとよい。これらの手法はモデルに使われる要因の係数から予測の理由付けができる。複雑に絡み合う現象の予測には深層学習モデルである**ニューラルネットワーク**が有効である。この方法は精度良い予測ができる反面，その理由付けが明確にできないという特徴を持つ。また，故障や劣化のメカニズムに基づいて，製品やシステムの寿命や信頼性を予測するには**ワイブル回帰分析・比例ハザード法**や**劣化分析**が役に立つ。JMPには信頼性に関わる豊富な手法が用意されている。

以上の視点とデータが持つ特徴から，本書で扱う多変量解析の手法を以下の表のようにまとめることができる。なお，白抜きの数字が本書の章立てに対応している。具体的に本書は，第1章ではJMPの取り扱いとデータ分析の基礎を紹介し，第2章〜第5章までがデータの要約とデータの分類の手法を紹介し，第6章以降は伝統的な重回帰分析のほかに少し高度な予測の手法を紹介する構成になっている。

表　本書で扱う多変量解析の手法の分類

目的		特徴	要因と特性がある場合		特性だけの場合	
			特性が量的	特性が質的	特性が量的	特性が質的
要約					❷主成分分析	❺対応分析
分類			❸判別分析		❹階層型クラスター分析 ❹K-meansクラスター分析 ❹正規混合分析 ❹自己組織化マップ	❹潜在クラス分析
予測	線形		❻重回帰分析			
	非線形		❿ワイブル回帰 ⓫比例ハザード法	⓬ロジスティック回帰 ⓭ポアソン回帰	❾確率プロット	
	共変量 (時点)		⓮劣化分析			
	樹形		❼決定木(AID)	❼決定木(CHAID)		
	多層		❽ニューラルネットワーク			

以上のような内容からなる本書によって，読者が日頃から敷居が高いと感じている多変量解析のイメージを払拭し，統計的データ分析の威力を実感できれば，あるいは多変量解析により，研究や仕事が一段と進んだとなれば，著者にとって望外の喜びである。JMP は思考の妨げにならない不思議なソフトウェアであり，その価値を一度感じてみてほしいと願っている。

　最後に，著者を統計学に誘ってくださった大学の先生方の叡智とデータ分析を通じて親交のある多くの知人の影響を受けて，幅広い例題を集めることができた。あまりに多くの方々にお世話になったので個々の名前を挙げることはご容赦をいただき，すべての縁のある方々にお礼を述べたい。本書の出版にあたり，日本規格協会の岩垂邦秀氏・山岡康二氏には JMP を使った多変量解析のセミナーの企画や本書の執筆のご提案を頂き，協会内の調整はもとより，陰日向なく励まし続けてくださった。それが著者のモチベーションとなり困難な仕事をやり遂げる源となった。出版の伊藤朋弘氏には納期の遅延や度重なる修正などで多大なご迷惑を掛けたにも関わらず，心よく伴走くださり，どれだけ勇気を頂いたことか。伊藤氏の献身がなければ本書は完成しなかった。また，SAS 社の井上憲樹氏・竹中京子氏・伊王野敦子氏には長きに渡りお世話になり，今回も早々に JMP バージョン 14Pro の β 版を手配して頂き，原稿のチェックや的確なアドバイスなど多くの気遣いを頂戴した。さらに，いつも傍にいて笑顔を絶やさず，浅学で遅速な筆の進みを励まし続けてくれた妻に心から感謝を捧げたい。

2018 年 11 月
　統計学の発展に尽力される多くの方々と愛する妻へ

著者

目　　次

まえがき

第1章　データの要約 …………………………………… 12
1.1　パッケージデザイン ……………………………… 12
1.2　データの秘めたる真実の確かさ ………………… 16
1.3　分散分析の手順 …………………………………… 33
1.4　ロジスティック回帰分析の適用例 ……………… 36

第2章　特性の分類 …………………………………… 38
2.1　投手成績 …………………………………………… 38
2.2　データの陰に陽を照らす主成分分析 …………… 40
2.3　主成分分析の手順 ………………………………… 47
2.4　主成分分析の事例 ………………………………… 54

第3章　個体の分類 …………………………………… 58
3.1　原油の組成 ………………………………………… 58
3.2　誤判断のリスクを語る判別分析 ………………… 60
3.3　判別分析の手順 …………………………………… 65
3.4　多群判別分析の事例 ……………………………… 73
3.5　外れ値分析の適用例 ……………………………… 78

第4章　集団の分解 …………………………………… 82
4.1　商品デザイン ……………………………………… 82
4.2　隠れた集団を発見するクラスター分析 ………… 84
4.3　クラスター分析の手順 …………………………… 87
4.4　正規混合分析と自己組織化マップの事例 ……… 94

4.5 潜在クラス分析の適用例 ……………………………………… 98

第5章 質的情報の鳥瞰 ……………………………………………102
5.1 口紅の評価 ……………………………………………………102
5.2 データに潜む反応パターンを暴く対応分析 …………………104
5.3 対応分析の手順 ………………………………………………109
5.4 多重対応分析の事例 …………………………………………114

第6章 特性の予測 …………………………………………………120
6.1 アナログ IC …………………………………………………120
6.2 特性のばらつきを要因で説明する重回帰分析 ………………122
6.3 重回帰分析の手順 ……………………………………………134
6.4 多重共線性の事例 ……………………………………………146
6.5 層別因子を含む重回帰分析の適用例 …………………………151

第7章 交互作用の発見 ……………………………………………156
7.1 文字認識 ………………………………………………………156
7.2 データ全体から特異な集団を焙り出す決定木 ………………158
7.3 決定木の手順 …………………………………………………170
7.4 量的特性の決定木の事例 ……………………………………180

第8章 判定器の創造 ………………………………………………182
8.1 重送 ……………………………………………………………182
8.2 データから学習成長するニューラルネットワーク …………184
8.3 ニューラルネットワークの手順 ……………………………192
8.4 ニューラルネットワークの事例 ……………………………200

第 9 章　時間の要約 ……………………………………………………206
9.1　受信アンテナ …………………………………………………206
9.2　時の長さを探る時間分析 ……………………………………208
9.3　時間分析の手順 ………………………………………………216
9.4　競合リスクモデルの事例 ……………………………………218

第 10 章　時のモデル化 …………………………………………………222
10.1　PCB（プリント配線板） ……………………………………222
10.2　試験データから実寿命を予測するワイブル回帰 …………224
10.3　ワイブル回帰の手順 …………………………………………225
10.4　ワイブル回帰の事例 …………………………………………231

第 11 章　ハザード比の予測 ……………………………………………234
11.1　樹脂の信頼性 …………………………………………………234
11.2　故障リスクを表現する比例ハザード法 ……………………236
11.3　比例ハザード法の手順 ………………………………………242
11.4　比例ハザードモデルの事例 …………………………………252

第 12 章　発生確率の予測 ………………………………………………254
12.1　接着剤強度 ……………………………………………………254
12.2　確率の変化を測るロジスティック回帰 ……………………256
12.3　ロジスティック回帰の手順 …………………………………258
12.4　ロジスティック回帰の事例 …………………………………268
12.5　累積ロジスティック回帰の適用例 …………………………272

第13章　劣化の予測 ……………………………………………276
13.1　ゴム材の劣化 …………………………………………276
13.2　劣化の進行を使い寿命を調べる劣化分析 ……………279
13.3　劣化分析の手順 ………………………………………282
13.4　劣化分析の事例 ………………………………………288
13.5　ポアソン回帰の適用例 ………………………………292

引用・参考文献

索引

データのダウンロードについて

特典として，本書内で用いられている例題のデータ（jmp 形式）を下記 URL より無料でダウンロードしてご利用いただくことができます。

https://webdesk.jsa.or.jp/books/W11M0700/?syohin_cd=360113

第1章 データの要約

■手法の使いこなし
☞ 変数間の関係性を様々な統計グラフで表現し，統計量で指標化する。
☞ JMPのリンク機能と統計グラフを活用して，統計仮説を探索する。
☞ 統計仮説の検証に向けたデータの観察と分析を行う。

1.1 パッケージデザイン

X社は産地から柑橘類を仕入れ，飲料にして販売する企業である。今回，新製品のパッケージデザインの調査を行った。調査では，108名が2種類のパッケージA・Bの印象を，5項目で7段階評点（1点〜7点）をつけた。加えて，A・Bのパッケージを手にしたとき，それを購入するかどうかを問うた。結果は『柑橘類』[U]に保存されている。このデータから，購入意欲に影響を与える項目を調べたり，2種類のパッケージの印象を比較したりしたい。

《質問1》統計指標
　得られたデータの特徴を正しく要約したり，データ分析により新たな知見を得たことを説明したりするには，どのようなことに注意すべきか？

　データ要約やデータ分析には目的にあった統計手法を選ぶ必要がある。よい分析を行うには，データの持つ特徴を正しく認識することが大切である。**表1.1**に『柑橘類』[U]をJMPで読込んだときの**データテーブル**（一部）を示す。データテーブルは分析するデータを表示したウィンドウである。このウィンドウは，主にJMPのコマンドをまとめた**メニュー**（❶），表の情報を管理する**テーブルパネル**（❷），データが表示される**データグリッド**（❸）で構成されている。
　はじめに，**表1.1**を使ってデータテーブルの構成を説明する。行に並ぶ項目（❹）を**個体**あるいはオブザベーションと言う。その順番を**個体番号**（❺）と言う。個体は標本，観測値は標本値とも言う。個体の総数をn，任意の個体をy_i（i

表 1.1　柑橘類のデータテーブル

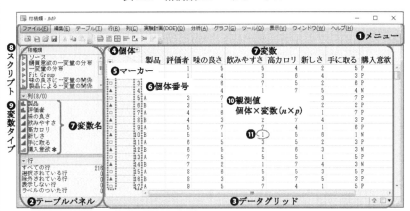

■本書の約束

・ファイル名は『　』で表す　⇒(例)　『柑橘類』^{U}

　　ファイル名の上付きSはJMPのサンプルデータ，Uは本書の提供データ

・変数名は記号で表されたものを除きド線で表示する　⇒(例)　購入意欲

・JMPのメニューやコマンドなどは< >で表す　⇒(例)　<分析>

　　(長いタイトルがついた場合は途中で省略し，<○○○…>と表記する)

・変数の役割

　　特性…結果を表す変数，目的変数とも呼ばれる

　　要因…特性に影響を与える変数，説明変数とも呼ばれる

・JMPで扱う変数3タイプ

　◢連続尺度…量を測定した値，量的データ

　　　　　⇒(例)　味の良さ・飲みやすさ　など

　　　　　　連続尺度には比例尺度と間隔尺度があるがJMPでは区別しない

　◢順序尺度…数字や記号で区別し，順序だけが意味を持つ値，質的データ

　　　　　⇒(例)　購入意欲(N(ネガティブ)<P(ポジティブ))

　◢名義尺度…数字や記号で区別し，違いだけが意味を持つ値，質的データ

　　　　　⇒(例)　製品(A・B)・評価者(1～108)

$= 1, 2, \cdots, n$)と表す。JMP では注目する個体にマーカーや色(❺)付けが可能である。縦に並ぶ項目(❼)を**変数**と言い，その順番を**変数番号**と言う。本書では変数名に下線を引いて他の名詞と区別する。変数の総数を p，任意の変数を $y_j (j = 1, 2, \cdots, p)$ と表す。変数には，**表1.1**の製品のように仮説検証のために用意した**原因系**のものと，購入意欲のように原因の影響で値が変化する**結果系**のものがある。本書では原因系の変数を**要因**と呼び，結果系の変数を**特性**と呼ぶ。データグリッド(❿)は，個体番号と変数番号を組合せた**データ行列**を表示する。また，任意の観測値を $y_{ij} (i = 1, 2, \cdots, n, j = 1, 2, \cdots, p)$ と表す。y_{ij} は番地のようなもので，例えば，第10行4列(⓫)の値1は個体番号10の人が飲みやすさの評価をした値である。記号にすると，$y_{10,4} = 1$ となる。

次に，データタイプの分類を**表1.2**に示す。『柑橘類』に保存された変数を使って分類を説明する。製品の列はパッケージの違いをAかBで示している。違いを表すAとBを**水準**と言う。水準はカテゴリとも言う。水準は質の違いはわかるが違いを量として測ることはできない。このような変数を**質的データ**と分類する。製品の水準AとBには優劣や順序はつかないから，特に**名義尺度**と言う。同じ質的データでも，購入意欲の水準Pは購入にポジティブの意味で，水準Nは購入にネガティブの意味を持つ。PとNには価値の順序($N < P$)がつく。このように水準に優劣や順序がつく質的データを**順序尺度**と言う。なお，購入意欲のように水準数=2では名義尺度と順序尺度は実質的な違いはない。

一方，重量や寸法など量を測ったものを**量的データ**と言う。製品仕様の多くは量的データである。量的データにはエネルギーなど0以下の値を取らない**比例尺度**と自由に原点を動かせる**間隔尺度**がある。例えば，温度は摂氏で表した場合は間隔尺度で，絶対温度で表現した場合は比例尺度である。また，味の良さや飲みやすさなどの観測値は7段階評点の順序尺度だが，慣例的にその水準値を連続尺度で処理する。JMPでは，比例尺度と間隔尺度は区別なく**連続尺度**として統一的に扱う。**表1.1**の❾の部分に，**表1.2**に示す尺度に対応したアイコンが表示され，アイコンを押す(クリックする)と尺度の変更ができる。

表 1.2　データタイプのまとめ

データタイプ	データの尺度	JMPの表記	意味
質的データ	名義尺度		いくつかの試料を区別するために，それらに対して1, 2, 3, …などの一連の番号を与えたもの。これらの数字は符号的な意味しかなく，四則演算は無意味。
質的データ	順序尺度		いくつかの試料に何らかの基準で順序をつけ，その順序に従って1, 2, 3, …などの一連の番号を与えたもの。これらの数字はその順序のみ意味を持つ。四則演算は無意味。
量的データ	間隔尺度	(連続尺度)	温度の摂氏のように，一定の測定単位に基づいて測定されるが，尺度の原点が任意に設定される。数字の差の等価性が保証され，加法・減法には意味がある。
量的データ	比例尺度	(連続尺度)	尺度の原点が一意に定まっている。加法・減法の他に，乗法・除法についても意味を持つ。自然科学のエネルギーや物理特性の多くは比例尺度である。

表 1.3　1 変数の要約に使う変数タイプによる手法の分類

データタイプ	要約の目的	グラフ	統計量
質的データ	時間的推移	折れ線グラフ（管理図）	データ推移
質的データ	分布の形	ヒストグラム 箱ヒゲ図 確率プロット	平均 分散(標準偏差)等
量的データ	比率や頻度	モザイク図（棒グラフ）	構成比率

表 1.4　2 変数の分析に使う変数タイプによる手法の分類

		Y(特性・目的)	
		量的データ(量を測る)	質的データ(数を数える)
X(要因・説明変数)	量的データ	要因の影響で特性の量の変化を調べる。	要因の影響で発生確率や発生数の変化を調べる。
X(要因・説明変数)	量的データ	散布図を描き，回帰式や確率楕円を出力する。	ロジスティック回帰分析を実行する。
X(要因・説明変数)	質的データ	各水準での平均の違いを調べる。	二元表で関連の強さを調べる。
X(要因・説明変数)	質的データ	ひし形グラフを描き，分散分析を行う。	モザイク図を描き，尤度比から χ^2 検定を行う。

操作 **1.1：JMP の起動と終了**

①本書で使用する JMP データファイルを指定の HP からダウンロードする。
② JMP を起動する。
③ホームウィンドウと使い方ヒントのウィンドウが表示される。
④ホームウィンドウのメニュー⇒<ファイル>⇒<開く>を選ぶ。
⑤ダイアログでデータファイルを保存したフォルダを探す。
⑥ JMP ファイル『柑橘類』^{U} を読込む。
⑦データテーブルが表示されるのでデータを確認する。
⑧<ファイル>⇒<JMP の終了>を選び JMP を終了させる。

1.2 データの秘めたる真実の確かさ

複数のデータの**共通性**を見出すことは意外に難しい。データが我々に何を授けようとしているのかを知るには，はじめにデータの中心的な位置とデータのばらつく様をグラフや数値で表すことが大切である。データ分析の主な目的として以下の2点を挙げよう。

Ⓐデータが我々に何を囁いているのかを統計学の力を借りて知ること
Ⓑデータから探索的に統計仮説を立て対象全体の予測や制御を行うこと

1.2 節では1変数のデータ要約と2変数の統計モデルの取り扱いを説明する。データ分析の道標として，**表 1.3** に1変数のデータ要約の目的を，**表 1.4** に2変数のデータ要約の目的を示す。

(1) 母集団と確率分布

昨今，話題にのぼる AI(人工知能)や機械学習が扱うビッグデータは，ほぼ研究対象全体(母集団)の情報を集めた膨大なデータである。IoT(Internet of Things)の世界では，ビッグデータに対して予測精度を高めた複雑なモデルを駆使する。モデルが複雑ゆえ，得られたモデルに論理的な解釈を加えることは難しい。また，AI がどのような学習をして結論に辿り着いたかを遡ることも容易ではない。

一方，統計理論に基づくデータ分析は，手持ちのデータを**母集団**から無作為

に選ばれた小さな集団,**無作為標本**と考える。無作為に選ばれた標本の観測値は,すべてが同じ値ではなく自然なばらつきを持つ。標本を選ぶごとに観測値は変化する。読者になじみ深い**平均**や**標準偏差**も選ばれた標本ごとに計算すると違う値が得られる。統計学では,このばらつきを**標本誤差**(偶然による誤差)と考えて確率・統計論に基づいた処理を行う。

以下に標本誤差をモデル化する代表的な**確率分布**を紹介する。連続尺度の代表格は**正規分布**である。正規分布は平均を中心に左右対称のベル型の分布で,中心から遠ざかるほど標本として選ばれる確率は指数関数的に小さくなる。正規分布は平均 μ(ミュー)と分散 σ^2(シグマ2乗)で定まる。μ と σ は**母平均**(母集団の平均)と**母標準偏差**(母集団の標準偏差)で,標本から推定する値である。(1.1)式が正規分布の**確率密度**(分布の姿を表したもの)である。

$$f(y) = \frac{1}{\sqrt{2\pi}\sigma} \exp\left[-\frac{(y-\mu)^2}{2\sigma^2}\right] (-\infty < y < \infty) \tag{1.1}$$

名義尺度の代表格は**ポアソン分布**と**二項分布**である。ポアソン分布は製品の欠点数や傷数の頻度などのデータ分析に使われる。ポアソン分布は(1.2)式で表され,ポアソン分布の**期待値**(頻度の母平均)と母標準偏差はそれぞれ μ と $\sqrt{\mu}$ である。

$$\Pr(y) = \exp(-\mu) \times \mu^y / y! \quad (y = 0, 1, 2, \cdots) \tag{1.2}$$

二項分布は不良率や不良個数のデータ分析に使われる。二項分布は(1.3)式で表され,その母不良率と母標準偏差はそれぞれ Π(パイ)と $\sqrt{\Pi(1-\Pi)/n}$ で,頻度で表す場合の母不良個数とその母標準偏差はそれぞれ $n\Pi$ と $\sqrt{n\Pi(1-\Pi)}$ である。

$$\Pr(y) = \frac{n!}{y!(n-y)!} \Pi^y (1-\Pi)^{n-y} \quad (y = 0, 1, 2, \cdots, n) \tag{1.3}$$

(2) 1変数の量的データの要約

時系列に取られた量的データの要約では,観測期間中にデータ構造に変化がないことを調べる。図 1.1 は『降水日』[U] に保存されている東京・金沢・広島

の降水日/年の**折れ線**グラフである．降水日/年とは1年間で少しでも降水があった日数である．観測期間は1927〜2016年である．**図1.1**から，金沢と（東京・広島）の間には中心位置に大きな差異があるが，都市ごとの降水日/年の変化は発見できない．時系列の傾向を調べるには，品質管理で使われる**管理図**を利用する．管理図は管理限界線（UCL，LCL）を使い，ばらつきの変化と中心位置の変化を調べる手法である．先にばらつきの変化を調べる．ばらつきに変化がないと判断したら中心位置の変化を確認する．これが管理図の作法である．**図1.2**は東京の降水日/年の**IR管理図**である．**図1.2**下が**移動範囲**のグラフで，移動範囲とはi年の降水日と$(i-1)$年の降水日の差分である．移動範囲を使い平均的なばらつきを求める．求めたばらつきから**管理限界線**を決める．管理限界線をガイドにしてばらつきが変化したかどうかを調べる．**図1.2**下では，ばらつきに大きな変化は見られない．そこで，**図1.2**上を眺める．**図1.2**上は，東京の降水日/年の折れ線グラフに，平均線と**図1.2**下で求めた平均的なばらつきを使い，管理限界線を引いたものである．こちらも変化は見られない．したがって，観測期間中に母集団に変化がなかったと考える．

次に，母集団の姿を可視化する．それには**図1.3**左に示すヒストグラムなどを使う．ヒストグラムは縦軸に特性を横軸に度数を目盛り，区間の幅で度数を柱状にした図である．ヒストグラムを使って特性の中心位置やばらつきの大きさを視覚的に掴む．なお，ヒストグラムは区間の幅により見た目が変わるので，以下で紹介する他のグラフと併用すると誤解を防ぐことができる．

ヒストグラムの隣のグラフが**箱ひげ図**で，描画された長方形を**箱**といい，**中央値**（データを小さい方から並べた際の全体に対する50%点）を長方形の真ん中の線で表し，**4分位値**（25%点，75%点）を上下の辺で表す．**4分位範囲**は2つの4分位値の差である．長方形から上下に伸びる線をヒゲと呼び，ヒゲは箱の両端から，以下の定義で計算した範囲内にある最も遠い観測値までを結んでいる．

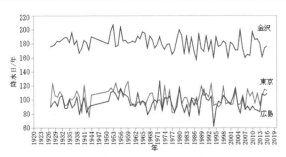

図 1.1　3 都市の降水日 / 年の折れ線グラフ

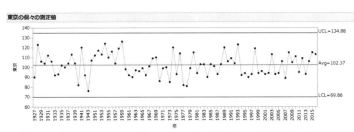

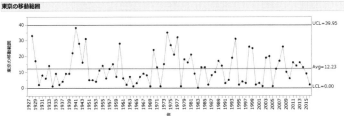

図 1.2　東京の降水日の IR 管理図

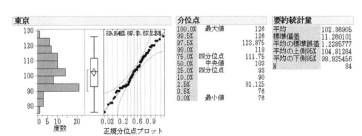

図 1.3　東京の降水日のヒスグラムなど

$$\begin{cases} 上側4分位点 + 1.5 \times (4分位範囲) \\ 下側4分位点 - 1.5 \times (4分位範囲) \end{cases}$$

ヒゲを外れた個体は**外れ値**(分布から大きく外れた個体)の候補になる。箱に平行して表示された括弧は個体の50%を含んだ区間のうち，最も短いものを表す。箱やヒゲの長さにより分布の対称性や中心位置，歪みや尖りの有無が視覚的にわかる。**図 1.3** の箱ヒゲ図から上下の箱の長さとヒゲの長さはほぼ等しいから，降水日/年は中心を基準にして左右対称の分布と判断する。

箱ヒゲ図の右隣が**正規分位点プロット**である。正規分位点プロットは正規確率プロットとも言う。母集団が**正規分布**に従うと考えてよいかを判断するものである。図の縦軸に観測値を，横軸に観測値に対する理論的な**正規スコア**を打点する。正規スコアは**標準正規分布**(平均0, 分散1の正規分布)から計算した理論的な分位値である。図の赤い直線に打点が沿っていれば母集団が正規分布に従っていると考える。直線の両脇の赤い曲線が直線の95%の**信頼限界線**である。打点が直線上になくても大半が曲線の内側にあれば，母集団は正規分布に従うと判断する。**図 1.3** の打点は直線的だから母集団は正規分布に従っていると考える。3つの図から東京の降水日/年の母集団は正規分布に従うとする。

グラフに定量的な要約を併記すると考察の説得力が増す。**図 1.3** の右の**＜分位点＞**のブロックに**昇順**(観測値を小さい方から大きい方に並べたとき)の分位点が示される。これを見ると，箱ヒゲ図の箱を構成する値がわかる。例えば，箱の両側は93日と111.75日で，箱を仕切る直線が103日である。また，最大値と最小値から，その範囲は126－76＝50日である。＜要約統計量＞のブロックに**平均** $\bar{y}$ = 102.4 日, **標準偏差** s = 11.26 日などが示される。データの**中心傾向**を表す指標として使われるのは平均である。複数の観測値をただ1つの値で表すとき，その値は複数の観測値の共通的な特徴を持つものでなければならない。データ範囲の端ではなく，データの中心的な位置を示すものとして，平均や中央値を使うことは自然であろう。平均を考えるのは，観測値を共通な値 $\bar{y}$ と個体固有の値 e_i に分解することである。それを表したものが(1.4)式である。

$$y_i = \bar{y} + e_i \tag{1.4}$$

また，ヒストグラムを眺めたとき，中心がどこにあるかの他に，どのくらいのばらつきがあるかにも興味がある。データのばらつきがわかる指標が必要である。ばらつきを表す有効な方法は，各観測値が平均からどれくらい離れているかを計算することである。平均からの距離は負の値も取り，総和，$\sum_{i=1}^{n} e_i \equiv 0$ となるから不都合である。そこで，平均からの距離の2乗を考える。その合計が平方和 S である。

$$S = \sum_{i=1}^{n}(y_i - \bar{y})^2 \qquad (1.5)$$

平方和は(1.5)式で定義される。平方和は平均から各観測値が全体としてどのくらいずれているかを表す指標だが，その値は標本数 n に影響される。そこで，単位あたりの変動を表す指標として**分散**を考える。分散は**平均平方**とも呼ばれ，(1.6)式で計算する。分母の$(n-1)$は**自由度**と呼ばれ，記号 Φ（ファイ）を使い $\phi = n - 1$ と表す。自由度は統計理論から導かれる平方和が持つ情報量である。n 個の標本は n 個の情報量を持つ。そこから平均の情報1個分を引いた$(n-1)$個が平方和の情報量である。分散は元の測定単位の2乗であるから，その平方根を取ると**標準偏差**になる。標準偏差は観測値と同じ測定単位になるから，ばらつきの指標として理解しやすい。

$$V = S/(n-1) \qquad (s = \sqrt{V}) \qquad (1.6)$$

ところで，得られた平均の推定精度はどれほどか。その答えが**標準誤差**である。標準誤差 $s_{\bar{y}}$ は平均 $\bar{y}$ が持つ標準偏差である。その定義は標準偏差を標本数 n の平方根で割った(1.7)式で表され，**分散の加法性**という性質から導かれた値である。東京の降水日/年の平均の標準誤差は**図1.3**に示す $11.26/\sqrt{84}$ =1.229 日となる。

$$s_{\bar{y}} = s/\sqrt{n} \qquad (1.7)$$

(3) 標本分布

平均の分布は標本数 n が大きいほど正規分布に近づくことが知られている。正規分布は，平均から両方の側で標準偏差の1.96倍の距離の中に全体の95%が含まれる。降水日/年の分析で計算した平均と標準誤差を使い，**母平均 μ** の推定を考える。推定には**点推定**と**区間推定**がある。母平均の点推定は標本平均

を使う。区間推定では**信頼率**を考え,信頼率に 95% を使うことが多い。信頼率 95% とは母集団から標本を選び出して,平均と信頼区間を計算する作業を 100 回行ったときに,平均的に 95 回は母平均がその区間内に含まれるという意味である。具体的に,降水日/年の分析で正規分布に基づいた信頼率 95% の両側信頼区間を計算しよう。$102.369 \pm 1.229 \times 1.96$ より,102.4 ± 2.409 $(100.0, 104.8)$ 日と求まる。この範囲は,**図 1.3** の〈平均の下側 95%〉および〈平均の上側 95%〉に対して,ほんの僅か狭い。計算した標準誤差の中に標本誤差が含まれているので少し修正が必要である。修正に使われるのが ***t* 分布**である。t 分布を使うと標本数 n(正しくは自由度 $\phi = n-1$)により標準誤差に掛けるべき値が変わる。n が小さいと不確かさが大きいので掛ける値は大きくなる。n が大きいほど掛ける値は 1.96 に近づく。

なぜ,t 分布が標本数 n に影響されるかを説明する。最初に**標準化**を行う。標準化とは,(1.8)式に示すように観測値から母平均を引き,母標準偏差で割る変換である。実際は μ の代わりに平均 $\bar{y}$ を,σ の代わりに標準偏差 s を使う。

$$u_i = (y_i - \mu)/\sigma \quad (i = 1, 2, \cdots, n) \tag{1.8}$$

この変換で得られた**標準化スコア** u の平均は 0,標準偏差は 1 になる。**図 1.4** の分布は**標準正規分布**の確率密度である。東京の降水日/年の分布も標準化すれば標準正規分布に従うだろう。同様に,降水日/年の平均 $\bar{y}$ の分布を標準化すると,$u = (\bar{y}-\mu)/(\sigma/\sqrt{n})$ となる。σ は未知数なので,標本から計算した標準偏差 s で代用する。u と区別するために,$t = (\bar{y}-\mu)/(s/\sqrt{n})$ とする。t は正規分布には従わないから,正規分布として表せる部分と,そうでない部分に分解する。

$$t = \frac{\bar{y}-\mu}{\sqrt{\sigma^2/n}} / \sqrt{\frac{s^2}{\sigma^2}} = u / \sqrt{\frac{(n-1)s^2}{\sigma^2} \times \frac{1}{n-1}} = u/\sqrt{\chi^2/\phi} \tag{1.9}$$

(1.9)式の分母の平方根の中にある,平方和 $(n-1)s^2 = S$ と母集団の分散 σ^2 の比は,直感的に s^2/σ^2 の平均的な値(**期待値**)が 1 であると想像がつく。この比に自由度 $\phi = n-1$ を掛けた確率変数の分布が χ^2(**カイ 2 乗**)分布である。

1.2 データの秘めたる真実の確かさ

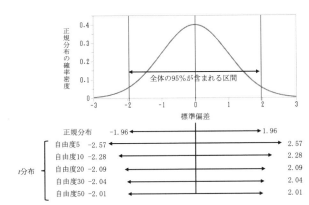

図 1.4　正規分布と t 分布の信頼率 95% の両側信頼区間

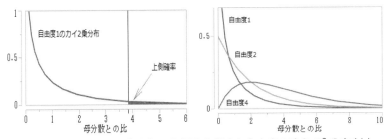

図 1.5　自由度 1 の χ^2 分布の上側確率（左）と自由度の違う χ^2 分布（右）

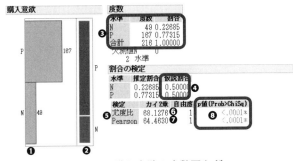

図 1.6　購入意欲の度数図など

χ^2 分布の期待値は $\phi = n-1$ になるから標本数 n に影響を受ける。**図 1.5 右**は自由度 ϕ の異なる χ^2 分布の例である。**図 1.5 左**は $\phi = 1$ の χ^2 分布で，**上側確率** $\alpha = 0.05$（分布の大きい側で全体の 5% が含まれる部分）を網掛けしたものである。χ^2 分布の上側確率はモデル評価に使われる。また，t は標準正規分布と自由度，$\phi = n-1$ の χ^2 分布の平方根の比で表され，2 つの分布は互いに独立である。独立な確率変数の比である t の従う分布を自由度 $\phi = n-1$ の **t 分布**と言う。

(4) 一変数の質的データの要約

質的データの要約を説明するために『柑橘類』を使う。**図 1.6** は購入意欲の要約結果である。**図 1.6 左**の度数図（❶）は，P（ポジティブ）と N（ネガティブ）の度数を**棒グラフ**で表したものである。隣のグラフが**モザイク図**（❷）である。モザイク図は全体を 100% としたときの各水準の割合を表した図である。右側の＜度数＞のブロック（❸）には各水準の度数と**構成比率**（割合）が示される。ところで，各水準の**母比率**が等しく 50% であるとした場合（❹），手持ちデータが標本抽出で得られる可能性はどれほどか。母集団と考えるモデルの構成比率と実際に得られた度数の乖離を，**Pearson** と**尤度比**（❺）と言う統計量で表す。Pearson では，連続尺度の標準化と同じように度数の標準化を考える。

$$u = \frac{n_i - n\Pi_i}{\sqrt{n\Pi_i(1-\Pi_i)}} \fallingdotseq \frac{n_i - m_i}{\sqrt{m_i}} \quad (i = 1, 2) \tag{1.10}$$

(1.10) 式は母平均 $n\Pi_i$ を期待度数 m_i で表し，母標準偏差 $\sqrt{n\Pi_i(1-\Pi_i)}$ の Π_i^2 が無視できるくらいに十分小さいとして，$\sqrt{n\Pi_i(1-\Pi_i)} \fallingdotseq \sqrt{n\Pi_i} = \sqrt{m_i}$ と近似する。この (1.10) 式の 2 乗が各水準の乖離で，その合計が**図 1.6** の＜割合の検定＞のブロックの <Pearson> の欄の＜カイ 2 乗＞の値（❻）である。実際に計算すると，

$$\chi_0^2 = (n_1 - m_1)^2 / m_1 + (n_2 - m_2)^2 / m_2$$
$$= (49 - 108)^2 / 108 + (167 - 108)^2 / 108 = 64.46$$

となる。ここで，$n_i (i = 1, 2)$ は実度数で，$m_i (i = 1, 2)$ は統計仮説による**期待数**である。また，各水準の＜尤度比＞は $n_i \ln(n_i / m_i)$ で計算し，その合計が

図 1.6 の＜尤度比＞の欄の＜カイ 2 乗＞の値(❼)である。実際に計算すると，

$$G^2 = 2\{n_1 \ln(n_1/m_1) + n_2 \ln(n_2/m_2)\}$$
$$= 2\{49 \ln(49/108) + 167 \ln(167/108)\} = 68.13$$

となる。χ_0^2 と G^2 はいずれも近似的に χ^2 分布に従うことが知られている。そこで，母比率が等しいという仮説の可能性を**上側確率**(＜カイ 2 乗＞以上の乖離が起きる可能性)で表す。それが**図 1.6** の ＜p 値 (Prob ＞ ChiSq)＞の列に表示された確率，＜.0001(❽)である。この表記は 0.01% 以下の確率であることを示すものである。ほとんど可能性のない確率だから，母比率が等しく 50% であるという仮説は否定される。統計学では仮説の真偽の判定は上側確率 $\alpha = 0.05$ を境界とする。この α を**危険率**と言う。計算した p 値が $\alpha = 0.01$ 以下の場合は高度に有意であると言う。

(5) 相関関係と回帰関係

連続尺度の 2 変数の関係を調べるには，**表 1.4** にまとめたように**相関分析**と**回帰分析**を用いる。相関係数は，2 変数の直線的な結びつきの強さを表す指標である。直線的な傾向は**散布図**で確認する。また，一方が要因で他方が特性の場合は**回帰直線**を求めて，要因で特性を予測することを考える。特性には要因の影響を受ける部分と要因の影響を受けない個体固有の部分がある。個体固有の部分は分析者には制御も予測もできないから，確率を使った処理をする。

ここでは，『柑橘類』の味の良さと手に取るとの 2 変数を使い，**相関分析**と**回帰分析**を行う。図 1.7 左は味の良さと手に取るとの散布図である。評点尺度の場合は複数の個体が同じ場所に布置される。見た目では結びつきの強さがわからない。そこで，縦軸と横軸にヒストグラムを追記したり，**確率楕円**を追加したりして，結びつきの強さを確認する。確率楕円とは，表示された楕円の中に平均的に全体の何 % の個体が含まれているかを表したものである。**図 1.7** 左の確率楕円は**信頼率** 95% の確率楕円である。**図 1.7** 右は**バブルチャート**を使った表現である。円の大きさで度数の違いを表現している。円の色の違いは各個体のマーカーの色に対応している。異なるマーカーが重なっている場合には黒で表示される。これらのグラフから相関係数 $r = 0.78$ がどの程度の結びつ

きかイメージできるだろう。相関係数は(1.11)式に示すように，2変数の共変動と各変数の変動の**調和平均**の比である。

$$r = S_{xy} / \sqrt{S_x S_y} \quad (-1 \leq r \leq 1) \tag{1.11}$$

$$\ln(|r|) = \ln S_{xy} - \frac{\ln S_x + \ln S_y}{2} \tag{1.12}$$

(1.11)式の共変動 S_{xy} は各変数から平均を引いた積和である。すなわち，

$$S_{xy} = \sum_{i=1}^{n} (x_i - \bar{x})(y_i - \bar{y}) \tag{1.13}$$

と計算する。**表1.5**に相関係数の絶対値を使って強さの目安を示す。相関の強さは相関係数の絶対値の対数にほぼ対応している。

次に，回帰分析により求めた回帰直線の考え方を説明する。回帰直線を(1.14)式で表す。(1.14)式は要因で特性を予測するモデルである。

$$\hat{y}_i = b_0 + b_1 x_i \tag{1.14}$$

回帰直線で説明できない変動を**残差**といい，回帰直線は縦軸方向の誤差(残差)の2乗和が最小となる直線を求めている。このとき，残差の合計は0になる。

$$\sum_{i=1}^{n} e_i = 0 \quad (e_i = y_i - \hat{y}_i = y_i - (b_0 + b_1 x_i)) \tag{1.15}$$

また，回帰直線は必ず平均 $(\bar{x}, \bar{y})$ を通るので，(1.14)式は，

$$\hat{y}_i - \bar{y} = b_1(x_i - \bar{x}) \tag{1.16}$$

と表すことができる。回帰直線の計算は**最小2乗法**を使う。最小2乗法から，

$$b_1 = S_{xy} / S_{xx} = \sum_{i=1}^{n} (x_i - \bar{x}) y_i / S_{xx} \tag{1.17}$$

$$b_0 = \bar{y} - b_1 \bar{x} \tag{1.18}$$

という関係が得られる。

図1.8右は味の良さと手に取るの散布図に信頼率50%の確率楕円と回帰直線を描画したものである。回帰直線の係数を計算すると，$b_1 = 0.748, b_0 = 0.770$ となる(❶)。計算した回帰直線が統計的に意味のあるものかという判断は，要因の影響がない状況(**帰無仮説**：H_0)，

$$\hat{y}_i = \bar{y} \tag{1.19}$$

が回帰直線によってどれだけ改善されたかを基準にする。その結果をまとめたものが図1.8右の**分散分析**(❷)である。全体の平方和とは特性，手に取るの平

1.2 データの秘めたる真実の確かさ

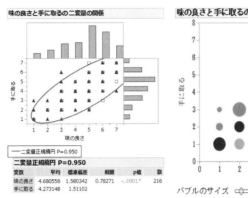
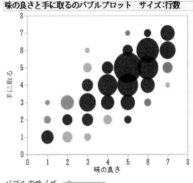

図 1.7 味の良さと手に取るの散布図（左）とバブルチャート（右）

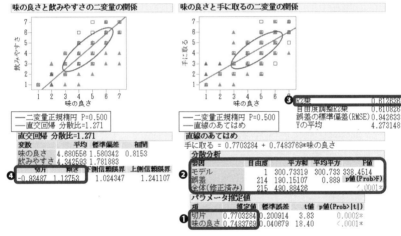

図 1.8 柑橘類の変数を使った散布図

表 1.5 相関係数の絶対値を使った評価基準

相関の強さ	非常に強い	強い	中程度	弱い	ほぼない
範囲	1～0.9	0.9～0.6	0.6～0.4	0.4～0.2	0.2～0
$\|r\|$	1	0.9	0.6	0.38	0.22	0
$\ln(\|r\|)$	0.0	-0.1	-0.5	-1.0	-1.5	-

方和 = 490.88 のことである。モデルの平方和とは(1.14)式から計算した平方和 = 300.73 である。残差の平方和は全体の平方和からモデルの平方和を引いた値である。平方和の左の列にある**平均平方**とは平方和を自由度で割った値である。F 値はモデルの平均平方と誤差の平均平方の比で，誤差の効果に較べモデルの効果が何倍大きいかを示す指標である。p 値は統計理論に基づいた確率で，回帰式の傾きが 0 の母集団から標本が得られたとき，F 値以上の値が得られる確率を計算したものである。**図 1.8** では，F 値 = 338.45，p 値 = ＜ .0001 であるから，母集団の傾きが 0 である可能性はほとんどないという結論になる。つまり，$b_1 = 0.748$ は統計的に意味があるということである。また，R2乗(❸)とは回帰式の**寄与率**である。寄与率はモデルの平方和と全体の平方和の比で 300.73/490.88 = 61.3% と求める。

ところで，**図 1.8** 左は味の良さと飲みやすさの散布図である。どちらが要因でどちらが特性かわからない場合は，確率楕円の長軸方向の直線を求める。この直線(❹)を**直交回帰**と言う。第 2 章の**主成分分析**の**第 1 主成分**を表すものである。直交回帰では直線に対して垂直方向の誤差の 2 乗和が最小となる。

(6) 二元表の要約

図 1.9 は『柑橘類』の製品と購入意欲の関連性を分析した結果である。**図 1.9** 左のグラフが**モザイク図**である。横軸(❶)が製品の水準(A・B)で，横軸の幅が A と B の構成比率である。本例では同じ度数 108 なので，A と B の幅は等しい。縦軸(❷)が製品の水準別の購入意欲の水準の構成比率である。右側の細いモザイク図(❸)は製品の水準を考慮しない場合の購入意欲の構成比率である。**二元表**とは**図 1.9** 右の分割表とも呼ばれる表である。二元表は質的データの 2 変数の関連性を調べるために使われる。**図 1.9** 右の表は，製品と購入意欲の全水準組合せの度数とその**期待数**，および χ^2 の値を表示したものである。本例の期待数とは，製品と購入意欲との関係が独立(無関係)とした場合の論理的な計算値である。その計算は，行和と列和の積を総計で割った値である。例えば，1 行 1 列(❹)の期待数は $108 \times 49/216 = 24.5$ と計算する。この期待数を使って χ^2 を計算すると，

1.2 データの秘めたる真実の確かさ

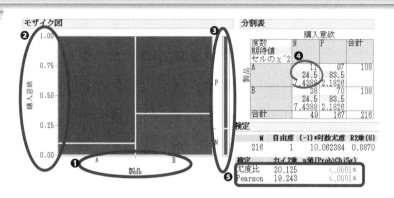

図 1.9　製品と購入意欲のモザイク図

■ 尤度比の計算

$$G^2 = 2\left\{\sum_{i=1}^{2}\sum_{j=1}^{2} n_{ij} \ln(n_{ij}/m_{ij})\right\}$$

$= 2\{11\ln(11/24.5) + 97\ln(97/83.5) + 38\ln(38/24.5) + 70\ln(70/83.5)\}$

$= 20.125$

$n_{ij}(i=1,2; j=1,2)$：実度数，$m_{ij}(i=1,2; j=1,2)$：統計仮説の度数

$m_{11} = \dfrac{108 \times 49}{216} = 24.5,\ m_{12} = \dfrac{108 \times 167}{216} = 83.5,$

$m_{21} = \dfrac{108 \times 49}{216} = 24.5,\ m_{22} = \dfrac{108 \times 167}{216} = 83.5$

■ Pearson 統計量

$$\chi_0^2 = \sum_{i=1}^{2}\sum_{j=1}^{2} \dfrac{(n_{ij}-m_{ij})^2}{m_{ij}}$$

$= (11-24.5)^2/24.5 + (97-83.5)^2/83.5 + (38-24.5)^2/24.5 + (70-83.5)^2/83.5 = 19.24$

図 1.10　1 変量の分布で仮説割合を指定する表示

$$\chi^2 = \frac{(実度数 - 期待度数)^2}{期待度数} = \frac{(11-24.5)^2}{24.5} = 7.44 \qquad (1.20)$$

となる。χ^2 の合計が図 1.9 の <Pearson> の欄の <カイ 2 乗> の値 19.24(❺)である。カイ 2 乗の値が大きいほど製品と購入意欲が独立とする母集団からの乖離が大きい標本である。計算したカイ 2 乗以上の値が得られる確率は，χ^2 分布の上側確率より計算する。本例は p 値の列の <.0001(❺) より 0.01% 以下だから，母集団は製品と購入意欲が独立ではないと判断する。つまり，A のほうが B より購入意欲は高いと考えるのである。

また，もう 1 つの評価指標が尤度比である。これは最尤法に基づいた統計量で，例えば，1 行 1 列は

$$G^2 = 2 \times 実度数 \times \ln(実度数/期待度数) = -17.62 \qquad (1.21)$$

と計算する。この合計が図 1.9 の <尤度比> の欄の <カイ 2 乗> の 20.13(❺)である。Pearson と同様に p 値を確認する。多くの場合，両者から同じ結論が得られる。

操作 1.2：降水日のトレンド

① 『降水日』^{U} を読込む。

② データテーブルで <グラフ> ⇒ <グラフビルダー> を選ぶ。

③ Ctrl を押したままダイアログの <変数> リストで金沢・東京・広島を選び，<Y> ゾーンにドラッグ＆ドロップする。

④ <変数> リストで年を選び <X> ゾーンにドラッグ＆ドロップする。

⑤ グラフ上の折れ線のアイコン（縦棒グラフのアイコンの左）をクリックし，<終了> を押す。

操作 1.3：降水日の IR 管理図

① データテーブルで <分析> ⇒ <品質と工程> ⇒ <管理図ビルダー> を選ぶ。

② <列の選択> から年を選び <サブグループ> エリアにドラッグ＆ドロップする。

③ <列の選択> から東京を <Y> エリアにドラッグ＆ドロップし，<終了>

を押す。

操作 **1.4：降水日の分布**

①データテーブルで<分析>⇒<一変量の分布>を選ぶ。

②ダイアログの<列の選択>で東京を選び<Y, 列>を押し，<OK>を押す。

③出力ウィンドウの<東京>左赤▼を押し<ヒストグラムオプション>⇒<度数軸>を選ぶ。

④<東京>左赤▼を押し<正規分位点プロット>を選ぶ。

操作 **1.5：柑橘類の構成比率**

①『柑橘類』[U]を読込む。

②データテーブルで<分析>⇒<一変量の分布>を選ぶ。

③ダイアログの<列の選択>で購入意欲を選び<Y, 列>を押し，<OK>を押す。

④出力ウィンドウの<購入意欲>左赤▼を押し<ヒストグラムオプション>⇒<度数の表示>を選ぶ。

⑤④と同じ操作で<モザイク図>を選ぶ。

⑥④と同じ操作で<割合の検定>を選ぶ。

⑦表示された<割合の検定>のブロックで各水準の<仮説割合>に<0.5>を入力し，<完了>を押す。このとき，対立仮説の選択が<両側カイ2乗検定>であることを確認する（図1.10を参照）。

操作 **1.6：柑橘類の相関分析**

①データテーブルで<分析>⇒<二変量の関係>を選ぶ。

②ダイアログの<列の選択>で味の良さを選び<X, 説明変数>を押す。

③<列の選択>で手に取るを選び<Y, 目的変数>を押し<OK>を押す。

④出力ウィンドウの<味の良さと…>左赤▼を押し<確率楕円>⇒<0.95>を選ぶ。

⑤タイトル<二変量正規楕円…>左▷を押し相関係数などを表示させる。

⑥<味の良さ…>左赤▼を押し<ヒストグラム軸>を選ぶ。

操作 **1.7：柑橘類のバブルプロット**

①データテーブルで<テーブル>⇒<要約>を選ぶ。
②Ctrlを押したままダイアログの<列の選択>で味の良さと手に取るを選び，<グループ化>を押し<OK>を押す。
③新しく表示されたデータテーブルの<グラフ>⇒<バブルプロット>を選ぶ。
④ダイアログの<列の選択>で味の良さを選び<X>を押す。
⑤<列の選択>で手に取るを選び<Y>を押す。
⑥<列の選択>で行数を選び<サイズ>を押し<OK>を押す。

操作 1.8：柑橘類の回帰分析

①『柑橘類』^{U}のデータテーブルで<分析>⇒<二変量の関係>を選ぶ。
②ダイアログの<列の選択>で味の良さを選び<X, 説明変数>を押す。
③<列の選択>で手に取るを選び<Y, 目的変数>を押す。
④<列の選択>で飲みやすさを選び<Y, 目的変数>を押し<OK>を押す。
⑤Ctrlを押したまま出力ウィンドウの散布図の上にある<味の良さと…>の左赤▼を押し<確率楕円>の<0.50>を選ぶ。
⑥味の良さと手に取るの散布図の上にある<味の良さと…>左赤▼を押し，<直線のあてはめ>を選ぶ。
⑦味の良さと飲みやすさの散布図の上にある<味の良さと…>左赤▼を押し，<直交のあてはめ>の<一変量分散, 主成分>を選ぶ。

操作 1.9：柑橘類の二元表分析

①データテーブルで<分析>⇒<二変量の関係>を選ぶ。
②ダイアログの<列の選択>で製品を選び<X, 説明変数>を押す。
③<列の選択>で購入意欲を選び<Y, 目的変数>を押し，<OK>を押す。
④出力ウィンドウの<分割表>左赤▼を押し<全体%>を選び表示を消す。
⑤④と同じ操作で<列%>および<行%>を選び表示を消す。
⑥④と同じ操作で<期待値>および<セルのカイ2乗>を選ぶ。

1.3 分散分析の手順

ここでは，『柑橘類』を使って**分散分析**の手順を示す。JMP では＜二変数の関係＞を使う。分散分析を使って，要因（質的データ）と特性 y（量的データ）との関係の強さを調べる。

手順1：要因と特性の準備

対象とする要因と特性を選定する。観測値から計算した平均や分散は**標本誤差**（標本を選ぶ際に生じる偶然誤差）を含む。一元配置データの**構造式**を次のように考える。

$$y_{ij} = \mu + \alpha_i + \varepsilon_{ij} \quad (i=1,2,\cdots,a;\ j=1,2,\cdots,n) \tag{1.22}$$

$$\sum_{i=1}^{a} \alpha_i = 0 \tag{1.23}$$

$$\varepsilon_{ij} \sim N(0, \sigma^2) \tag{1.24}$$

ここで，$\varepsilon_{ij} \sim N(0, \sigma^2)$ は残差が平均 0，分散 σ^2 の正規分布に従うことを示している。本例では要因に製品を特性に手に取るを取り上げる。

手順2：視覚化

横軸に要因の水準を，縦軸に特性を取り観測値をプロットする。各水準で飛び離れた値がないか，水準ごとの観測値のばらつきの大きさは同じか，水準平均がどのように変化しているか，などを把握する。**図 1.11** に本例の**ひし形グラフ**と水準別の**箱ヒゲ図**と**ヒストグラム**を示す。ひし形グラフは JMP 固有のもので水準平均の信頼区間をひし形で表す。ひし形の中央に引かれる水平線が水準平均，ひし形の縦の長さがグループ平均の 95% **信頼区間**を表す。ひし形の横の長さが相対的な水準の標本数を表している。**図 1.11** のひし形の位置から水準平均はパッケージ A のほうが B よりも大きい。また，**表 1.6** の基本統計量の表示から水準内の標準偏差に大きな違いはないこともわかる。

手順3：仮説の設定

統計的な検定では 2 種類の過誤を考える必要がある。統計仮説として**帰無仮説** H_0 と**対立仮説** H_1 の 2 つを用意する。帰無仮説 H_0 は，「母集団で各水準の平均に差異がない」である。対立仮説 H_1 は，「母集団の水準平均はすくなくとも 1 つは違う」である。本例は水準数が 2 つで標本数も等しいので，対

立仮説 H_1 は $\alpha_1 = -\alpha_2 \neq 0$ と表せる。

$$\begin{cases} H_0: \alpha_1 = \alpha_2 = 0 \\ H_1: \alpha_1 = -\alpha_1 \neq 0 \end{cases} \tag{1.25}$$

手順4：平方和や平均平方などの計算

分散分析の計算をJMPで行う。手に取るの平方和は**表1.7**の2つ目のブロックの全体の行の490.88(❶)である。このときの自由度は $\phi_T = 108 \times 2 - 1 = 215$ である。自由度が標本総数から1つ少ないのは，総平均の情報が引かれたからである。次に，効果の平方和を計算する。各水準平均から全体平均4.2731を引いた値，0.4583を使い，$(0.45832)^2 \times 216 = 45.375$(❷)が得られる。最後に残差の平方和は観測値から水準平均を引いた値，あるいは全体の平方和から効果の平方和を引いた値として445.51(❸)が得られる。また，効果の自由度は $\phi_{製品} = a - 1 = 1$ 残差の自由度は，$\phi_e = (an - 1) - (a - 1) = 215 - 1 = 214$ である。平方和を自由度で割り，平均平方が得られる。それが**表1.7**の平均平方の欄に表示された値(❹)である。

手順5：統計的検定

得られた自由度や平均平方などを使い統計的検定を行う。効果の平均平方と残差の平均平方の比を F 値と言う。F 値に基づいて計算される p 値が0.05 よりも小さいときは有意水準5%で，p 値が0.01 よりも小さいときは有意水準1%で帰無仮説 H_0 を棄却する。このとき，要因の水準によって特性の母平均が変化すると判断する。本例では，F 値が21.796 で p 値が $< .0001$(❺)だから，有意水準1%で高度に有意であると判断する。つまり，パッケージAとBでは手に取るの母平均が異なると判断する。平均の大きいパッケージAを採択するのがよい選択であろう。なお，**表1.7**の上段のR2乗(❻)を寄与率と言う。平方和の比 $45.375/490.884 = 0.092$ と計算した値である。**自由度調整R2乗**は平均平方の比で，$1 - V_e/V_T = 1 - 2.0818/(490.88/215) = 0.088$ と計算する。

手順6：区間推定

点推定の水準平均を求め，それに基づき信頼区間を求める。本例では，**表1.7**の下のブロックに表示された区間が各水準平均の**信頼率95%**の**両側信頼区間**

1.3 分散分析の手順

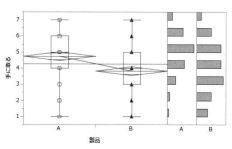

図 1.11 製品と手に取るのひし形グラフなど

表 1.6 製品の水準ごとの平均と標準偏差などの表示

平均と標準偏差						
水準	数	平均	標準偏差	平均の標準誤差	下側95%	上側95%
A	108	4.7314815	1.2723257	0.1224296	4.4887791	4.9741839
B	108	3.8148148	1.5952508	0.1535031	3.5105129	4.1191168

表 1.7 分散分析の結果

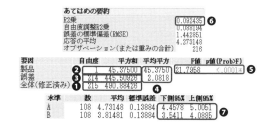

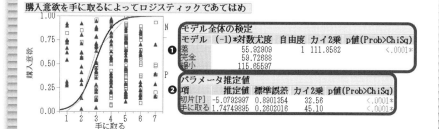

図 1.12 手に取ると購入意欲のロジスティック回帰分析の結果

である。なお，区間推定では各水準内の標準偏差は等しいとして，**共通の標準誤差**を計算する。その値は $\sqrt{2.0818}/\sqrt{108} = 1.443/10.392 = 0.1388$ である。この標準誤差に **t 分布**を使った分位点を掛けると区間推定ができる。計算すると，以下のようになる。

$$\bar{y} \pm t(\phi_E = 215, 0.05) \times \sqrt{V_E/n} = \bar{y} \pm 1.971 \times 0.1388 = 0.274 \text{(❼)}$$

操作　**1.10：柑橘類の分散分析**

①『柑橘類』のデータテーブルで＜分析＞⇒＜二変量の関係＞を選ぶ。

②ダイアログの＜列の選択＞で製品を選び＜X, 説明変数＞を押す。

③＜列の選択＞で手に取るを選び＜Y, 目的変数＞を押し＜OK＞を押す。

④出力ウィンドウの＜製品による…＞左赤▼を押し＜平均/ANOVA/…＞を選ぶ。

⑤④と同じ操作で＜表示オプション＞⇒＜箱ひげ図＞を選ぶ。

⑥④と同じ操作で＜表示オプション＞⇒＜平均をつなぐ＞を選ぶ。

⑦④と同じ操作で＜表示オプション＞⇒＜ヒストグラム＞を選ぶ。

1.4　ロジスティック回帰分析の適用例

1.3 節では特性は連続尺度の手に取るを取り上げ，それを層別するために**名義尺度**の要因，製品を用いて分散分析を行った。今度は特性が名義尺度で要因が連続尺度の場合の分析を考える。『柑橘類』のデータで分析の流れを説明する。例えば，手に取るが購入意欲に与える影響度を調べたいとする。このときの帰無仮説 H_0 は「手に取るは購入意欲に影響しない」である。対立仮説 H_1 は「手に取るは購入意欲に影響を与える」である。**図 1.12** 左は手に取るを横軸に，購入意欲の確率を縦軸にして，P（ポジティブ）と N（ネガティブ）の境界を S 字曲線で求めたものである。この曲線は**ロジスティック回帰**から得られる。ロジスティック回帰は要因の連続関数によって特性の境界（二項分布の確率）が変化するモデルである。曲線で区切られた高さが，一方の水準が生じる確率を推定している。S 字曲線の傾きが急であるほど要因が特性を説明する能力が高い。

図 **1.12** から手に取るの値より購入意欲の確率が左右されることがわかる。図 **1.12** の＜モデル全体の検定＞のブロックの p 値(❶)から，帰無仮説 H_0 が真である可能性は 0.0001 以下なので得られたロジスティック回帰は統計的に意味があると判断する。

次に，＜パラメータ推定値＞のブロック(❷)を見よう。推定値は要因の手に取るに対する特性の購入意欲の P の確率を求めるロジスティック曲線の係数である。ロジスティック回帰は(1.26)式と(1.27)式で表され，指数関数の中が 1 次式(回帰式)になっている。

$$\hat{p} = 1/\{1 + \exp(-z)\} \tag{1.26}$$

$$z = -5.0793 + 1.7475 \times 手に取る \tag{1.27}$$

標準誤差は得られた係数が持つ誤差の大きさを表したものである。**カイ 2 乗**は係数と標準誤差の比の 2 乗である。回帰式の傾きのカイ 2 乗は

$$\chi_0^2 = \{(1.7475)/(0.2602)\}^2 = 45.10 \tag{1.28}$$

と計算する。カイ 2 乗 χ_0^2 は「母集団の手に取るの傾きが 0 である」が真であるとした場合に手持ちデータとの乖離を表す指標である。この χ_0^2 が自由度 1 の**カイ 2 乗分布**に従うことを利用して検定する。p 値(Prob > ChiSq)の値，< .0001 から有意確率 1% で高度に有意である。そこで，手に取るの値で購入意欲の確率を予測する。例えば，(1.26)式と(1.27)式を使い，手に取るが 4 の場合の購入意欲は 87.1% と推定できる。

操作 1.11：柑橘類のロジスティック回帰

①『柑橘類』[U] を読み込む。
②データテーブルの＜分析＞⇒＜二変量の関係＞を選ぶ。
③ダイアログの＜列の選択＞で購入意欲を選び＜Y, 目的変数＞を押す。
④＜列の選択＞で手に取るを選び＜X, 説明変数＞を押し＜OK＞を押す。
⑤出力ウィンドウの＜購入意欲…＞左赤▼を押し，＜プロットオプション＞
　⇒＜応答率折れ線の表示＞を選ぶ。

第2章 特性の分類

■手法の使いこなし
☞ 多変量データの相関関係から，主成分(主要な成分)を探し出す。
☞ 主成分に元の特性のベクトルと個体を同時に布置したグラフィカルな地図を作る。
☞ 多変量データの相関関係から，特性のグルーピングを行う。

2.1 投手成績

　本章では，まずは技術的テーマでなく身近な話題の事例から解説を始めたい。
　1965～2014年に活躍したプロ野球の投手(130回以上/年)の成績が『投手成績』[U]に保存してある。変数は球団・年齢・投手の責任ではないエラーや敬遠による対戦を除いた対戦相手一人あたりの三振率・BB率(四死球率)・被打率(本塁打を除く被安打率)・被本打率(本塁打率)・自責点率(投手の責任で失点した率)，などである。その中から，被打率・被本打率・自責点率を取り上げる。それらのヒストグラムを図2.1に示す。図2.1はJMPのリンク機能を使い，被打率の少ないほうから数えて半数の投手が，被本打率・自責点率のヒストグラムのどの位置にいるかを網掛けしてある。被打率の少ない投手は自責点率も少ないように見える。それは感覚的な判断である。変数間の直線的な結びつきの強さは散布図を描き，相関係数を計算するとよい。図2.2は3変数の散布図行列で，表2.1がそれに対応した相関係数行列である。自責点率と被打率および被本打率に中程度の正相関(❶)が認められる。

《質問2》物差し
　上記3変数を使い投手成績の合理的な物差しを作るにはどうしたらよいか？

　複数の変数を1つの指標で表す場合，思い浮かぶのは合計(あるいは平均)である。学業成績や商品の満足度ランキングなどは合計を使う。合計は自然な物差しとして世の中で幅を効かせている。まずは，本例でも合計で考えよう。

2.1 投手成績

表2.1 投手成績の相関係数行列

	被打率	被本打率	自責点率
被打率	1.000	-0.099	0.410
被本打率	-0.099	1.000	0.592
自責点率	❶ 0.410	0.592	1.000

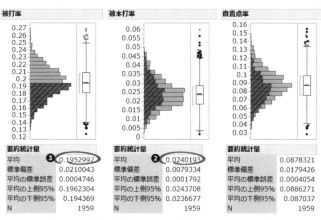

図2.1 投手成績のヒストグラムとリンク機能

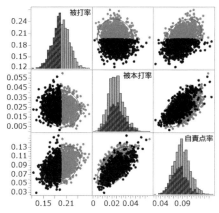

図2.2 投手の成績の散布図行列

3つの変数の平均をそれぞれ計算すると，被本打率の平均(❷)は被打率の平均(❸)の約 1/10 である。そのまま合計すると被本打率の違いは小さく扱われる。各特性が平等に扱われるように標準化する。

合計：a =（被打率＋被本打率＋自責点率） (2.1)

標準スコアの合計：u =（標準被打＋標準被本打＋標準自責点） (2.2)

(2.2)式の**標準スコア**の合計は，「平均的に u が小さい値ほど，安打数も本塁打数も少なく自責点数も少ない（優秀な）投手」の指標である。この指標の上位 8 名は，村山実(1970)，堀内恒夫(1966)，吉川光夫(2012)，ダルビッシュ有(2007)，ダルビッシュ有(2011)，権藤正利(1967)，ダルビッシュ有(2009)，大野豊(1989) である。括弧内の数字は成績を出したシーズンである。標準スコアの合計 u は直感的であるが，残りの情報にお宝が眠っているかも知れない。そこで，各変数の標準スコアから $u/3$（行平均）を引いた値を調べる。平均という情報を取り除いた後の**散布図行列**を図 2.3 に示す。相対的に被打数が少ない半分の個体に網掛けしてある。図 2.3 から，被打差分（標準被安打率から $u/3$ を引いた値）と被本打差分（標準被本打率から $u/3$ を引いた値）には負の相関が現れる。相対比較として「安打数が少ないにも関わらず本塁打数が多い投手」という指標が見つかった。

2.2 データの陰に陽を照らす主成分分析

膨大な情報が消費される現代は，人や企業などの評価を平等という名の下に一元的な価値で決めつけやすい。一元的な判断は『投手成績』の分析からわかるように，埋没した情報の中にある鉱脈を見逃すことがある。物事を普段と違う角度から眺めると，そこに新しい風景が広がっている。連続尺度の変数間の結びつきは**相関係数**で定量化し，個体のばらつく様を**散布図**で確認する。3 変数以上になると直感的な判断が難しくなる。変数間の関係を総合的にとらえたり，個体の特徴を少数個の合成指標で明らかにしたりする手法が必要である。2.1 節の方法は恣意的なので合理的な指標作りが必要である。この問いの答えが**主成分分析**である。得られた主成分の回転により，変数をいくつかのグルー

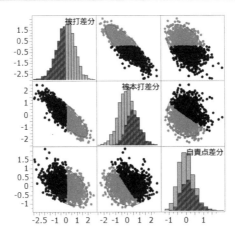

図2.3 平均的な情報を取り除いた投手成績の散布図行列

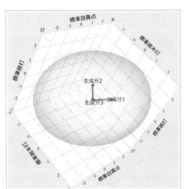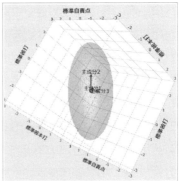

図2.4 投手成績の三次元散布図

■線形結合

$$z = w_1 y_1 + w_1 y_1 + \cdots + w_j y_j + \cdots + w_p y_p \quad (j = 1, 2, \cdots, p) \tag{2.3}$$

$$\lambda_1 = r^2(z, y_1) + r^2(z, y_2) + \cdots + r^2(z, y_p) = \sum_{j=1}^{p} r^2(z, y_j) \Rightarrow Max \tag{2.4}$$

プに束ねることもできる。以下に主成分分析の基本となる考え方を説明する。

(1) 合成指標と特性の空間

標準スコアを合計した(2.2)式は各変数の重み $w_j(j=1, 2, 3)$ が同じである。主成分分析では，w_j を相関係数や**分散共分散**といった情報を使って数学的に定める。数学的というのは，(2.3)式の**線形結合**z の分散を最大化する w_j を探すという意味である。別な言い方をすれば，z が総合的な能力を表すものだと考えた場合，すべての変数の能力を反映したものにするには，z がそれぞれの変数と強い相関を持つことが望ましい。そこで，w_j は z が変数と全体として相関が最大になるように定めよう。相関係数は±の値を取るから，そのまま合計して関連の総合的強さを求めることはできない。総合的な関連の強さは相関係数を2乗して合計したものを用いる。すなわち，(2.4)式に示すように w_j と**分散** λ（ラムダ）を決めるのである。式中の $r(z, y_j)$ は変数 y_j と z の相関係数である。ここで，p 個の変数があるとき，w_j の2乗和は1という制約をつける。こうして得られた線形結合を**第1主成分**と言う。主成分分析の結果は

$$z = 0.356\,標準被打 + 0.586\,標準被本打 + 0.728\,標準自責点$$

となる。w_j の差は相関係数を考慮したことによる影響力の違いである。

次に，第1主成分の情報をデータから取り除いた後で，分散が最大となる2番目の線形結合を求める。順次，この作業を続ければ，p 個の主成分が得られる。こうして，得られた主成分はお互いが無相関ある。

主成分分析をビジュアルに体感しよう。それには JMP の <**三次元散布図**> が役立つ。**標準被打・標準被本打・標準自責点**の三次元空間を適当に回転させて，分散が最大となる方向を探すのである。**図2.4**左に示す横軸が分散最大の方向であり，これが第1主成分である。**図2.4**右に示す横軸が分散最小の方向であり，これが第3主成分である。図中の矢印が主成分のベクトルで，矢印の長さが主成分の分散 λ である。

(2) 出発行列

統計学では変数間の直線的な結びつきの強さは相関係数で表される。通常の主成分分析では**相関係数行列**を出発行列とする。一方，**分散共分散行列**を出発

■主成分分析から得られるもの

・固有値: $\lambda_1 = 1.676$　　　　　　　　　$(0.356, 0.586, 0.728)$
　　　　$\lambda_2 = 1.092$　　固有ベクトル:$(0.825, -0.563, 0.050)$
　　　　$\lambda_3 = 0.231$　　　　　　　　　$(0.439, 0.583, -0.683)$

　　固有ベクトルの制約:$\sum_{j=1}^{p} W_j^2 = 1$　$\Rightarrow 0.356^2 + 0.586^2 + 0.728^2 = 1$

・主成分
　　$z_1 = 0.356$ 標準被打 $+ 0.586$ 標準被本打 $+ 0.728$ 標準自責点
　　$z_2 = 0.825$ 標準被打 $- 0.563$ 標準被本打 $+ 0.050$ 標準自責点
　　$z_3 = 0.439$ 標準被打 $+ 0.583$ 標準被本打 $- 0.683$ 標準自責点

・寄与率

　　第1主成分:$= \dfrac{\lambda_1}{\lambda_1 + \lambda_2 + \lambda_3} = \dfrac{1.676}{3} = 0.56$

　　第2主成分:$= \dfrac{\lambda_2}{\lambda_1 + \lambda_2 + \lambda_3} = \dfrac{1.092}{3} = 0.36$

　　第3主成分:$= \dfrac{\lambda_3}{\lambda_1 + \lambda_2 + \lambda_3} = \dfrac{0.231}{3} = 0.08$

・累積寄与率

　　第1主成分:$= \dfrac{\lambda_1}{\lambda_1 + \lambda_2 + \lambda_3} = \dfrac{1.676}{3} = 0.56$

　　第2主成分:$= \dfrac{\lambda_1 + \lambda_2}{\lambda_1 + \lambda_2 + \lambda_3} = \dfrac{1.676 + 1.092}{3} = 0.92$

　　第3主成分:$= \dfrac{\lambda_1 + \lambda_2 + \lambda_3}{\lambda_1 + \lambda_2 + \lambda_3} = 1$

・因子負荷量

	y_1	y_2	y_3
第1主成分	$r_{z1,y1} = w_{11}\sqrt{\lambda_1} = 0.46$	$r_{z1,y2} = w_{12}\sqrt{\lambda_1} = 0.76$	$r_{z1,y3} = w_{13}\sqrt{\lambda_1} = 0.94$
第2主成分	$r_{z2,y1} = w_{21}\sqrt{\lambda_2} = 0.86$	$r_{z2,y2} = w_{22}\sqrt{\lambda_2} = -0.59$	$r_{z2,y3} = w_{23}\sqrt{\lambda_1} = 0.05$
第3主成分	$r_{z3,y1} = w_{31}\sqrt{\lambda_3} = 0.21$	$r_{z3,y2} = w_{32}\sqrt{\lambda_3} = 0.28$	$r_{z3,y3} = w_{33}\sqrt{\lambda_1} = -0.33$

行列とする方法がある。この方法が使われるのは，変数が共通の単位を持ち，それぞれの分散の大きさの違いが意味を持つ場合である。その条件が満たされないときに，この方法を使うと分散の大きい変数から順に第1主成分，第2主成分，…，第p主成分となり，総合指標としての意味を失う。この方法を使うことが意味を持つと思われる例を挙げよう。r個の食品を対象として，p種類の変数，例えば，香りの良さ・歯ごたえの良さ・味のさっぱり感等について，n人が5段階あるいは7段階で官能評価をしたとする。変数によっては，誰もが同じ基準で評価し，r個の評価の一致性が高いため食品間の差がはっきりでるもの，逆に評価が人様々で食品間の差異がほとんどでないものもある。このようなデータの分析に，相関係数を出発行列とする主成分分析を用いると，評価が確かな変数も不確かな変数も同じ重みで寄与することになり好ましくない。また，能力に差があるp人の評価者が変数で，各変数の標準偏差の大小が評価者の能力の大小を表す場合もこの方法が用いられる。

(3) 主成分分析の用語

主成分分析には特別な言葉が使われる。以下にその意味を説明する。**固有値**は主成分の分散λで，主成分の量を表す指標である。『投手成績』の3変数を主成分分析したときの固有値を図**2.5**に示す(❶)。相関係数行列から出発した主成分分析では，固有値の合計が分析に使った変数の数になる。この場合は3つの変数の分析であるから固有値の合計は3である。

寄与率は元の変数の情報をどれだけ主成分で説明できるかを表す指標である。第1主成分は$\lambda_1/\sum_{j=1}^{p}\lambda_j$，第$j$主成分は$\lambda_j/\sum_{j=1}^{p}\lambda_j$，第$p$主成分は$\lambda_p/\sum_{j=1}^{p}\lambda_j$と計算する。本例の第1主成分の寄与率は$1.6764/3 = 55.88\%$，第2主成分は$1.0922/3 = 36.41\%$(❷)である。**累積寄与率**は大きい固有値を持つ側から寄与率を累積した指標である。本例の累積寄与率は第1主成分が55.88%，第2主成分までの累積寄与率が$55.88 + 36.41 = 92.29$(❸)である。

固有ベクトルとは主成分への重みwであり，元の変数の線形結合の係数である。表**2.2**に本例の固有ベクトルを示す。**因子負荷量**とは(2.5)式で示すように，固有ベクトルと固有値の平方根の積である。因子負荷量は主成分と元の

2.2 データの陰に陽を照らす主成分分析

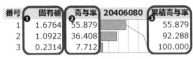

図2.5 固有値とその寄与率

表2.2 固有ベクトル

	主成分1	主成分2	主成分3
被打率	0.35592	0.82475	0.43945
被本打率	0.58556	-0.56330	0.58293
自責点率	0.72831	0.04984	-0.68343

表2.3 因子負荷行列

	主成分1	主成分2	主成分3
被打率	0.46083	0.86195	0.21138
被本打率	0.75815	-0.58871	0.28040
自責点率	0.94298	0.05209	-0.32874

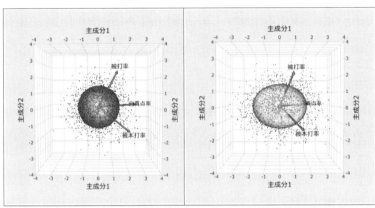

図2.6 GHバイプロット(左)とJKバイプロット(右)

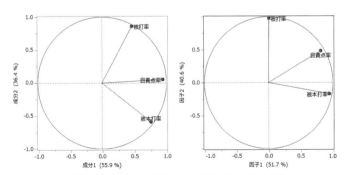

図2.7 回転前(左)と回転後(右)の因子負荷量のグラフ

変数との相関係数だから，絶対値が大きいほど主成分と元の変数の関係が強い。
$$r(z_j^*, y_j) = w_j \sqrt{\lambda_j} \quad (j = 1, 2, \cdots, p) \tag{2.5}$$

表2.3に投手成績の因子負荷量を示す。第1主成分の因子負荷量はいずれも正相関を持ち，自責点率の因子負荷量(相関係数)が0.95弱と圧倒的に大きい。また，第2主成分の因子負荷量は被打率と被本打率の符号が異なるので，**対立概念**(相反する性質)を表す成分である。

主成分得点とは求めた主成分の線形結合の値である。この分散が1になるように固有値の平方根($\sqrt{\lambda_1}, \sqrt{\lambda_2}, \cdots \sqrt{\lambda_p}$)で割って標準化する。因子負荷量と主成分得点を並べて解釈する場合は標準化された主成分得点を利用する。主成分得点のヒストグラムや散布図から個体の性質を分類する場合がある。主成分得点の両端の個体は対極の性質を持っているからである。第1主成分から総合的成績のトップ8を挙げると，村山実(1970)，堀内恒夫(1966)，ダルビッシュ有(2011)，権藤正利(1967)，吉川光夫(2012)，田中将大(2013)，田中将大(2011)，ダルビッシュ有(2007)となり，2.1節の合計指標とは若干異なるが錚々たる顔ぶれである。

(4) バイプロット

図2.6のように，主成分座標に元の変数ベクトルと個体のプロットを同時に布置するグラフを**バイプロット**と言う。同時布置により主成分の解釈が容易となる。図2.6の左右を比較するとわかるように，主成分得点を標準化した場合(**GHバイプロット**)とそうでない場合(**JKバイプロット**)では，バイプロットの結果が異なる。GHバイプロットのほうが変数間の相関を正確に表す。逆に，JKバイプロットは個体間の距離を正確に表す。GHバイプロットにおいて，個体を表すプロットを表示しない状態が因子負荷量のグラフである。

(5) 因子の回転

主成分分析を行うと『投手成績』のように，第2主成分以降に対立概念が現れやすい。そこで，**バリマックス回転**という方法を使い主成分の回転を行う。回転により，因子負荷量は0に近いものと絶対値で1に近いものに分離される。つまり，因子負荷量の絶対値が1に近ければ回転後の成分と変数の間に明解

な関係が存在すると解釈し，0に近ければ無関係なものとして処理する．回転後の成分は**因子**と呼ばれ，個別能力（変数分類）が引き出され，構造が単純化される．このような方法は**因子分析**と呼ばれ，色々な技法が提案されている．

図2.7左が回転前の**因子負荷量のグラフ**である．第2主成分が被打率と被本打率の対立概念が現れている．図2.7右が回転後（30度ほど反時計回りで回転）の因子負荷量のグラフである．今度は両者の対立概念が消えた．第1因子は本塁打による失点を意味し，第2因子は安打による失点を意味する指標である．自責点率は両方の因子から影響を受けていることが読み取れる．

|操作| **2.1：投手成績の三次元散布図**

①『投手成績』^{U} を読込み＜グラフ＞⇒＜三次元散布図＞を選ぶ．

②|Ctrl|キーを押したままダイアログの＜列の選択＞で標準被打・標準被本打・標準自責点を選び，＜Y, 列＞を押し＜OK＞を押す．

③出力ウィンドウの＜三次元散布図＞左赤▼を押し＜主成分分析＞を選ぶ．

④＜三次元散布図＞左赤▼を押し＜確率楕円体＞を選ぶ．

⑤ダイアログの＜累積確率＞右のテキストボックスに＜0.5＞を入力し，＜透明度＞右のテキストボックスに＜0.1＞を入力し＜OK＞を押す．（＜データ全体に対して行う＞にチェックがついていることを確認する）

⑥マウスを使って三次元散布図の軸を色々な方向に回転させてみる．

⑦散布図の下にあるタイトルの＜主成分分析＞を押し＜データ列＞を選ぶ．

⑧操作④，⑤を繰り返す．

⑨＜三次元散布図＞左赤▼を押し＜バイプロット線＞を選ぶ．グラフが見づらい場合はグラフ上で右クリックして＜設定＞で＜マーカーサイズ＞を変える．

2.3 主成分分析の手順

JMPの主成分分析は複数の入り口がある．Ⓐ＜グラフ＞⇒＜三次元散布図＞で主成分分析を行う．Ⓑ＜分析＞⇒＜多変量＞⇒＜多変量の相関＞から主成

分分析を行う。ⓒ＜分析＞⇒＜多変量＞⇒＜主成分分析＞を行う，である。ここでは，『投手成績』を使って主成分分析の手順を以下に示す。

<u>手順1</u>：変数と個体の準備

分析に必要な変数と個体を選定する。観測値から計算した相関係数は**標本誤差**を含むから，得られた主成分も標本誤差を含む。相関係数の確からしさを考えれば個体数は多いほうがよい。個体数が少ない場合は控えめに解釈する。『投手成績』では，分析する変数に<u>1アウト効率</u>・<u>BB率</u>・<u>三振率</u>・<u>被打率</u>・<u>被本打率</u>・<u>自責点率</u>を使う。分析結果の考察のために**追加変数**に<u>球団</u>・<u>年齢</u>・<u>勝利</u>・<u>敗戦</u>を使う。

<u>手順2</u>：モニタリング

データの**モニタリング**を行う。モニタリングで発見した**外れ値**は，色を変えたり，マーカーを変えたりしておく。変数側の処理例として，企業の経営状況を分析する場合を考えてみよう。<u>利益率</u>・<u>回転率</u>などは経営状況が良いとき大きな値を取るのに対し，<u>借入金比率</u>は逆の性質を持っている。このような変数は逆数をとるか，符号を負にするなどして，価値の方向を統一しておく。

『投手成績』では，<u>三振率</u>は値が大きい方がよい特性であるが，<u>自責点率</u>やBB率などは値が小さい方がよい特性である。三振率のデータは説明の都合上，そのまま扱うが，−1をかけた処理をすると考察が楽になるだろう。本例の**基本統計量**を表**2.4**に示す。表**2.4**より対象の選手は延べ数で1959名(❶)である。<u>被本打率の平均</u>(❷)は他の特性に較べて1/10ほどしかない。また，**表2.5**の**相関係数行列**からは<u>自責点率</u>に対して，他の特性との相関はいずれも中程度(❸)の強さである。<u>被打率</u>と(BB率・三振率)は負の相関(❹)である。さらに，**図2.8**の**散布図行列**から，各特性ともに正規分布に近い**ヒストグラム**が得られており，**散布図**の中にも外れ値は認められない。以上から外れ値処理や変数変換といった特別な処理をしなくてもよいだろう。

<u>手順3</u>：主成分分析の実行

主成分分析を行う。特別な理由がない限り**相関係数行列**から出発する。はじめに，**固有値**と**寄与率**を調べる。利用する主成分の数は経験的に以下の基準が

2.3 主成分分析の手順

表2.4 投手成績の基本統計量

列	N	平均	標準偏差	合計	最小値	最大値
1アウト効率	1959	1.4217	0.0521	2785.19	1.2434	1.6088
BB率	1959	0.0764	0.0213	149.619	0.0106	0.1625
三振率	1959	0.1510	0.0436	295.758	0.0132	0.3113
被打率	1959	0.1953	0.0210	382.592	0.1246	0.2696
被本打率	1959	0.0240	0.0079	47.0537	0.0017	0.0597
自責点率	1959	0.0878	0.0179	172.063	0.0288	0.1553

表2.5 投手成績の相関係数行列

相関

	1アウト効率	BB率	三振率	被打率	被本打率	自責点率
1アウト効率	1.000	0.594	-0.312	0.519	0.278	0.745
BB率	0.594	1.000	0.067	-0.313	0.062	0.277
三振率	-0.312	0.067	1.000	-0.401	-0.148	-0.250
被打率	0.519	-0.313	-0.401	1.000	-0.099	0.410
被本打率	0.278	0.062	-0.148	-0.099	1.000	0.592
自責点率	0.745	0.277	-0.250	0.410	0.592	1.000

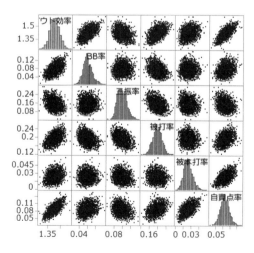

図2.8 投手成績の散布図行列

Ⓐ相関係数行列から出発する場合は，固有値が1以上のものを選ぶ（元の変数の情報量は1であるから，1以下の主成分は誤差として解釈しない）。
Ⓑ累積寄与率が0.7〜0.8を超えるところまでの主成分を解釈する。

『投手成績』も相関係数行列を出発行列とする。**図2.9**は主成分分析の結果である。ここでは，累積寄与率（❶）が80%を超えた第3主成分までを採用する。

手順4：主成分の解釈

得られた主成分を解釈する。**因子負荷量**や**主成分得点**の散布図などから主成分の意味を考える。主成分の両端にある個体も解釈の手助けとする。本例では，**図2.9**の**因子負荷量のグラフ**（❷）の横軸と特性のベクトルから，第1主成分は総合的な投手能力を表すものと解釈できる。この主成分得点が小さいほど優秀な投手である。第2主成分は**図2.9**の因子負荷量のグラフの縦軸と特性のベクトルから，BB率と被打率の**対立概念**である。第3主成分は**図2.9**の因子負荷量行列（❹）からBB率と被本打率の対立概念である。**追加変数**を使って主成分の深掘りを行う。主成分得点の散布図（❸）に名義尺度の球団が平均位置で赤くプロットされる。巨人(G)の成績が平均的に優秀である。逆に，スワローズ(S)・ブルーウェイブ(BW)・ベイスターズ(BS)の成績が平均的に劣る。また，因子負荷量のグラフ（❷）には，連続尺度の追加変数が青色のベクトルで表示される。投手の勝利と敗戦は自責点率や1アウト効率と関連があり，年齢は被打率や三振率と関連がある。このように，追加変数を使えば主成分のヒントが得られる。なお，追加変数は得られた主成分に配置されるだけで主成分の構造に影響を与えない。

手順5：主成分の回転

成分の解釈が困難な場合には**バリマックス回転**により単純構造化を試みる。第2主成分および第3主成分は対立概念なので構造が単純ではない。本例にバリマックス回転を試みる。**図2.10**の因子負荷量グラフから，第1因子は安打を打たれ1アウト効率が悪く自責点率が大きい因子，第2因子は四死球で1アウト効率が悪く自責点率が大きい因子，第3因子は本塁打を打たれ自責点

2.3 主成分分析の手順

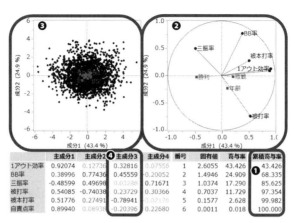

図2.9 投手成績の主成分分析

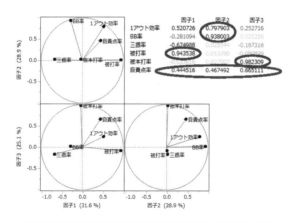

図2.10 投手成績のバリマックス回転後の結果

率が大きい因子である．図**2.10**下の共通性の推定値とは因子により元の変数がどのくらい説明できるかを計算した値(寄与度)である．1アウト効率・BB率・被打率・被本打率の共通性は高く，3因子の影響が混ざる自責点率の共通性は86%と少し劣る．

操作 2.2：投手成績の事前分析

① 『投手成績』^{U} を読込み，<分析> ⇒ <多変量> ⇒ <多変量の相関> を選ぶ．

② ダイアログの<列の選択>で1アウト効率〜自責点率を選び，<Y, 列>を押し<OK>を押す．

③ 出力ウィンドウの<多変量>左赤▼を押し<基本統計量> ⇒ <単変量の基本統計量>を選ぶ．

④ <散布図行列>左赤▼を押し<ヒストグラムの表示>から<X軸上>を選ぶ．

操作 2.3：投手成績の主成分分析

① <分析> ⇒ <多変量> ⇒ <主成分分析>を選ぶ．

② ダイアログの<列の選択>で1アウト効率〜自責点率を選び<Y, 列>を押す．

③ [Ctrl]を押したまま<列の選択>で球団・年齢・勝利・敗戦を選び<Z, 追加変数>を押し，<OK>を押す．

④ [Alt]を押したまま出力ウィンドウの<主成分分析：…>左赤▼を押し，<固有値>・<固有ベクトル>・<負荷量行列>・<スクリープロット>を選ぶ．

⑤ ④<主成分分析：…>左赤▼を押し<因子分析>を選ぶ．

⑥ ダイアログの<因子分析の方法>で<主成分分析>を，<事前共通性>で<主成分分析（対角要素 .1）>を選ぶ．

⑦ <因子数>のテキストボックスに<3>と入力し，<OK>を押す．
  （その他のオプションはデフォルトのままにしておく）

⑧ <最終的な共通性の推定値>左の▷を押す．

⑨ <各因子によって説明される分散>左の▷を押す．

表2.6　カフェオレの基本統計量

評価項目	N	平均	標準偏差	合計	最小値	最大値
ｺｰﾋｰ豆の香	77	153.04	45.658	11784	56	241
モカ(こうばしい)香	77	113.58	55.652	8746	28	265
ミルクの香	77	139.68	51.862	10755	51	242
口に残るｺｰﾋｰ豆香	77	136.39	53.093	10502	47	233
水っぽい	77	133.43	59.240	10274	30	247
甘い味	77	158.16	44.987	12178	44	238
苦い味	77	61.95	38.430	4770	10	206
甘い後味	77	141.81	46.862	10919	41	237
苦い後味	77	69.78	41.360	5373	16	190
甘い後味の長さ	77	125.96	45.534	9699	38	227
ミルクの後味の長さ	77	129.64	61.701	9982	36	244

表2.7　カフェオレの分散共分散行列

項目	ｺｰﾋｰ…	モカ…	ミルク…	口に残…	水っぽ…	甘い味	苦い味	甘い後…	苦い後…	甘い後…	ミルク…
ｺｰﾋｰ豆の香	2084.62	1289.19	1132.42	1925.20	808.22	278.97	330.99	108.32	319.84	217.88	1401.40
モカ(こうばしい)香	1289.19	3097.14	1995.74	1101.98	2417.29	184.96	896.14	427.90	831.63	629.39	2661.82
ミルクの香	1132.42	1995.74	2689.67	1221.46	1872.59	437.71	700.42	478.13	622.01	663.95	2678.62
口に残るｺｰﾋｰ豆香	1925.20	1101.98	1221.46	2818.82	811.36	465.86	340.31	245.67	471.38	246.94	1406.03
水っぽい	808.22	2417.29	1872.59	811.36	3509.35	-192.19	921.09	24.90	883.49	232.99	2626.28
甘い味	278.97	184.96	437.71	465.86	-192.19	2023.87	-75.79	1725.50	133.98	1654.43	458.89
苦い味	330.99	896.14	700.42	340.31	921.09	-75.79	1476.87	258.82	1402.65	221.95	914.44
甘い後味	108.32	427.90	478.13	245.67	24.90	1725.50	258.82	2196.00	460.06	1907.44	587.92
苦い後味	319.84	831.63	622.01	471.38	883.49	133.98	1402.65	460.06	1710.62	335.18	980.98
甘い後味の長さ	217.88	629.39	663.95	246.94	232.99	1654.43	221.95	1907.44	335.18	2073.35	873.95
ミルクの後味の長さ	1401.40	2661.82	2678.62	1406.03	2626.28	458.89	914.44	587.92	980.98	873.95	3807.00

スクリープロット

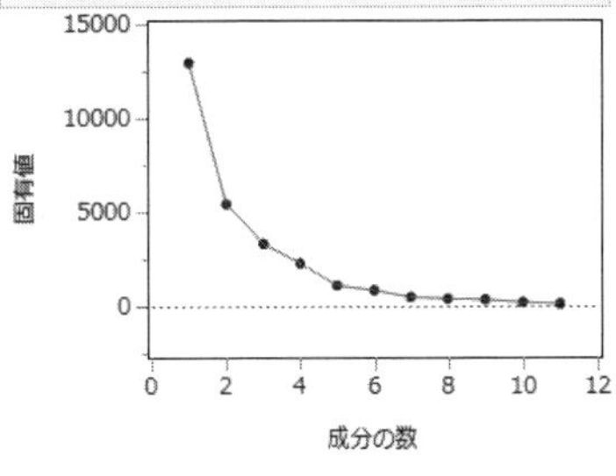

主成分分析: 共分散行列から

番号	固有値	寄与率	20 40 60 80	累積寄与率
1	12937.63	47.068		47.068
2	5418.773	19.714		66.781
3	3307.159	12.032		78.813
4	2283.679	8.308		87.121
5	1111.469	4.044		91.165
6	851.4456	3.098		94.262
7	493.2273	1.794		96.057
8	398.5032	1.450		97.506
9	349.9365	1.273		98.779
10	205.3506	0.747		99.527
11	130.1348	0.473		100.000

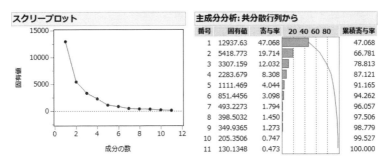

図2.11　カフェオレの固有値(右)とスクリープロット(左)

⑩ <標準化スコア係数> 左の▷を押す。

2.4 主成分分析の事例

　缶コーヒー（カフェオレ）は本格的に味と香りが要求されるようになった。K社は7つの缶コーヒーの試作品を作った。その出来栄えを社内の関係者11名で11項目を使って100点満点で評価した。その結果が『カフェオレ』^{U}に保存されている。保存されたデータは試作品の提示順序を無作為に変え，繰返し3回の官能評価の合計点である。11項目の基本統計量を**表2.6**に示す。11項目の平均は61.95〜158.16で，標準偏差は38.430〜61.701の差異が出た。試作品の評価は，差異がはっきりする項目と差異がつきにくい項目があるようである。項目による差異のつきやすさ / つきにくさは重要なので，本例では**分散共分散**から出発する主成分分析を行う。**表2.7**は分散共分散行列である。相関係数行列と異なり，変数間の直線的な関係の強さは認識しにくい。このため，**表2.7**では対角要素の分散に網掛けした。また，共分散の要素で値の大きなものには下線を引いた。共分散の大きさから類推すると，味と香りにより複数のグループに分解できそうである。

　主成分分析を行う。その結果を**図2.11**に示す。**図2.11**の**スクリープロット**から固有値の大きい第4主成分までを解釈する。なお，分散共分散行列から出発する主成分分析では，固有値の合計は元の変数の分散の合計である。分析する対象により固有値の大きさが異なるから，主成分数の決定には**図2.11**右に示す**累積寄与率**を活用する。因子負荷量を**表2.8**左に示す。因子負荷量の絶対値の大きさに着目して，第1主成分は味と香から「カフェオレらしさの指標」と解釈する。第2主成分は「甘い味を意味する指標」，第3主成分は「コーヒー豆香の指標」，そして第4主成分は「苦味の指標」と解釈する。元の変数の中には複数の主成分と相関係数の絶対値が大きいものがある。元の変数と主成分は1対1の関係にしたい。

　そこで，主成分に**バリマックス回転**を行い，構造の単純化を図る。**表2.8**右は**因子分析**（バリマックス回転）の**因子負荷量**である。元の変数は1つの因子とのみ大きな相関係数を持つから，単純構造化に成功したと判断する。11の変

2.4 主成分分析の事例

表2.8 カフェオレの因子負荷量

	主成分1	主成分2	主成分3	主成分4	因子1	因子2	因子3	因子4
コーヒー豆の香	0.62728	-0.07275	0.66762	0.10637	0.314584	0.028256	0.046585	0.868256
モカ(こうばしい)香	0.87134	-0.14237	-0.11553	-0.10405	0.840152	0.081372	0.204914	0.221813
ミルクの香	0.85815	-0.03747	0.01060	-0.18613	0.799856	0.176543	0.080001	0.308628
口に残るコーヒー豆香	0.57731	-0.00705	0.73983	0.20612	0.196794	0.069487	0.093321	0.933225
水っぽい	0.78190	-0.32476	-0.30832	-0.13139	0.875298	-0.102209	0.228907	0.012839
甘い味	0.25124	0.89393	0.09343	-0.07617	-0.006714	0.922945	-0.062551	0.144861
苦い味	0.51052	-0.08910	-0.34632	0.73191	0.260384	0.013013	0.923668	0.055346
甘い後味	0.30797	0.90090	-0.13204	0.05083	0.052786	0.950043	0.145194	-0.006132
苦い後味	0.49540	0.01974	-0.31077	0.77948	0.192029	0.109675	0.945070	0.088940
甘い後味の長さ	0.38796	0.86222	-0.13857	-0.07138	0.179410	0.939153	0.063211	-0.006215
ミルクの後味の長さ	0.92359	-0.06783	-0.07562	-0.15762	0.875386	0.166448	0.155505	0.264553

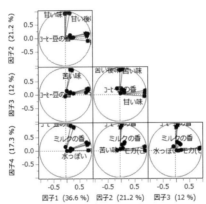

図2.12 カフェオレの因子負荷量の散布図行列

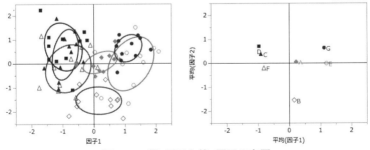

図2.13 第1因子と第2因子の布置

数は4つの因子に分類できた．図2.12の因子負荷量のグラフからも，元の変数は各因子(縦軸と横軸)に沿ったベクトルとして表示されているから，ビジュアル的にも単純構造化が読み取れる．第1因子は「カフェオレらしさ」，第2因子は「甘味」，第3因子は「苦味」，第4因子は「コーヒー豆香」と命名しよう．最後に，第1因子と第2因子の平面に7つの試作品の評価で層別した**確率楕円**を図2.13左に，7つの試作品の平均位置を図2.13右に示す．試作品EとGは伝統的なカフェオレとして認識されており，逆に試作品CとDとFはミルク感が薄いカフェオレと認識されている．また，試作品Bは甘さを抑えたカフェオレと認識されている．

操作 2.4：カフェオレの主成分分析

① 『カフェオレ』^{U}を読込み＜分析＞⇒＜多変量＞⇒＜多変量の相関＞を選ぶ．

② ダイアログの＜列の選択＞でコーヒー豆の香～ミルクの後味の長さを選び，＜Y, 列＞を押し＜OK＞を押す．

③ Alt を押したまま出力ウィンドウの＜多変量＞左赤▼を押し，＜単変量の基本統計量＞・＜共分散行列＞を選ぶ．

④ ＜分析＞⇒＜多変量＞⇒＜主成分分析＞を選ぶ．

⑤ ダイアログの＜列の選択＞でコーヒー豆の香～ミルクの後味の長さを選び，＜Y, 列＞を押し＜OK＞を押す．

⑥ 出力ウィンドウの＜主成分分析：相関…＞左赤▼を押し，＜主成分分析＞⇒＜共分散行列から＞を選ぶ．

⑦ Alt を押したまま，＜主成分分析：共分散…＞左赤▼を押し，＜負荷量行列＞・＜スクリープロット＞・＜固有値＞などを選ぶ．

操作 2.5：カフェオレの因子分析

① ＜主成分分析：共分散…＞左赤▼を押し＜因子分析＞を選ぶ．

② ダイアログで＜因子数＞に＜4＞を入力し，＜因子分析の方法＞で＜主成分分析＞を，＜事前共通性＞で＜主成分分析（対角要素.1）＞を選び＜OK＞を押す．

2.4 主成分分析の事例

③ ＜主成分分析：共分散…＞左赤▼を押し＜回転後の成分を保存＞を選ぶ。

④ ＜分析＞⇒＜二変量の関係＞で第1因子と第2因子の散布図を作る。
（ダイアログの列の選択の成分の回転(4/0)左▷を押すと因子1・因子2が表示される）

⑤ ＜因子1と因子2の…＞左赤▼を押し，＜グループ別＞を選び，製品を選択する。

⑥ ＜因子1と因子2の…＞左赤▼を押し，＜確率楕円＞⇒＜0.5＞を選択する。

⑦ ＜テーブル＞⇒＜要約＞を選ぶ。

⑧ ダイアログの＜列の選択＞で成分の回転(4/0)を選び，＜統計量＞を押し＜平均＞を選ぶ。

⑨ ＜列の選択＞で製品を選び，＜グループ化＞を押し＜OK＞を押す。

⑩ 新しいデータテーブルで製品を選択して＜列＞⇒＜ラベルあり/なし＞を選ぶ。また，＜行＞⇒＜行の選択＞⇒＜すべての行を選択＞を選んだ後，＜行＞⇒＜ラベルあり/ラベルなし＞を選ぶ。

⑪ ＜分析＞⇒＜二変量の関係＞を選び，平均(因子1)と平均(因子2)で散布図を作る。

第3章 個体の分類

■手法の使いこなし
☞ 複数の異なる群(母集団)から得られたデータを使い,各群の特徴を明らかにする。
☞ 新しく観測された個体を数学的特徴に基づいて,相応しい群に割り振る。
☞ 正常な群のデータを使い,新たに観測された個体がその群に属するかを判断する。

3.1 原油の組成

　Q社はカリフォルニア州の石油埋蔵地帯の2つの発掘位置(上層・中下層)で原油56の標本を集めた。位置の化学的成分の違いを比較するために,集めた56の標本について以下の5つの特性を測定した。最初の3つの特性は微量元素の灰分(%)で,元素はバナジウム・鉄・ベリリウムである。残りの2つはガスクロマトグラフィで得られる曲線の部分から計算した飽和炭化水素と芳香族炭化水素の面積(%)である。このデータは『原油成分』[U]に保存されている。図3.1は位置により平均の差が大きい3特性のひし形グラフである。

《質問3》仕分け
　図3.1から2群(発掘位置)の母平均に差があることが示唆されるが,2群を判別する数学的なルールを作るにはどうすればよいか？

　確かに,図3.1から2群で母平均に違いがあるように思える。しかし,それは平均の違いであって,個々のデータを正しく判別できるわけではない。例えば,飽和炭化水素では約5〜8(%)の範囲で,バナジウムでは約1〜9(%)の範囲で,2群のデータの多くが重なっている。これでは,どちらの群に振り分けてよいのか判断できない。特性を1つ増やし,散布図上で2群をうまく分離できないかを考える。図3.2は飽和炭化水素とバナジウムの散布図で位置による層別をしたものである。図中の楕円が信頼率95%の確率楕円である。
　図中の❶は飽和炭化水素の値を5.5(%)で分離する垂線で,❷はバナジウム

3.1　原油の組成　　　59

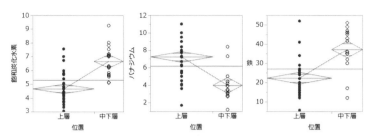

図3.1　原油成分のひし形グラフによる母平均の差

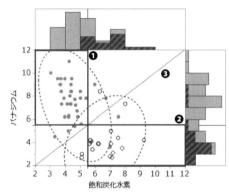

図3.2　恣意的に境界線を引いた飽和炭化水素とバナジウムの散布図

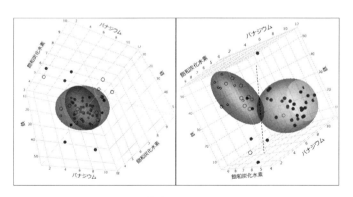

図3.3　原油成分の三次元散布図

の値を 5.5(％) で分離する水平線である．2 つの直線を使って 4 つの領域を作れば，上層から得られた 28 標本は，飽和炭化水素≤5.5(％) かつバナジウム＞5.5(％) の領域に布置し，すべて判別できる．中下層から得られた 18 標本は飽和炭化水素＞5.5(％) かつバナジウム≤5.5(％) の領域に布置し，そのうち 14 標本が正しく判別できる．それ以外を保留域とすれば 8 割弱が正しく判別できる．視点を変え，飽和炭化水素―バナジウム＝0 の直線❸を境界線として上下で判別する方法が考えられる．この方法は保留域もなく，直線よりも上ならば上層から抽出されたものと判断する．その的中率は 33/34 である．直線よりも下ならば中下層から抽出されたものと判断する．その的中率は 16/20 である．併せて 9 割ほどで判別できる．特性ごとの判別ルールを繋ぎ合わせるよりも，2 つの特性の**線形結合**（重み付き和）を使った判別ルールのほうが正答率は向上した．図 3.3 は飽和炭化水素・バナジウム・鉄の 3 つの特性を使った三次元空間で，各特性の軸を回転させて，どの方向でよい判別ができるかを調べたものである．図 3.3 左では上層の確率楕円が中下層の確率楕円に完全に重なっている．別な角度から眺めた図 3.3 右では 2 群の確率楕円がほぼ分離できる．多変量空間では，眺める位置により 2 群の判別状況が大きく異なる．以上のやり方は，グラフを活用しながら試行錯誤したものである．《質問 3》の意図は誰がやっても同じ結果にたどり着ける，客観的なルール作りである．加えて，手持ちのデータだけでなく，新しく得られたデータに対しても正しく判別できるという担保が欲しい．このような要求に答える方法が**判別分析**である．

3.2 誤判断のリスクを語る判別分析

　人は過去の出来事から学習し，将来の予測や新たな経験に対処できる生き物であるが，急激な科学の進歩が世の中に軋みを生んでいる．デジタル化で便利になった反面，IoT(Internet of things) を使った困った問題が増えている．身近な例はスパムメールである．過去に受け取ったスパムメールを分析して，スパムメールの特徴を発見できれば，メールを受け取る前にそれがスパムメールであるかどうかがわかる．スパムメールを正常メールと誤る確率をできるだけ

3.2 誤判断のリスクを語る判別分析

小さくすることが望まれる。しかし、堅牢すぎるフィルタでは正常メールがスパムメールと判断されるかもしれない。この**2つの過誤**の確率を最小にする分類ルールが必要である。以下では、この要求を満たすルール作り、判別分析を紹介する。

（1）標準化距離

はじめに、『原油成分』のバナジウムを使った判別ルールを考える。ここでは、上層群を記号(1)、中下層群を記号(2)で表し、上付き文字で両者を区別する。データから標本を2群に分類するには、各群の位置の違いに着目する。位置を表わす最も単純な指標は平均である。平均の差は直観的であるが、差の意味が各群のばらつきに依存するだけでなく、測定単位にも依存する欠点を持つ。つまり、平均の差とばらつきの大きさとを何らかの方法で関連づけなければ、平均の差が大きいかどうか判断できない。そこで、**標準化距離D**という概念を導入する。標準化距離Dは平均の差の絶対値を全体の標準偏差で割ったものと定義する。

つまり、

$$D = (\bar{y}^{(1)} - \bar{y}^{(2)})/s \tag{3.1}$$

ここに$\bar{y}^{(1)}$：上層の平均、$\bar{y}^{(2)}$：中下層の平均

$$s = \sqrt{\frac{(n^{(1)}-1)V^{(1)} + (n^{(2)}-1)V^{(2)}}{n^{(1)} + n^{(2)} - 2}}$$

である。(3.1)式からわかるようにt値とDには以下の関係がある。

$$t = D\sqrt{\frac{n^{(1)}n^{(2)}}{n^{(1)} + n^{(2)}}} \tag{3.2}$$

表3.1の基本統計量を使って、バナジウムのDとt統計量を計算してみよう。

$D = (7.22632 - 3.97222)/\sqrt{[(38-1)3.9815 + (18-1)2.7409]/(56-2)} = 1.717$

$t = 1.717 \times 3.4949 = 6.0015$　　（p値< 0.0001）

となる。t値から得られる**上側確率**p値は非常に小さな値である。この計算は、2つの母平均の差のt検定に他ならない。バナジウムの母平均が異なることがわかったところで、新たな個体y_0が得られたとき、**図3.4**を使いy_0がどちら

の群に属するか考えよう．話を単純にするために，以下の3つを統計仮説とする．

　Ⓐ 2群の出現率はほぼ等しい　　→比率 $\pi^{(1)} : \pi^{(2)} = 1 : 1$
　Ⓑ 2群の母分散はほぼ等しい　　→分散 $\sigma^{(1)2} = \sigma^{(2)2} = \sigma^2 = 1.895$
　Ⓒ 2群の母平均は既知で差がある→平均 $\mu^{(1)} = 7.23(\%) \neq \mu^{(2)} = 3.97(\%)$

ここで，統計仮説Ⓒより母平均は異なっていると考えているから，y_0 がどちらの群の平均により近いかを調べればよい．このとき，統計仮説ⒶとⒷを使うと $(\mu^{(1)} + \mu^{(2)})/2 = \mu$ となるので，全体平均 μ に較べて y_0 が大きいか小さいかで判断できる．また，バナジウムの分布が正規分布であると仮定できれば，それぞれの群の平均からの**標準化距離**の絶対値，

$$|D^{(1)}| = |y_0 - \bar{y}^{(1)}|/s, \qquad |D^{(2)}| = |y_0 - \bar{y}^{(2)}|/s \qquad (3.3)$$

を使って**出現確率**が計算できる．例えば，y_0 が $=6(\%)$ とすると

$$|D^{(1)}| = |6 - 7.226|/1.895 = 0.647, \qquad |D^{(2)}| = |6 - 3.972|/1.895 = 1.070$$

より，上層（❶）に属する要素が $|D^{(1)}|$ 以上の値を取る出現確率は 0.26（❸），中下層（❷）に属する要素が $|D^{(2)}|$ 以上の値を取る出現確率は 0.14（❹）と求まる．

以上から得られた標本は距離の絶対値が近い，あるいは出現確率の大きい上層群と判断する．ただし，中下層の群に属する出現確率も 0.1 以上あるから，本当は中下層から得られた標本であるにも関わらず，「上層から得られた」と誤判断するリスクを否定できない．図3.4 の❺は，群が上層（❶）と中下層（❷）の2つしかない場合に，「上層から得られた標本である」と判断が正しかった確率を曲線にしたものである．バナジウムの値がちょうど全体平均 5.60(%) のときに，正答確率が 50% となる．❺の曲線からわかるように，特性が全体平均から離れれば離れるほど**誤判別**するリスクが小さくなる（正答率が上がる）．なお，標準化距離の絶対値の替わりに**標準化距離の2乗**を使うことも多い．

ここで，どちらの群に振り分けても出現確率が小さい場合が起こりうる．例えば，y_0 が $=14$ とする．計算するまでもなく上層から得られたと考えるのが自然である．上層の平均からの標準化距離を計算すると，$D^{(1)} = (14 - 7.226)/$

3.2 誤判断のリスクを語る判別分析

表3.1 バナジウムの群別の平均と標準偏差

位置	数	平均	標準偏差	分散V
上層	38	7.226	1.9954	3.9815
中下層	18	3.972	1.6556	2.7409

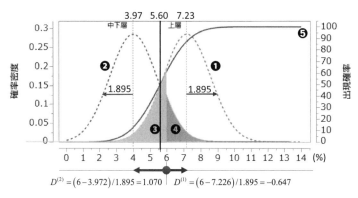

$D^{(2)} = (6 - 3.972)/1.895 = 1.070$　　$D^{(1)} = (6 - 7.226)/1.895 = -0.647$

図3.4　特性が1つの場合の判別

■ 3特性の判別

表3.2　3特性の基本統計量

群	数	平均			分散共分散			
		$\overline{y}_1$	$\overline{y}_2$	$\overline{y}_3$		y_1	y_2	y_3
1	$n^{(1)}$	$\overline{y}_1^{(1)}$	$\overline{y}_2^{(1)}$	$\overline{y}_3^{(1)}$	y_1	S_{11}	S_{12}	S_{13}
2	$n^{(2)}$	$\overline{y}_1^{(2)}$	$\overline{y}_2^{(2)}$	$\overline{y}_3^{(2)}$	y_2	S_{12}	S_{22}	S_{23}
					y_3	S_{13}	S_{23}	S_{33}

判別関数　　　　　：$DF = w_1 y_1 + w_2 y_2 + w_3 y_3$

重心の差　　　　　：$d = D^{(1)} - D^{(2)}$
$\qquad\qquad\qquad\quad = w_1(y_1^{(1)} - y_1^{(2)}) + w_2(y_2^{(1)} - y_2^{(2)}) + w_3(y_3^{(1)} - y_3^{(2)})$

判別関数の分散　　：$V = w_1^2 S_{11} + 2w_1 w_2 S_{12} + 2w_1 w_3 S_{13}$
$\qquad\qquad\qquad\quad + w_2^2 S_{22} + 2w_2 w_3 S_{23} + w_3^2 S_{33}$

$1.895 = 3.57$ である。ところが上層から得られたとするには，その出現確率は 0.00018 と僅かであるから，極めて不自然である。このような場合は，考慮していない第3の群が存在するかもしれない。課題設定の前提まで遡って考察を行うとよい。

(2) 判別(正準)関数

標本として**表3.2**の統計量が与えられたとき，3特性で2群の判別を行うことを考える。このとき，以下の5ステップで分析を進める。

① 3つの特性を使って最も判別がうまくいくような線形結合を探す。
② 得られた線形結合を**判別関数**，DF とする。
③ DF を使って判別境界を決め，その値が0になるように調整する。
④ DF を使って各標本の**判別得点**を計算する。
⑤ 境界値=0を使い標本を判別得点の符号で各群に振り分ける。

このとき，統計仮説Ⓐ〜Ⓒが成り立つとき，各群の重心(平均)が境界値になる。また，特性の数 p によらず，②以降のステップでは1次元で標準化距離を計算するだけである。問題は①の最適な線形結合をどう探すかである。それには群1，2の重心の距離を最大にして(群間分散 BV 最大化)，各群の群内分散 WV が最小になるような線形結合を求めるのである。線形結合を求める計算には，各特性の分散共分散を利用する。各特性に重み $w_j (j=1, 2, 3)$ をかけた判別関数 DF，

$$DF = w_1 y_1 + w_2 y_2 + w_3 y_3 \tag{3.4}$$

を考える。群1と群2との差は，

$$d = D^{(1)} - D^{(2)} = w_1(y_1^{(1)} - y_1^{(2)}) + w_2(y_2^{(1)} - y_2^{(2)}) + w_3(y_3^{(1)} - y_3^{(2)}) \tag{3.5}$$

である。このとき DF の分散は，

$$V = w_1^2 S_{11} + 2 w_1 w_2 S_{12} + 2 w_1 w_3 S_{13} + w_2^2 S_{22} + 2 w_2 w_3 S_{23} + w_3^2 S_{33} \tag{3.6}$$

だから，d^2/V を最大にするような重み w_j を定めるのである。重み w_j ごとに偏微分して0とおく。ところが，3つの重みは定数倍相当の自由度を残しているから比率しか求まらない。このため，

$$w_1 S_{11} + w_2 S_{12} + w_3 S_{13} = \bar{y}_1^{(1)} - \bar{y}_1^{(2)}$$

$$w_1 S_{12} + w_2 S_{22} + w_3 S_{23} = \bar{y}_2^{(1)} - \bar{y}_2^{(2)} \tag{3.7}$$
$$w_1 S_{13} + w_2 S_{23} + w_3 S_{33} = \bar{y}_3^{(1)} - \bar{y}_3^{(2)}$$

を解いて重み w_j を定める。定まった重み w_j から

$$DF(\mu^{(1)}) = w_1 \bar{y}_1^{(1)} + w_2 \bar{y}_2^{(1)} + w_3 \bar{y}_3^{(1)}$$
$$DF(\mu^{(2)}) = w_1 \bar{y}_1^{(2)} + w_2 \bar{y}_2^{(2)} + w_3 \bar{y}_3^{(2)} \tag{3.8}$$

が得られる。こうして,境界値は $DF = D(\mu^{(1)})/2 + D(\mu^{(2)})/2$ として求めることができる。あらゆる線形結合の組合せの中で,最大の標準化距離(多変量標準化距離)のものが**判別関数**である。こうして,数学的に三次元空間の中で一意に判別関数が定まる。また,そのときの計算で得られた重み w を**判別係数**と呼ぶ。

操作 3.1:『原油成分』の三次元散布図

① 『原油成分』^{U} を読込み <グラフ> ⇒ <三次元散布図> を選ぶ。
② Ctrl を押したままダイアログの <列の選択> で<u>飽和炭化水素</u>・<u>バナジウム</u>・<u>鉄</u>を選び <Y, 列> を押し <OK> を押す。
③ <三次元散布図> 左赤▼を押し <確率楕円体> を選ぶ。
④ ダイアログで <次の列の値ごとに行なう> にチェックを入れ,リストから<u>位置</u>を選び <OK> を押す(必要に応じ,0~1で累積確率と透明度の値を変える)。
⑤ マウスを使って三次元散布図の軸を様々な方向に回転してみる。

3.3 判別分析の手順

JMP の判別分析は,3群以上の**多群判別**にも対応できるように**正準分析**のアルゴリズムを使っている。分析レポートでは正準という名称が使われる。以下では『原油成分』を使い,JMP を使った判別分析の手順を紹介する。

手順1:特性と個体の準備

分析に必要な特性と個体を選ぶ。分析を行う前に群を説明する特性は**共変量**であるか特性であるかを明確にしよう。判別分析に対する誤解は分類する項目

を特性と考えていることである．品質管理の世界でも（良・不良などの）結果の**名義尺度**に対して，複数の要因を与えて判別分析を行う例が見受けられる．これは誤用である．このような場面の分析には，第 12 章で紹介する**ロジスティック回帰**を用いなければならない．

ここでは『原油成分』を使い，判別分析を用いる場面を説明する．原油の標本を発掘する場所はあらかじめ上層か中下層か決まっている．観測された特性の値によって場所が変化することはない．標本を採取する場所を決めてから，得られた原油の成分を観測したのである．つまり，判別分析は層別因子 X（群分けに使う名義尺度）を与えたときに，複数の特性が観測された状況のデータを分析する層別法である．JMP では他のソフトウェアと異なり，群を表す変数は X 側に指定する．本例でも X 側に位置を指定し，Y 側にバナジウム・鉄・ベリリウム・飽和炭化水素・芳香族炭化水素を指定する．

手順 2：**モニタリング**

判別分析を行う前にモニタリングを行う．群ごとの分布状況を確認する．三次元散布図の活用も役立つ．**表 3.3** は群別の分散共分散行列である．鉄と芳香族炭化水素の共分散は異符号で値も大きい（❶）．この共分散は 2 群で分布状況が異なっている．また，ベリリウムの分散が 2 群で大きく異なる（❷）こともわかる．**図 3.5** は全体での散布図行列である．上層のマーカーを●で表し，中下層のマーカーを○と◇で表し，ヒストグラムでは網掛け強調している．

手順 3：**判別分析の実行**

判別分析を行う．誤判別の判定結果だけでなく，標準化距離 D にも着目する．<X, カテゴリ> に位置を指定し，<Y, 共変量> にバナジウム～芳香族炭化水素を指定し，**ステップワイズ**（**変数選択**）で判別関数を求める．ステップワイズとはモデルに取り込む特性を合理的に選択する方法である．**変数選択**は F 値（目安：2.5 以上）と p 値（目安：0.25 以下）を見ながら特性の取捨選択をする．特性間には相関関係があるのが普通なので変数選択の過程で**統計量**が変化する．F 値と p 値の変化を見ながら注意深く変数選択を行う．**相関関係**の影響で，他の特性を選択するとモデルに取り込んだ特性の F 値が小さくなったり，p 値が

表3.3 原油成分の共分散行列（上：上層，下：中下層）

	バナジウム	鉄	ベリリウム	飽和炭化水素	芳香族炭化水素
バナジウム	3.981	-1.410	-0.203	-0.855	1.516
鉄	-1.410	76.717	0.448	0.462	-9.206
ベリリウム	-0.203	0.448	0.109 ❷	0.196	-0.009
飽和炭化水素	-0.855	❶ 0.462	0.196	0.984	0.386
芳香族炭化水素	1.516	-9.206	-0.009	0.386	5.612
	バナジウム	鉄	ベリリウム	飽和炭化水素	芳香族炭化水素
バナジウム	2.741	-2.192	0.055	0.545	-0.468
鉄	-2.192	109.26	0.064	4.502	18.923
ベリリウム	0.055	0.064	0.024 ❷	0.079	-0.085
飽和炭化水素	0.545	❶ 4.502	0.079	1.227	1.472
芳香族炭化水素	-0.468	18.923	-0.085	1.472	16.900

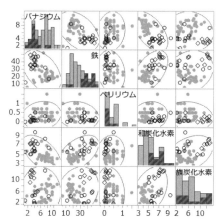

図3.5 原油成分の散布図行列

表3.4 判別分析の変数選択

追加されている列	0	次に追加する最小p値	1e-8
除外されている列	5	次に除外する最大p値	

ロック	追加	列	F値	p値(Prob>F)
□	□	バナジウム	36.018	0.000
□	□	鉄	31.381	0.000
□	□	ベリリウム	11.801	0.001
□	□	飽和炭化水素	45.789	0.000
□	□	芳香族炭化水素	5.716	0.020

	F値	p値(Prob>F)
	11.595	0.001
	10.533	0.002
	37.394	0.000
☑	45.789	0.000
	0.370	0.546

追加されている列	4	次に追加する最小p値	0.824
除外されている列	1	次に除外する最大p値	0.032

	F値	p値(Prob>F)
☑	8.294	0.006
☑	4.834	0.032
☑	30.957	0.000
☑	27.426	0.000
	0.050	0.824

大きくなったりするのである。ステップワイズはモデルに冗長な特性を取り込まないための統計的なテクニックである。表3.4はステップワイズのプロセスを示したものである。左端がスタート時の状態，中央は飽和炭化水素が選択された状態，右端が最終結果である。芳香族炭化水素以外の特性が判別関数に選ばれた。F値から判別には飽和炭化水素・ベリリウムの影響が大きいようである。図3.6に判別分析の結果を示す。図3.6左のバイプロットの横軸が判別関数(❶)で作った新しい尺度である。JMPでは判別関数は正準1(❷)という名前で表示される。

なお，2群の場合はバイプロットの縦軸(❸)は表示上のダミーであるから無視する。図中の内側の楕円が各群の重心の信頼率95％の確率楕円で，外側の楕円が各群のデータの半分が含まれる確率楕円である。バイプロット右の数字は各群の判別スコアの平均(❹)である。また，図3.6右上(❺)の表は判別関数から計算された判別実績である。誤判別された標本は3つ(❻)あり，本当は上層なのに中下層と判断されたものが1個，逆に本当は中下層なのに上層と判断されたものが2つある。全体としての正答率は53/56＝0.946である。表3.5は誤判別された個体と正常に判別（境界値＝(－1.197＋2.529)/2＝0.67）されたが0を超えた個体の一覧である。境界値が0でないのは2群の標本数が異なるためである。

<u>手順4</u>：分析結果の考察

判別分析の結果を考察する。**層別散布図**や**判別関数**の値，**標準化距離の2乗**などの統計量と知見を活用して総合的に判断する。図3.7は横軸に判別関数（正準[1]），縦軸に標準化距離の2乗(SqDist)をとった散布図である。図3.7左は上層の重心からの標準化距離の2乗で，図3.7右が中下層の重心からの標準化距離の2乗である。誤判別された個体の判別得点は境界に近く，僅かな値の違いが上層か中下層かの分かれ道である。誤判別された個体は相手の群の奥深くにある外れ値やモデルを歪める構造的な傾向を持つものではないから，分析から除外する必要はない。また，属する集団の重心から標準化距離の2乗で9以上離れた個体が存在する(❼および❽)。それらは上層に多く見られる。それ

3.3 判別分析の手順

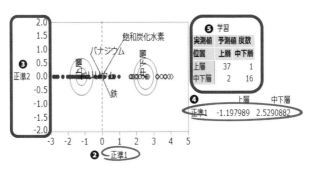

図3.6 原油成分の判別分析

表3.5 原油成分の判別スコア(興味のある行の表示)

判別スコア

行	実測値	平方距離(実測値)	確率(実測値)	-Log(確率)		予測値	確率(予測値)	その他
11	中下層	11.85823	0.3586	1.026		* 上層	0.6414	
13	中下層	7.36622	0.2711	1.305		* 上層	0.7289	
42	上層	9.80689	0.3858	0.952		* 中下層	0.6142	
50	上層	10.03088	0.8227	0.195		上層	0.8227	中下層 0.18
51	上層	5.52541	0.6616	0.413		上層	0.6616	中下層 0.34
54	上層	3.44409	0.9357	0.066		上層	0.9357	

'*'は誤判別されたものを表す

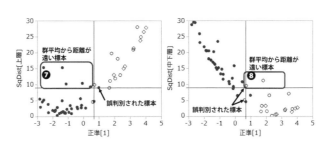

図3.7 原油成分の誤判別された標本と距離が遠い標本

判別関数(正準関数):

$$DF = -2.752 - 0.234\,バナジウム + 0.0369\,鉄 - 2.9432\,ベリリウム + 0.7937\,飽和炭化水素$$

らを取り除いた分析を行っても，モデルに大きな影響を与えないことが確認できたので，得られたモデルをそのまま判別ルールに採択する。

次に，得られた判別関数の特徴を考察しよう。そのためには判別分析で得られた係数の意味を理解する必要がある。図3.9左は<u>判別関数</u>と<u>バナジウム</u>の散布図である。<u>判別関数</u>と<u>バナジウム</u>の相関係数は−0.726(❻)であるが，この値は＜全体の正準構造＞(❷)の＜バナジウムの係数＞と一致する。つまり，**全体の正準構造**とは判別関数と元の特性との相関係数である。図3.9右の横軸は標準化された判別得点から群平均を引いたものである。縦軸は標準化されたバナジウムから群平均を引いたものである。両者の相関係数−0.461(❼)が＜プールしたグループ内正準構造＞(❹)の係数である。つまり，**プールしたグループ内正準構造**とは，各群の重心の情報を取り除いた相関係数である。また，**グループ間正準構造**とは群平均と元の特性との相関係数である。2群判別では群平均の数は2つであるから相関係数は−1と1の値しかとらない。つまり，群間と特性の相関係数は符号の意味を持つ。例えば，<u>ベリリウム</u>の係数は−1であるから負の相関があるということである。判別関数の係数は測定単位に依存するので，図3.8の＜標準化スコア係数＞(❶)と元の特性と判別関数との相関係数である＜全体の正準構造＞(❷)から，<u>鉄</u>と<u>バナジウム</u>の係数の絶対値はほぼ等しい。同様に，<u>飽和炭化水素</u>とベリリウムの係数も絶対値がほぼ等しい。つまり，成分のバランスを表した尺度と考えられる。このことは図3.8左の散布図を眺めればよくわかる。散布図の横軸は<u>標準化したバナジウム</u>から<u>標準化した鉄</u>を引いたものである。縦軸は<u>標準化したベリリウム</u>から<u>標準化した飽和炭化水素</u>を引いたものである。この散布図に負の傾きを持つ直線で境界を作ると2群はきれいに判別できる。判別関数の解釈が難しい場合には，図3.8左の散布図のように観測された特性を使って単純なグラフを作ると，統計学になじみの薄い人々にも群の違いが特性に与える影響をイメージできるだろう。

手順5：判別ルールの作成とテスト

手許データの判別が終わったら，未知の個体に対する判別ルールを作成する。本例では判別関数，

3.3 判別分析の手順

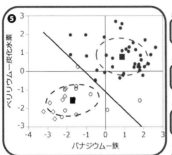

標準化スコア係数
❶
	バナジウム	鉄	ベリリウム	飽和炭化水素
正準1	-0.444004	0.3441588	-0.8447	0.8174272

全体の正準構造
❷
	バナジウム	鉄	ベリリウム	飽和炭化水素
正準1	-0.726269	0.6960713	-0.486232	0.7777531

グループ間正準構造
❸
	バナジウム	鉄	ベリリウム	飽和炭化水素
正準1	-1	1	-1	1

プールしたグループ内正準構造
❹
	バナジウム	鉄	ベリリウム	飽和炭化水素
正準1	-0.460743	0.4300613	-0.263728	0.5194936

図3.8 原油成分の判別分析から得られる係数

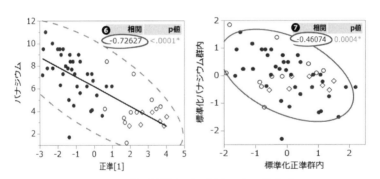

図3.9 判別関数とバナジウムとの散布図

表3.6 判別関数を使った予測

群	位置	バナジウム	鉄	ベリリウム	飽和炭化水素	芳香族炭化水素	正準[1]
		5.4	55	0.05	5.65	・	2.35…
		4.5	45	0.11	4.35	・	0.98…
		2.8	36	0.3	5.23	・	1.18…
		7.3	20	0.6	4.39	・	-2.00…
		・	・	・	・	・	・

$DF = -2.752 - 0.234$ バナジウム $+ 0.0369$ 鉄
$\qquad - 2.9432$ ベリリウム $+ 0.7937$ 飽和炭化水素

を使い，判別得点の全体平均 0.67 を境界値とする．境界値よりも判別得点が小さければ上層に，大きければ中下層に分類する．JMP は，すべての個体を使い判別分析を行うから，乱数などを使い一部の個体を分析から <非表示かつ除外> にしておくと検証用に使うことができる．また，<計算式を保存> を選べばデータテーブルに計算式を保存できる．**表3.6** に示すように，判別したい特性の値を入力すると，計算式によりどちらの群に属するかわかる．例えば，(バナジウム, 鉄, ベリリウム, 飽和炭化水素) = (5.4, 55, 0.05, 5.65) を新しい行に入力すると，正準 [1] の値が 2.35 と表示される．境界値 0.67 に較べて大きな値だから中下層と判別できるのである．

|操作| **3.2：原油成分の判別分析**

① <分析> ⇒ <多変量> ⇒ <判別分析> を選ぶ．
② ダイアログの <列の選択> で位置を選び <X, カテゴリ> を押す．
③ <列の選択> でバナジウム～芳香族炭化水素を選び <Y, 共変量> を押す．
④ <ステップワイズ変数選択> にチェックを入れ <OK> を押す．
⑤ ダイアログで，F 値最大の飽和炭化水素左の <追加> 列にチェックを入れる．
⑥ F 値の 2 番に大きいベリリウム左の <追加> 列にチェックを入れる．
⑦ F 値の 3 番に大きいバナジウム左の <追加> 列にチェックを入れる．
⑧ F 値の 4 番に大きい鉄左の <追加> 列にチェックを入れる．
⑨ 芳香族炭化水素の F 値が <0.050> と小さいので，変数選択を終え <このモデルを適用> を押す．
⑩ |Alt| を押したまま，出力ウィンドウの <判別分析> 左赤▼ を押す．
⑪ ダイアログで <事前確率の指定> を選び右の <等しい確率> を押して，<発生頻度に比例> に変更する．
⑫ ダイアログで <興味のある行だけを表示>・<計算式の保存>・<正準

の詳細を表示>・<正準構造の表示>・<正準スコアの保存>を選び，
<OK>を押す。

⑬<正準の詳細>ブロックの<スコア係数>と<標準化スコア係数>左▷
を押し，詳細を表示させる。

⑭<正準構造>ブロックの<全体の正準構造>・<グループ間正準構造>・
<正準変数のクラス平均>左▷を押し，詳細を表示させる。

|操作| **3.3：判別得点と標準化距離の2乗の関係**

①データテーブルの<分析>⇒<二変量の関係>を選ぶ。

②ダイアログの<列の選択>で正準［1］を選び<X, 説明変数>を押す。

③<列の選択>で▷距離計算式を選び<Y, 目的変数>を押し<OK>を押す。

④描画された散布図の横軸をダブルクリックし，<軸の設定>ウィンドウ
の<参照線>枠内にある<値>のテキストボックスに<0.67>と入力する。

⑤<追加>を押し<OK>を押す。

⑥描画された散布図の縦軸をダブルクリックし，<軸の設定>ウィンドウ
の<参照線>枠内にある<値>のテキストボックスに<9>と入力する。

⑦<追加>を押し<OK>を押す。

|操作| **3.4：新たな標本の判別**

①データテーブルの<行>⇒<行の追加>を選び，予測したい標本の数を
<追加する行数>の右横のテキストボックスに入力する。

②<挿入先>⇒<最後へ>をチェックして<OK>を押す。

③データテーブルのバナジウム～飽和炭化水素に値を入力する。

④正準［1］の列に正準得点の予測値が表示される。

3.4 多群判別分析の事例

O社はコンパクトな印刷機を開発するにあたり，都内の印刷代行業から3社76枚のコピー画像を入手して，競合の大型印刷機の画像を調べた。評価項目は，B－濃度，線濃度－T，線濃度－Yなど10特性である。データは，『画像評価』[U]に保存されている。B－濃度とは黒色の濃度を測定した値である。特

性名の−Yとは用紙の進行方向で測定した値で，−Tとは用紙の進行方向と垂直な方向の測定値である。また，解像度や階調性などは値が大きいほうが好ましい**望大特性**である。飛散度は小さいほうがよい**望小特性**である。B−濃度や線濃度は値が大きければよいという特性ではなく，目標値に合わせこむ**望目特性**である。

事前のモニタリングとして，ブランドの違いと各特性との関係を**ひし形グラフ**で調べた。図3.10に平均の差が大きい3特性のひし形グラフを示す。付随して描画した箱ひげ図から，ブランド2には外れ値の疑いのあるデータが1つある。この個体のマーカーを▲から△に替えて区別する。図3.11は解像度の層別散布図に信頼率95%の確率楕円を描画したものである。また直線はブランドごとに第1主成分の方向を表したものである。ブランド1には確率楕円から外れたデータが1つあるので，マーカーを◆から◇に替えて表示している。図3.11の散布図からは，大雑把にブランド1とブランド2の判別ができる。しかし，ブランド1とブランド3およびブランド2とブランド3の判別は難しい。ブランド3を他の群と判別するには別な情報が必要である。そこで，三次元散布図で3つの群を判別できそうな方向を探してみる。図3.12は，解像度−T，解像度−Y，線濃度−Tの三次元散布図である。三次元では誤判別の小さい方向を見つけることができる。判別分析により，よい判別ルールが求まりそうである。

本例では，3つの群を判別する必要がある。ブランド1と他の群を判別する層別因子 $d1$，ブランド2と他の群を判別する層別因子 $d2$，そして，ブランド3と他の群を判別する層別因子 $d3$ で判別分析を行い判断するのである。しかし，群数がさらに増えると群数分の判別関数が必要である。実際に必要な判別関数の個数は(群数−1)個であるが，判別関数が多くなると，それをビジュアルに表したり解釈したりすることは難しくなる。そこで，得られた複数の判別関数に対して主成分分析を行い，より少ない次元で判別が行えないかと考える。図3.13左は3つの**判別関数**に**主成分分析**を行って得られた**バイプロット**である。バイプロット内の赤字の数字が各ブランドの重心である。バイプロッ

3.4 多群判別分析の事例

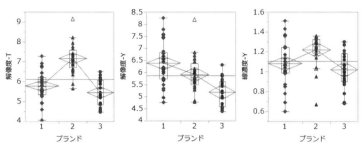

図3.10 ブランド別の画像特性のひし形グラフ

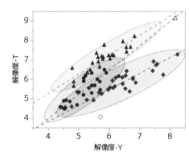

図3.11 解像度の層別散布図

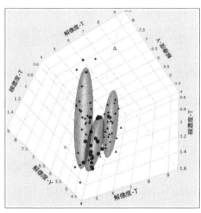

図3.12 画像評価の三次元散布図

トから，3つの判別関数が2つの主成分でうまく表現できていることがわかる。また，主成分と判別関数の因子負荷量を❶に示す。**図3.13右**は**正準分析**で得られた**正準プロット**である。各群の平均を❷に示す。両者の値は異なるものの，布置の様子はまったく同じである。実は，上記の方法をスマートに分析するのが正準分析である。正準分析では一度に解が得られるようなアルゴリズムを用いている。さて，**図3.13左**の正準プロットでは3つの群の内側の確率楕円に重なりがない。統計的には，対象群の重心の信頼率95％の信頼区間の楕円が他の群の楕円と重ならないならば，有意な差があると判断する。つまり，4つの特性を使って2つの正準関数で散布図を描くと，統計的に有意な3群判別の結果が得られるのである。

また，**図3.14**の❸の**固有値**は正準分析（群間分散共分散行列と群内分散共分散行列の逆行列を掛け合わせた行列）の固有値問題を解いた値である。得られた固有値の大きさは，その次元における判別で説明される分散の量を反映している。**固有値・寄与率・累積寄与率**は主成分分析と同じ解釈を行えばよい。JMPでは，正準関数の有意性を調べる検定が用意されている。詳細は省くが，得られた統計量の**分散分析**によりp値を計算している。本例の検定結果（❹）からは2つの正準関数はともに高度に有意であることがわかる。つまり，判別には2つの正準関数が必要である。**図3.14**の❺に判別結果を示す。事前確率には発生頻度に比例した値を使っている。誤判別された個体は，4つ（誤判別率は約5％）とまずまずの判別力である。

以上から，印刷機の画像は3社それぞれで特徴があり，どのメーカーで印刷されたのかは，解像度と線濃度で判別できることがわかる。

|操作| **3.5：画像評価のモニタリング**

① 『画像評価』^{U} を読込み ＜グラフ＞ ⇒ ＜三次元散布図＞ を選ぶ。
② Ctrl を押したまま，ダイアログの ＜列の選択＞ で**解像度－T**，**解像度－Y**，**線濃度－T** を選び，＜Y, 列＞ を押し ＜OK＞ を押す。
③ ＜三次元散布図＞ 左赤▼を押し ＜確率楕円体＞ を選ぶ。

❶ 負荷量行列	主成分1	主成分2
正準[1]	-0.84751	0.53078
正準[2]	0.95119	0.30860
正準[3]	0.15830	0.98739

❷ 正準変数のクラス平均

	1	2	3
正準1	-1.986457	3.1454033	-0.777497
正準2	1.0035684	0.3737131	-1.65533

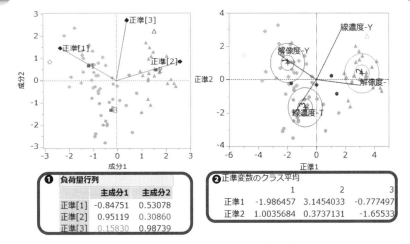

図3.13　画像評価の3群判別の考え方

❸ 固有値	寄与率	累積寄与率
5.01073052	79.2828	79.2828
1.30934169	20.7172	100.0000

❹

近似のF検定	分子自由度	分母自由度	p値(Prob>F)
47.6997	8	140	<.0001*
30.9878	3	71	<.0001*

❺ 学習

実測値	予測値 度数		
ブランド	1	2	3
1	28	0	1
2	0	24	0
3	1	2	20

標準化スコア係数

	線濃度-T	線濃度-Y	解像度-T	解像度-Y
正準1	-1.093752	1.1360869	2.0034335	-1.760421
正準2	-1.443221	1.973231	-0.224404	1.0331441

全体の正準構造

	線濃度-T	線濃度-Y	解像度-T	解像度-Y
正準1	0.2926567	0.3751387	0.7217714	-0.108188
正準2	-0.081942	0.2794406	0.390297	0.7365369

図3.14　正準分析から得られる係数

正準関数：$DF_1 = -3.282 - 5.700$ 線濃度$-$T $+ 6.025$ 線濃度$-$Y

$+ 2.838$ 解像度$-$T $- 2.384$ 解像度$-$Y

$DF_1 = -8.964 - 7.521$ 線濃度$-$T $+ 10.464$ 線濃度$-$Y

$- 0.318$ 解像度$-$T $- 1.399$ 解像度$-$Y

④ダイアログで＜次の列の値ごとに行う＞にチェックを入れ，リストからブランドを選び＜OK＞を押す（必要に応じ，0～1の間で累積確率と透明度の値を変える）。

⑤マウスを使って三次元散布図の軸を色々な方向に回転させてみる。

|操作| 3.6：画像評価の正準分析

① ＜分析(A)＞⇒＜多変量＞⇒＜判別分析＞を選ぶ。

② ダイアログの＜列の選択＞でブランドを選び＜X, カテゴリ＞を押す。

③ ＜列の選択＞でB－濃度～解像度－Yを選び＜Y, 共変量＞を押す。

④ ＜ステップワイズ変数選択＞にチェックを入れ＜OK＞を押す。

⑤ ダイアログで，F値最大の特性を順次＜追加＞列にチェックを入れ取り込む。

⑥ 解像度－T，解像度－Y，線濃度－Y，線濃度－Tをモデルに取り込み，変数選択を終えて，＜このモデルを適用＞を押す。

⑦ 出力ウィンドウの＜判別分析＞左赤▼を押し＜事前確率の指定＞⇒＜発生頻度に比例＞を選ぶ。

⑧ Alt を押したまま＜判別分析＞左赤▼を押し，＜スコアオプション＞や＜正準オプション＞で必要なコマンド選び＜OK＞を押す。

3.5 外れ値分析の適用例

刺すハエには形態学的によく似た種がいる。L.torrens と L.carteri は長年同じ種であると考えられていたが，両者は出生するハエの性比率や刺す習慣などの生物学的な差異があることがわかった。『刺すハエ』[U]には同じ地域から採取された34標本の L.torrens と別な地域で採取された L.carteri と思われる2つの標本が分類学上の特性で保存されている。2つの標本は L.torrens と違うことを示すにはどうしたらよいか。まず，L.torrens の状態を調べる。2つの個体はグラフに表示するが，計算からは除外してモニタリングをした。図3.15 は，7つの特性から興味のある4つの特性の箱ひげ図を示したものである。No.35 には青▲の，No.36 には赤◆のマーカーをつけて測定値の位置を示

3.5 外れ値分析の適用例

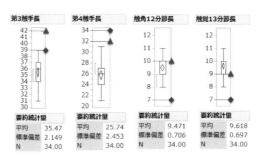

図3.15　刺すハエの箱ひげ図

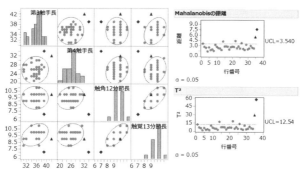

図3.16　刺すハエの散布図行列（左）と外れ値分析（右）

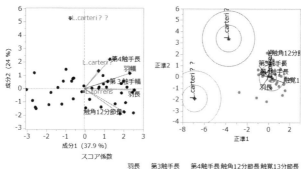

図3.17　刺すハエのバイプロット（左）と正準プロット（右）

したものである。

　第3触手長と第4触手長では，共に上側のひげから外れている。また，触角12分節長と触角13分節長では，No.36だけが下側のひげから外れている。次に，**図3.16**左の**散布図行列**を眺める。興味のある4つの特性の散布図行列から，No.35は第3触手長あるいは第4触手長と他の特性との散布図で**信頼率95％の確率楕円**から外れている。また，No.36の個体はすべての散布図で信頼率95％の確率楕円から外れている。どうやら，2つの個体は，L.torrensの母集団から得られた標本ではなさそうである。

　次に，**多変量空間**の外れ値を探すために，標準化距離に基づいた分析を行う。34個のデータから求めた出現確率に対応した距離に，No.35とNo.36を追加したものが**図3.16**右の**外れ値プロット**である。外れ値プロットでは，気になる4特性に加えて羽長, 羽幅, 第3触手幅の7次元での距離を調べたものである。

　外れ値プロットでは**多変量正規分布**を仮定して，得られたデータの重心からの距離を特性間の相関を考慮して計算したものである。**図3.16**右上の<Mahalanobisの距離>の外れ値プロットは，各点からL.torrensの重心までの**マハラノビス距離**が表示される。マハラノビス距離は,以下の式で計算する。

$$M_J = \sqrt{(Y_i - \overline{Y})S^{-1}(Y_i - \overline{Y})} \tag{3.9}$$

ここで，Y_iはi番目の観測値で，$\overline{Y}$は多変量の重心である。また，S^{-1}は分散共分散行列の逆行列である。個体番号に従って距離がプロットされるので，距離が最大の点を強調表示すれば，どの個体が外れ値なのかわかる。**図3.16**右下のT^2プロットの距離はマハラノビス距離の2乗である。プロットにはT^2統計量が表示される。どちらの外れ値プロットも$\alpha = 0.05$のUCL（上側管理限界）が表示される。UCLよりも大きな値を持つ個体は外れ値の可能性が大きいと判断する。どちらでも，No.35とNo.36は外れ値として検出されているから，L.torrensの母集団からの標本ではないと判断する。

　2つの標本が多変量空間のどの方向で外れていたのかを調べるには，**主成分分析**を利用するとよい。**図3.17**左は，No.35とNo.36を追加した主成分分析の**バイプロット**である。第2主成分の方向にNo.36が外れていることがわかる。

第2主成分は特性のベクトルからは，第4触手長と触角12分節長および触角13分節長の対立概念の尺度である．また，アンバランスではあるが No.35 と No.36 を別々な群だと考えて3群の判別分析を行った結果が図3.17右である．共に，L.torrens の母集団からの標本ではないと判断されるが，No.35 と No.36 の距離も遠いから，それぞれ別な種の可能性が高い．

|操作| **3.7：刺すハエの外れ値分析**

①『刺すハエ』^{U} を読込み <分析> ⇒ <多変量> ⇒ <多変量の相関> を選ぶ．

②ダイアログの<列の選択>から種を除く特性を選び <Y, 列> を押し <OK> を押す．

③出力ウィンドウの<多変量>左赤▼を押し<外れ値分析> ⇒ <Mahalanobis の距離> を選ぶ．同様に <T^2> を選ぶ．
（外れ値プロットの縦軸の範囲を変えて No.35 と No.36 を表示させる）

④データテーブルで No.35 と No.36 を選び<行> ⇒ <除外する / 除外しない> を選択して除外の属性を解除する．

⑤<分析> ⇒ <多変量> ⇒ <主成分分析> を選び，すべての連続変数を <Y, 列> に選び主成分分析を行う．

⑥<分析> ⇒ <多変量> ⇒ <判別分析> を選び，種を <X, カテゴリ> に，すべての連続変数を <Y, 共変量> に選び判別分析を行う．

第4章 集団の分解

■手法の使いこなし
☞ 得られた個体の特徴量から非類似度（類似度）を計算して，サブグループに分解する。
☞ 非類似度（類似度）から隠れた定量的な尺度を発見する。
☞ 集団の分解にはクラスター分析を利用して，ビジュアルに個体のマップを作る。

4.1　商品デザイン

S社ではファクシミリ機能付電話の商品コンセプトを検討していた。企画会議に向けて具体的に8種類のデザインを創り，社内のキーマン12名が8種類のデザインに対して1位〜8位の順位をつけた。その結果を**表4.1**に示す。

《質問4》個体分類
　図4.1は順位をそのまま連続尺度と考えて，ひし形グラフで表したものである。分析結果からNo.4のデザインを1番押しとしてよいか？

確かにNo.4は1位が5名，2位が4名もいるので，平均的には1番押しで提案するのが筋である。ただし，**表4.1**を冷静に眺めるとNo.5も1位が4名いる。評価者により評価する視点が異なっているかもしれない。それを分析することで思わぬ発見が得られることがある。では，どう考えたらよいか。品質管理の世界では要因で特性を層別することが問題解決の定石である。本例では，層別するような要因はない。手元にある情報はデザインの選好度を表す順位だけである。このような場面の救世主として**クラスター分析**が登場する。本例の具体的な分析は**4.3節**で述べるとして，クラスター分析のイメージを理解するための例を紹介する。**図4.2**は政令指定21都市（東京23区を含む）の年齢別人口をクラスター分析した結果で，階層型クラスター分析の典型的な出力である。このトーナメント表のような**樹形図**が**デンドログラム**と呼ばれる図である。

図4.2の2つのデンドログラムと**モザイク図**を使って，年齢構成の視点で政

4.1 商品デザイン

表 4.1 商品デザインの選好度

デザイン	価格	A	B	C	D	E	F	G	H	I	J	K	L	計
No.1	47000	7	5	8	4	3	8	3	6	3	4	3	5	59
No.2	43000	8	6	7	8	2	5	2	4	1	2	2	1	48
No.3	49000	5	7	4	7	4	7	5	8	4	5	4	6	66
No.4	45000	2	4	3	3	1	1	1	2	2	1	1	2	23
No.5	55000	1	1	1	2	5	4	8	1	6	6	5	7	47
No.6	53000	4	3	2	6	6	5	4	7	5	3	6	3	54
No.7	66000	6	2	5	5	8	6	7	3	8	8	7	8	73
No.8	62000	3	8	6	1	7	3	6	5	7	7	8	4	65
計		36	36	36	36	36	39	36	36	36	36	36	36	435

(注)原データは廣野・林(2004)からの引用で少し話を変えている。

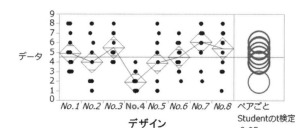

図 4.1 商品デザインのひし形グラフ

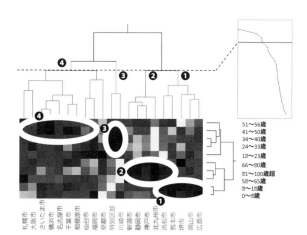

図 4.2 年齢構成のクラスター分析

令指定都市の読み解きをしよう。モザイクの濃淡は薄いほうから濃いほうに向かい，年齢層の構成比率が大きくなっている。都市名の広島市〜浜松市までが1つの**クラスター**(集団)である。このクラスター(❶)は他のクラスターに較べ，若年層(18歳以下)の構成比率が高い都市である。北九州市〜新潟市のクラスター(❷)は高齢層(57歳以上)の構成比率が高い都市である。3番目のクラスター(❸)は特別区部(東京23区)と川崎市で24歳〜56歳の働き盛りの労働人口比率の高い都市である。残りの京都市〜札幌市(❹)が41歳〜56歳の壮年層の人口比率がやや高い，一般的な都市と考えられる。

このようにクラスター分析を使えば，層別に使う要因なしに，いくつかの重要なクラスターを発見することができる。

操作 4.1：政令指定都市のクラスター分析

① 『年齢構成』^{U}を読込む。

② <分析>⇒<クラスター分析>⇒<階層型クラスター分析>を選ぶ。

③ ダイアログの<列の選択>で率0〜7歳〜率81〜100超歳を選び，<Y, 列>を押し<OK>を押す(オプションはデフォルトのままでよい)。

④ 出力ウィンドウの<階層型クラスター分析>左赤▼を押し<変数間クラスター>を選ぶ。

⑤ モザイク図で右クリックし，メニューの<カラーテーマ>を選ぶとモザイクの色変更ができる。

4.2 隠れた集団を発見するクラスター分析

都会でもよく晴れた夜空を眺めると，無数の星が瞬いている。天空では星の輝きが密なところと疎なところがある。古代人は星の配置から星座を作り物語を紡いだ。星座作りは星の配置から複数のクラスターを構成したものである。星の運行は航海の道標であり，農耕に欠かせない季節の移ろいの便りであった。時は流れ，多くの人工物はインターネットで繋がれ，情報が洪水のように溢れる時代である。我々は膨大な情報からデータに基づいたビジネスの地図を探し

ている。4.2節では，データの地図作りに欠かせないクラスター分析の考え方を紹介する。

（1）クラスター分析の種類

　クラスター分析は1つの手法を指した言葉ではない。クラスター分析とは大集団から数学的なルールに従って，複数のクラスターに分解するプロセスの総称である。4.2節では**階層型の*Ward*法**と**非階層型の*K-Means*法**を紹介する。階層型と非階層型の違いを理解するために，以下の状況を思い浮かべてほしい。

　Ⓐ撮り貯めた画像が整理されないでスマートフォンに保管されている。
　Ⓑ数多くの受信メールがパソコンのフォルダに保存されたままである。

　分類項目が曖昧であるとして，急ぎ整理する必要が生じた場合，どのような手順で整理するのがよいか。

<方法1：階層的分類>
　①画像などの個体を，PCを使った仮想的なテーブルの上に並べる。
　②内容のよく似た個体を一緒にまとめる。
　③②を繰返すと似た個体の束ができる。束の数が適当なところで打切る。

<方法2：非階層的分類>
　①あらかじめ，いくつに分類するか決めて箱を用意する。
　②各箱に1つ個体を入れて箱の代表とする。
　③箱の代表の選び方は知見から典型的な個体を選ぶか，適当に仮決めして，逐次修正するかのいずれかである。
　④各個体を箱の代表と較べて一番近い箱に必ず入れる。
　⑤すべてが箱に入ったら，中身を吟味し箱の代表を再び選ぶ。
　⑥箱の中の個体を代表と較べて内容があまりにも違っている個体は，他の箱の代表と較べて一番近い箱へ移動させる。
　⑦入替えがなくなるまで⑤・⑥を繰返す。

　分類する個体が多い場合には方法1は困難であり，方法2が有利である。しかし，方法1は結果を見てクラスター数を決めることができる。方法2は

K個の代表(例えば平均)を用いて分類するので,K-*Means*法と呼ばれる。

(2) 階層型クラスター分析

JMPでは複数の階層型クラスター分析の方法を利用できるが,その中から代表的な*Ward*法を説明する。この方法はクラスター内の平方和S_Wができるだけ小さくなるように,あるいはクラスター間の平方和S_Bができるだけ大きくなるようにクラスター形成をする。クラスター形成のたびに,前回の形成で生じた2つのクラスターを合わせたすべてのクラスターで,クラスター内の平方和S_Wを最小化する。全体の平方和をS_Tとすると,n個の個体がそれぞれにクラスターを形成している初期状態では,$S_B = S_T$,$S_W = 0$である。距離dだけ離れた2つの点をクラスターにすると,$S_W = d^2/2$で,S_Bはそれだけ減少する。クラスター内の平方和S_Wの増加が最小になるような2つの点を選ぶ目的は,dが最小の対を探すことである。すでにn_1個の平均$\bar{x}_1$のクラスターとn_2個の平均$\bar{x}_2$のクラスターがあるとき,この2つのクラスターをまとめると,クラスター内の平方和の増加量ΔS_wは以下の(4.1)式で表される。

$$\Delta S_w = \frac{(\bar{x}_1 - \bar{x}_2)^2}{1/n_1 + 1/n_2} = \frac{n_1 n_2}{n_1 + n_2}(\bar{x}_1 - \bar{x}_2)^2 = \frac{n_1 n_2}{n_1 + n_2} d^2 \qquad (4.1)$$

(3) 非階層型クラスター分析

n個の個体がK個のクラスターに分解されるとき,各クラスターの平均を$\bar{x}_k (k=1, 2, \cdots, K)$とする。全体の平方和$S_T$はクラスター間平方和$S_B$とクラスター内平方和$S_W$に分解することができる。クラスター内の平方和$S_W$を最小とすることは,クラスターを均一にすることに対応する。以下の10個のデータを使って,計算過程を調べよう。

  11, 31, 50, 60, 78, 91, 98, 106, 160, 220

このデータから4つのクラスターを作ることを考える。いま,クラスターの核となるシード(代表)をランダムに3点選ぶ。これが**表4.2**の2行目の○(50, 91, 106)である。1次元の場合は,隣り合う2つのクラスターのシードの平均を求め,それを境界として対象を分割する。境界値は**表4.2**の境界値の欄に示す数値である。はじめに,C1[11,31,50,60]とC2[78,91,98]と

C3[106,160,220] に分ける。[ ] 内の数値はデータの値である。次に，C1 の右端を C2 に移したときの平方和 S_W の変化を計算する。

表4.2　K-Means法の計算

	データ	11	31	50	60	78	91	98	106	160	220
ステップ1	シード			○			○		○		
	境界値				70.50			98.50			
ステップ2	ΔS_W					−659.92					
	境界値		30.67				81.75			162.00	
ステップ3	ΔS_W							2719.92			
	境界値		30.67				81.75			162.00	
ステップ4	ΔS_W							−4233.55			
	境界値		30.67					86.60		190.00	
ステップ4	ΔS_W										
	境界値			38.00			93.25			190.00	

n 個の個体 $(x_1, x_2, \cdots, x_n)$ の平均と平方和をそれぞれ $\bar{x}_n, S_n$ とする。ここから 1 個を除いた後の平均 $\bar{x}_{n-1}$ と平方和 S_{n-1} は，$d = x_1 - \bar{x}_n$ として

$$\bar{x}_{n-1} = \bar{x}_n - d/(n-1) \tag{4.2}$$

$$S_{n-1} = S_n - nd^2/(n-1) \tag{4.3}$$

となる。逆に，x_{n+1} を追加した後の平均 $\bar{x}_{n+1}$ と平方和 S_{n+1} は $d = x_{n+1} - \bar{x}_n$ として

$$\bar{x}_{n+1} = \bar{x}_n + d/n \tag{4.4}$$

$$S_{n+1} = S_n + nd^2/(n+1) \tag{4.5}$$

となる。この関係を利用して計算をする。C1 から C2 に右端が移動することで，C1 の平方和は 1290.70 減少し，C2 の平方和は 630.75 増加する。全体として 659.92 減少するので，この個体を C2 に移動する。新たな C2 から C3 に右端を移動させても平方和は減少しない。しかし，C3 から C2 への移動は 4233.55 減少するので，左端の個体を C2 に移動する。今度は，新たな C2 から C1 へ移動させる。このときは 239.12 減少するので，C2 の左端の個体を C1 に戻す。これで分割を終了する。これが，K-Means法の考え方である。

4.3　クラスター分析の手順

JMP のクラスター分析のメニューは豊富である。4.3節では，題材として 4.1 節で登場した『商品デザイン』^{U} を使い，質問に対する回答を考える。以下で

はクラスター分析の一般的な分析手順を紹介する。

手順1：特性と個体の準備

分析に使う特性と個体を準備する．分析の前に知見から仮説をつくり，各クラスターの特徴を決めるヒントになる項目を集めるなど，仕込みが大切である．分析の目的に対して無意味な特性を含んでいると結果の解釈が難しくなるので，特性の吟味を怠らない．また，対象とする個体数は目的に応じて集める．クラスター分析はデータ要約色が強いから，個体を無作為に集めても意識して集めてもよい．『商品デザイン』のデータでは，8つのデザイン，No.1～No.8を特性に，12名の評価者を個体と考える．分析の目的は質問に答えること，つまり，評価者クラスターと選好度の尺度を発見することである．

手順2：モニタリング

事前のモニタリングを行う．**外れ値**（1つでクラスターが形成されそうな個体）はマーカーの色を変えたり，マーカーの形を変えたりする．**図4.3**は横軸に評価者，縦軸にデザイン別の順位を取った**折れ線**グラフである．**表4.1**と情報量は同じであるが，ビジュアル化したので評価者のデザインに対する選好度がわかりやすくなった．例えば，No.4の評価は総じて高い選好度である．No.2とNo.5の評価は高い選好度と低い選好度に分かれた．No.5の評価傾向とNo.2の評価傾向は相反している．これより評価軸は複数あると予測できる．

手順3：距離の定義

距離の定義を決める．JMPの階層的方法では**標準化ユークリッド距離**が初期設定になっているので，必要に応じてクラスター分析の前に特性の対数変換や単位あたりの比率に加工するなどの変数変換を行うとよい．

『商品デザイン』はすべて順位データであるが，ここでは順位に加法性が成り立つと考えて変数変換をしない．順位データでは，問題によって倍々の重み，例えば1, 2, 4, …, といった得点を使う場合もあるだろう．

手順4：クラスター分析手法の選択

目的や個体数から階層的方法か非階層的方法かを選ぶ．ビッグデータでは個体数が非常に多いから，必然的に非階層的方法を選択することになる．本例で

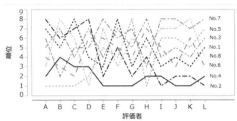

図4.3　評価者とデザインの順位の折れ線グラフ

表4.3　12名の評価者のユークリッド距離

名前	A	B	C	D	E	F	G	H	I	J	K	L
A	0	7.6	4.2	4.9	9.7	5	11	6.9	11	9.6	10	9.8
B	7.6	0	5.8	8.6	10	8.5	11	6	10	9.6	9.4	11
C	4.2	5.8	0	8.2	9.8	6.7	11	7.7	10	9.1	9.7	10
D	4.9	8.6	8.2	0	10	6.2	11	6.6	11	11	11	10
E	9.7	10	9.8	10	0	8.1	4	8.7	2	3.5	1.4	5.7
F	5	8.5	6.7	6.2	8.1	0	8.1	5.7	8.7	7.5	8.4	6.7
G	11	11	11	11	4	8.1	0	9.9	3.2	2.8	4.2	3.7
H	6.9	6	7.7	6.6	8.7	5.7	9.9	0	9.6	9.4	8.5	9.6
I	11	10	10	11	2	8.7	3.2	9.6	0	2.8	2.4	4.7
J	9.6	9.6	9.1	11	3.5	7.5	2.8	9.4	2.8	0	3.7	3.7
K	10	9.4	9.7	11	1.4	8.4	4.2	8.5	2.4	3.7	0	6.3
L	9.8	11	10	10	5.7	6.7	3.7	9.6	4.7	3.7	6.3	0

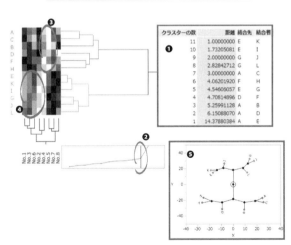

図4.4　商品デザインのWard法の結果

は手法の理解のために両方のクラスター分析を行う。

手順5：階層型の分析

階層的方法でWard法を実行する。JMPでは，はじめに**表4.3**のような**非類似度行列（距離行列）**を計算する。例えば，評価者AとBの距離は，8つのデザインの順位の差の2乗和の平方根を計算して，

$$|A-B| = \sqrt{(7-5)^2+(8-6)^2+\cdots+(3-8)^2} = 7.62 \qquad (4.6)$$

と求める。クラスター分析は**表4.3**の距離行列から出発する。クラスター数はデンドログラムの結合の形や知見などから決定する。階層型クラスター分析におけるクラスター数の指針は，

Ⓐ分析者が解釈可能なところで枝の長さを参考に恣意的に決める。

Ⓑクラスター数とクラスター間の距離から計算した改善度で決める。

を目安とする。クラスター数を決めたら各クラスターの特徴化を行う。特徴化には変数側のクラスター分析を使う。知見と分析で得られた**モザイク図**を活用すればイメージがつきやすくなるだろう。また，分析に使わなかった項目も**JMP**の**リンク機能**を使って活用するとよいだろう。

図4.4は本例に階層型クラスター分析を行った結果である。**図4.4**右(❶)はクラスターの数とクラスター間の距離の表示である。クラスター数が多ければ平均的にクラスター間の距離は小さくなる。ここでは，クラスター数をⒷの基準で**図4.4**の**距離グラフ**(❷)を使って決める。距離グラフからクラスター数と距離の折れ線グラフの傾きが急激に変化しているところを目印にすれば，クラスター数が2がよいだろう。なお，JMPは統計的に算出する**CCC値**からクラスター数を推奨する。本例では2が推奨である。CCCはクラスターの超球面の中に個体がまんべんなく集まっているかどうかの基準値であるが，本書では統計的な詳細は省く。

次に，クラスターの特徴を考える。**図4.4**のモザイクは薄い側から濃い側に向かい順位が大きくなることを示している。クラスター1のA～D，F，Hの評価者(❸)はNo.5とNo.7を選好し，クラスター2のE，G，I～Lの評価者(❹)は相対的にNo.1～No.4を選好した。2つのクラスターでデザインの違

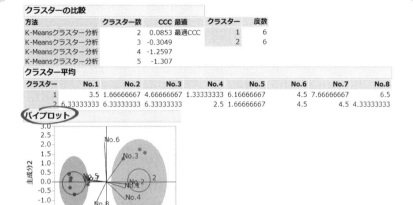

図4.5　商品デザインのK-Means法の結果

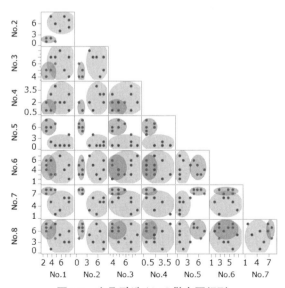

図4.6　商品デザインの散布図行列

いを比べると性格付けができるだろう。

『商品デザイン』で，第1行〜第3行に記載されているデザイン項目を調べると，No.1〜No.4は価格4万円台の廉価機であり，No.5とNo.7は5万円以上の音声ガイド付きの高機能機である。評価者の物差しは価格重視と機能重視の2つに分かれていた。また，図4.4下のグラフ(❺)は**星座樹形図**と呼ばれるもので，デンドログラムを二次元空間に配置したものである。星座樹形図からも2つのクラスターの存在がビジュアルに浮かび上がっている。

手順6：非階層型の分析

非階層的方法では，はじめにクラスター数を決める。JMPの非階層的方法では，*K-Means*法以外に**正規混合分析**や**自己組織化マップ**が利用できる。JMPはクラスター数の上限を与えれば，上限値までのクラスター分析を順次実施し，最適なクラスター数をCCC基準で提案する。CCC基準や知見とバイプロットを使って，クラスターの特徴を決める。

図4.5が*K-Means*法の分析結果である。図4.5から*K-Means*法も*Ward*法と同じ2つのクラスターが発見でき，結論も同じである。図4.5に示すバイプロットは，**主成分分析**で求めた主成分1と主成分2を使った散布図の原点(0,0)から特性のベクトルを重ねたものである。特性のベクトルは特性の値が大きくなる方向を示す。本例は選好度の順位なので，特性のベクトルの方向は値の大きい側，すなわち順位の悪い側を示すことに注意する。図4.5のバイプロットから，主成分1はデザインNo.1，No.2，No.4とNo.5，No.7の選好度の対立する尺度である。評価者の主成分1の値が小さいほど廉価機(No.1，No.2，No.4)の選好度がよく，値が大きいほど高機能機(No.5，No.7)の選好度がよい結果である。縦軸の主成分2は値が小さいほどNo.6，No.3の選好度がよく，値が大きいほどNo.8の選好度がよい。しかし，No.6のベクトルのマイナス方向には評価者の打点がない。これから，デザインNo.6に関しては選好度がどちらのクラスターでも中位のようである。このことはクラスターの平均からも読み取れる。

4.3 クラスター分析の手順

操作 4.2：商品デザインの階層型クラスター分析

① 『商品デザイン』^{U} を読込む（1 行～3 行は非表示かつ除外のままにする）。
② <分析> ⇒ <クラスター分析> ⇒ <階層型クラスター分析> を選ぶ。
③ ダイアログの<列の選択>で No.1 ～ No.8 を選び，<Y, 列>を押し<OK>を押す（オプションの<データの標準化>のチェックを外す）。
④ 出力ウィンドウの<階層型クラスター分析>左赤▼を押し<変数間クラスター>を選ぶ。
⑤ ④と同様な操作でメニューから<星座樹形図>を選ぶ。
⑥ ④と同様な操作でメニューから<距離行列の保存>を選ぶ。
⑦ <クラスター分析の履歴>左の▷を押し，クラスター分析の履歴を表示させる。

操作 4.3：商品デザインの非階層型クラスター分析

① <分析> ⇒ <クラスター分析> ⇒ <*K-Means* クラスター分析> を選ぶ。
② Ctrl を押したままダイアログの<列の選択>で No.1 ～ No.8 を選び，<Y, 列>を押し<OK>を押す（オプションはデフォルトのままでよい）。
③ <クラスターの数>のテキストボックスに<2>を，<クラスター最大数（オプション）>のテキストボックスに<5>を入力して<実行>を押す。
④ 最適 CCC である<*K-Means*法クラスター数=2>左赤▼を押し<バイプロット>を選ぶ。
⑤ ④と同様な操作で<バイプロットオプション> ⇒ <バイプロット線の表示>を選ぶ（④でバイプロット線が表示される場合は⑤を繰返す）。
⑥ ダイアログで<半径のスケール>のテキストボックスに<2>を入力し<OK>を押す。
⑦ ④と同様な操作で<散布図行列>を選ぶと**図4.6**の層別散布図行列が得られる。

4.4 正規混合分析と自己組織化マップの事例

*K-Means*法は非階層型クラスター分析では一般的な方法であるが，以下のような弱点がある。

Ⓐクラスターが重複している場合にはうまく分類ができない。

Ⓑ遠く離れた個体により，クラスターが中心から引っ張られる。

Ⓒ割り当ての基準が曖昧なため各個体はクラスターの内にも外にもなりうる。

Ⓐ～Ⓒの弱点を消し去る方法として**正規混合分析**がある。この方法は，ユークリッド距離の代わりに**多変量正規分布**を仮定して，各クラスターの平均位置からの発生確率に基づいた**マハラノビス距離**を使って分類する方法である。JMPの正規混合分析では，はじめに乱数を使ってシードを決める。得られたシードを正規分布の平均ベクトルの初期値に設定する。クラスターの構成過程では推定ステップと最大化ステップを繰返すことで収束をはかる。推定ステップでは各シードの**多変量正規分布**の平均ベクトルからデータ間の距離に基づいて**信頼度**（**帰属確率**）を計算する。多変量正規分布では**平均ベクトル**（重心位置）に近い点に対しては信頼度が高く設定される。逆に，遠く離れた点に対しては信頼度が低く設定される。この信頼度を利用して最大化ステップが実行される。点と各クラスターの平均ベクトルとの距離を計算して，目的のクラスターに帰属する確率が最大となり，そうでないクラスターに帰属する確率が最小になるように各平均ベクトルを移動させながら2つのステップを繰返すのである。

ここでは，『正規混合例題』[U]を使った分析結果を示す。**図4.7**左は，それぞれ3つの異なる2次元正規分布から抽出されたデータの散布図である。群3（◆印）と群1（○印）・群2（●印）は見た目どおり，クラスター分析を使わなくても分類可能である。群1と群2の分類も比較的簡単に分類できそうであるが，**図4.7**右に示すとおり*K-Means*法では完全に分類できない。*K-Means*法は境界によってグループを排他的に分類する。しかし，正規混合分析は各クラスターに所属する確率を計算し，その確率から個体をどのクラスターに振り分けるかを決める。**図4.8**左は正規混合分析のバイプロットで，きれいに分類できている。3つのクラスターへ帰属する確率を確認してみよう。**図4.8**右が**三角図**を

4.4 正規混合分析と自己組織化マップの事例

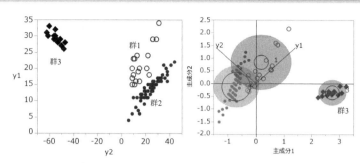

図4.7 原データの散布図(左)とK-$Means$法のバイプロット(右)

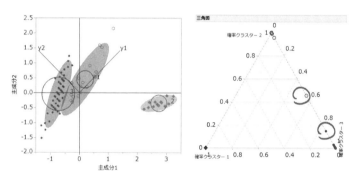

図4.8 正規混合分析のバイプロット(左)と帰属確率(右)

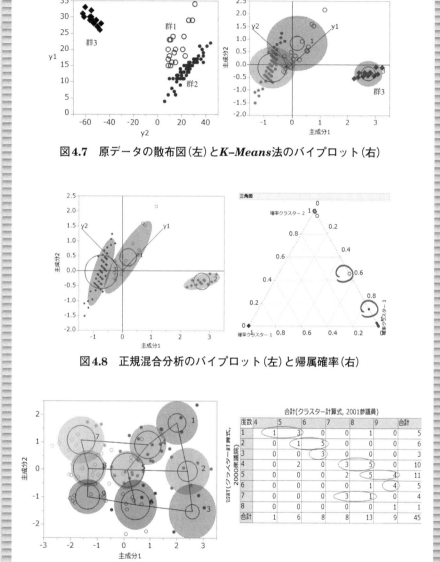

図4.9 選挙データの自己組織化マップ

使った帰属確率である．群1はすべてがクラスター1に帰属しており，その確率はほぼ1である．群2は1個を除きクラスター2に帰属し，その確率はほぼ1である．群3はすべてがクラスター3に帰属し，その確率は1つを除きほぼ1である．このように，データの背後に多変量正規分布が隠れている場合には，正規混合分析を使って好ましい分類ができる．

次に，**自己組織化マップ**（SOM）を紹介する．自己組織化マップはコホネンによって開発された手法で，**教師なしのニューラルネットワーク**と言われている．JMPの自己組織化マップは主成分分析により計算された第1主成分と第2主成分の平面上にクラスターを形成し，自己組織化マップのグリッド座標を構成する．K-Means法と同様に各点を最も近いクラスターに割り当て，各クラスターの平均を計算する．そして，各特性におけるクラスター平均を目的変数，自己組織化マップのグリッド座標を説明変数とした予測を行う．この計算により求めた予測値を新しいクラスター平均と設定する．以上の手順について処理が収束するまで反復計算を行う．なお，JMPでは初期値の平均ベクトルに**乱数シード**を使うので，分析ごとに結果が変わる場合がある．

自己組織化マップを説明するために，『選挙データ2001』[U]を使う．用いる特性は，民主得票率，自民得票率，その他である．自己組織化マップを作るためにクラスター数を9とした場合の結果を図4.9に示す．横軸の主成分1は保守（自民党支持）対リベラル（民主党支持）の軸であり，縦軸の主成分2が2大政党派かそれ以外の政党の支持の軸である．マップを理解する意味で，2000年〜2001年の選挙結果の推移を調べた結果が図4.9右の二元表である．意外な事実が発見できた．クラスター1は1年後にはクラスター4と5へ，クラスター4はクラスター7と8へ，クラスター7はクラスター7と8へ推移した．また，クラスター2は5と6へ，クラスター5は8と9へ，クラスター3は6へ，クラスター6は9へ推移した．つまり，2000年時点から2001年にかけて，小泉ブームにより野党が雪崩したが，これは特定な県の固有現象ではなく，民主党支持の強い県（東京，神奈川，大阪），自民党支持の強い県（北陸，中国各県）関係なく，全国まんべんなく起きた現象である．さらに，その他政

党の支持率を右から左に読むと少しずつ下がり，こちらも小泉人気に押されたことがわかる。なお，この分析では，得票率が特異な岩手県(自由党のお膝元)と沖縄県(無所属支持が強い県)を除外している。

|操作| **4.4：正規混合分析**

① 『正規混合例題』[U] を読込む。

② <分析>⇒<クラスター分析>⇒<正規混合>を選ぶ。

③ ダイアログの<列の選択>で y1 と y2 を選び，<Y, 列>を押し<OK>を押す(オプションはデフォルトのままでよい)。

④ 出力ウィンドウの<設定パネル>ブロックの<実行>を選ぶ。

⑤ <正規混合クラスター数＝3>左赤▼を押し<バイプロット>を選ぶ。

⑥ ⑤と同様な操作で<混合確率の保存>を選ぶ。

⑦ データテーブルで<グラフ>⇒<三角図>を選ぶ。

⑧ ダイアログの<列の選択>で確率クラスター1～確率クラスター3を選び，<X, プロット>を押し<OK>を押す。

|操作| **4.5：選挙データの自己組織化マップ**

① 『選挙データ2001』[U] を読込む。

② <分析>⇒<クラスター分析>⇒<*K-Means*クラスター分析>を選ぶ。

③ [Ctrl]を押したままダイアログの<列の選択>で民主得票率・自民得票率・その他を選び，<Y, 列>を押し<OK>を押す(オプションはデフォルトのままでよい)。

④ 出力ウィンドウの<設定パネル>ブロックの<方法>の<*K-Means*クラスター分析>を押し，<自己組織化マップ>に変更する。

⑤ <行数>のテキストボックスに<3>を，<列数>のテキストボックスに<3>を入力し<実行>を押す。

⑥ <自己組織化マップ3×3グリッド>左赤▼を押し<バイプロット>を選ぶ。

⑦ ⑥と同様な操作で<クラスターの計算式の保存>を選ぶ。

⑧ <分析> ⇒ <表の作成> で <行ゾーン> に県名を <列ゾーン> に選挙年を選ぶ．

⑨ クラスター計算式列名左赤アイコンを右クリックして尺度を連続尺度に変え，<列ゾーン> に選び <完了> を押す．

⑩ <表の作成> 左赤▼を押し，<データテーブルに出力> を選ぶ．

⑪ 新しいデータテーブルで，合計(クラスター…, 2000…)と合計(クラスター…, 2001…)の尺度を順序尺に変える．

⑫ <分析> ⇒ <二変量の関係> を使って二元表を作る．

4.5　潜在クラス分析の適用例

潜在クラス分析は観測された**質的データ**の背後にある構造を発見する手法であり，個体をクラスタリングする手法である．**潜在クラス**とは潜在変数の水準で，個体をどの水準に割り当てるかを確率的に類推するためのクラスターである．潜在クラス分析により，各個体が所属する事後確率の最も高い潜在クラスを探し出してくれる．

ここでは，『ソフトウェア』[U] のデータを使った潜在クラス分析例を紹介する．L社では，開発した業務用ソフトウェアについて，利用者307名に以下の5項目のアンケート調査を行った．

(1) 説明書(読む / 読まない)

(2) 説明書内容(分かりやすい / 分かりにくい)

(3) 説明書検索(検索しやすい / 検索しにくい)

(4) 使い方(迷う / 迷わない)

(5) 操作性(よい / 悪い)

このアンケート調査に潜在クラス分析を使った結果を**図4.10** に示す．分析の結果3つのクラスターを発見でき，興味深い考察が得られた．本例では潜在変数の水準，すなわちクラスター数を2〜5の範囲で調べた．最適なクラスター数の決定はモデルの要約に表示される**対数尤度**や **BIC・AIC(❶)** を調べるとよい．対数尤度や AIC，BIC の値が小さいほどよいモデルである．対数

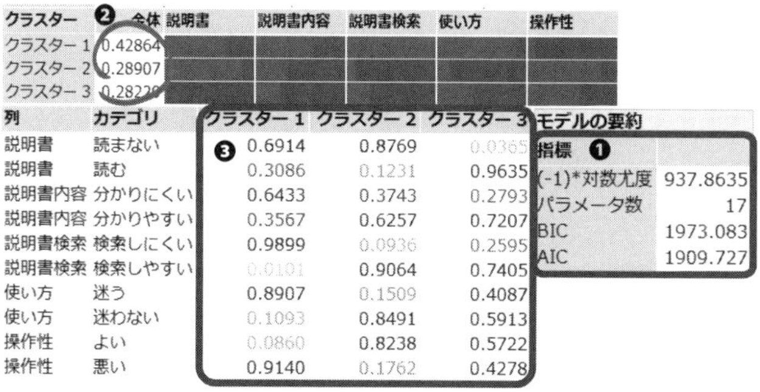

クラスター	全体	説明書	説明書内容	説明書検索	使い方	操作性
クラスター 1	0.42864					
クラスター 2	0.28907					
クラスター 3	0.2822					

列	カテゴリ	クラスター 1	クラスター 2	クラスター 3
説明書	読まない	0.6914	0.8769	0.0365
説明書	読む	0.3086	0.1231	0.9635
説明書内容	分かりにくい	0.6433	0.3743	0.2793
説明書内容	分かりやすい	0.3567	0.6257	0.7207
説明書検索	検索しにくい	0.9899	0.0936	0.2595
説明書検索	検索しやすい	0.0101	0.9064	0.7405
使い方	迷う	0.8907	0.1509	0.4087
使い方	迷わない	0.1093	0.8491	0.5913
操作性	よい	0.0860	0.8238	0.5722
操作性	悪い	0.9140	0.1762	0.4278

モデルの要約

指標	
(-1)*対数尤度	937.8635
パラメータ数	17
BIC	1973.083
AIC	1909.727

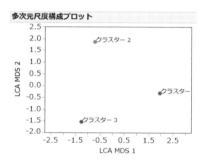

図4.10　潜在クラス分析の結果

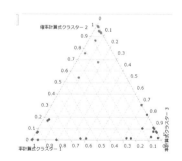

図4.11　MDSによる二次元散布図

図4.12　MDSによる個体の三角図

尤度が最小のクラスター数3のモデルを今回は採用する。**図4.10** 上のグラフは，母数推定値を**シェアチャート**で表したものである。シェアチャートの左の全体列に表示された値(❷)は分析の結果，得られた各クラスターに属する**事前確率**である。求めたクラスターは，ほぼ4：3：3の割合で全体を分割していることがわかる。**図4.10** 下の表(❸)は分析に使った質的データの水準ごとの各クラスターのパラメータ推定値である。その値は，あるクラスターに属しているという条件(事前確率)の下で，観測変数が該当の水準となる確率を意味するものである。以上の結果を使って各クラスターの特徴付けを行うと，クラスター1は「ソフトウェア難民で，説明書が理解できずソフトウェア操作に迷うグループ」である。クラスター2は「ソフトウェア上級者で，説明書は読む必要がある場合は上手に検索しソフトウェアの操作も慣れたグループ」である。クラスター3は「きっちり事前準備派で，説明書はしっかり読むので内容を理解しているが，ソフトウェアの扱いになると迷うことも多いグループ」である。これらの3つのクラスターの平均を使って**MDS(多次元尺度構成法)**を行った結果が**図4.11**である。一次元が説明書を読むか否かの軸で，二次元がソフトウェアの操作ができるか迷うかの軸である。また**図4.12**三角図から個体はきれいに3つのクラスターに分類されることがわかる。

なお，MDSは個体間の非類似度を使い新しい尺度を発見する方法で，n点の間の距離($_nC_2$個)がすべてわかっているとき，数学的な処理で布置(点の位置布置)を定めている。詳しい内容は参考文献[13]を参照されたい。分析の出発点になる非類似度は，次のような性質を持つ $n \times n$ 行列である。

  Ⓐ $d_{rs} \geq 0$ $(1 \geq r, s \geq n)$ Ⓑ $d_{rr} = 0$ Ⓒ $d_{rs} = d_{sr}$

また，現実には非類似度よりも類似度が得られている場合もある。類似度の要素を C_{rs} とすると，

  Ⓐ $C_{rs} = C_{sr}$ Ⓑ $C_{rs} \leq C_{rr}$

となる。このとき，類似度を非類似度に変換する標準的な方法は，

$$d_{rs} = (C_{rr} - 2C_{rs} + C_{ss})^{0.5} \tag{4.8}$$

である。

4.5 潜在クラス分析の適用例

操作 4.6：ソフトウェアを使った潜在クラス分析

① 『ソフトウェア』[U]を読込む。

② <分析>⇒<クラスター分析>⇒<潜在クラス分析>を選ぶ。

③ ダイアログの<列の選択>で説明書〜操作性を選び<Y，列>を押す。

④ <クラスターの数>に<2>を，<最大個数>に<5>を入力して<OK>を押す。

⑤ 出力ウィンドウの<潜在クラスモデル（クラスター数：3個）>左赤▼を押し，<混合確率の保存>など必要な統計量や結果をデータテーブルに保存する。

⑥ データテーブルで<グラフ>⇒<三角図>を選ぶ。

⑦ ダイアログの<列の選択>でLCA確率計算式(3/0)を選び，<X，プロット>を押し，<OK>を押す。

第5章 質的情報の鳥瞰

■手法の使いこなし
- ☞ (0,1)データや頻度などの質的な情報から，特性の水準や個体の特徴を記述する。
- ☞ 名義尺度や順序尺度の特性の関係性を数量化する。
- ☞ 質的な情報から特性間のネットワーク図を作る。

5.1 口紅の評価

C社では新たに開発した口紅のつけ心地について，22名の評価者が口紅の品質を11の用語を使って評価した。11の用語とは発色・香り・伸び感・しっとり感・にじみ・つや・つき・色味・べたつき・フィット感・色持ちである。評価は，「各評価者が自分の持ち点15から当てはまると感じた用語に対して点数を自由に与える」という方法である。評価者は11の用語に15点すべてを使ってもよいし，点数を残して評価を終えてもよい。また，1つの用語に15点すべてを使ってもよい。例えば，評価者1は，香りに4点・色味に3点・…，と配点した。結果は『口紅評価』[U]に保存されている。図5.1左は用語の頻度の多い方から順に並べた**棒グラフ**である。図5.1右から，色味・発色・香りの3項目が全体の得点の約50%を占めている。また，ネガティブ項目であるべたつきやにじみは10%以下である。

> 《質問5》反応パターン
> 口紅の官能評価を定量化することはできないか，また，反応パターン(評価者の点のつけ方)には，どのような特徴があるだろうか？

22名の評価にはどのような反応パターンが隠されているだろうか。図5.2のモザイク図から眺めよう。色味の得点が多い評価者3や評価者22に対して，評価者6・7・14は色味の点が少なく，逆にフィット感や色持ちの点が多い。

評価者1～3はフィット感や色持ちの点がない。22名の評価にはいくつか

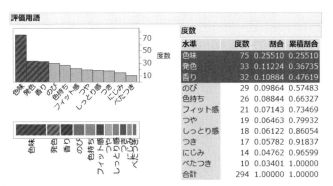

図5.1　口紅の評価の棒グラフ

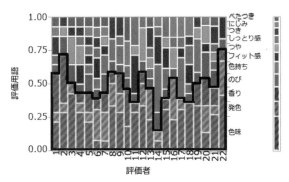

図5.2　口紅の評価のモザイク図

表5.1　口紅の評価で特徴のある評価者の対比

評価者	色味	香り	つき	べたつき	つや	のび	発色	にじみ	しっとり感	フィット感	色持ち
1	3	4	2	1	0	1	1	1	1	0	0
2	4	5	1	0	1	2	1	0	0	0	0
3	6	0	1	1	3	2	1	0	0	0	0
11	4	1	0	0	1	1	0	0	3	4	0
14	1	0	0	0	0	2	1	1	1	3	5
17	4	0	0	0	0	0	1	2	1	1	4

の反応パターンがありそうである。**表5.1**は恣意的に6名の評価者を選び反応パターンを較べたものである。べたつきやにじみに関してはどの評価者も配点が少ない。色味や香りといった手に取った印象の評価が高い人と，フィット感や色持ちといった実際に口紅をつけた感覚を大切にした人がいるようである。しかし，恣意的に抜き取った個体の比較はご都合主義である。頻度を集計したデータに対して客観的に反応パターンを発見する方法が必要である。このような要求に答えてくれるのが**対応分析**である。

5.2 データに潜む反応パターンを暴く対応分析

対応分析は**質的データ**の分析の代表格で行と列の表に集計されたデータを要約する方法である。対応分析の目的は，集計表を数学の**特異値問題**を解いて少数の次元（1〜3程度）に要約し，得られた次元から情報マップを作ることである。以下に，対応分析の基本的な考え方を紹介する。

（1）データ行列の並べ替え

表5.2は9人の食べ物に関する好みを調べたものである。好きな食べ物に〇をつけた二元表である。人物と好物には関連がないように見える。ここで，行も列も名義尺度の特性だから水準の並びに制約はない。そこで，できるだけ表の対角線に〇が配置できるように並べ替えを行う。**表5.3**は列の順番を入れ替えたもので，**表5.4**は引き続き行の順番を並べ替えたものである。すると，〇は対角線にきれいに並ぶではないか。実は人物と好物には強い関連性があったのである。

（2）同時線形回帰

対応分析は行と列を並べ替えて関連が一番強くなるパターンを探す方法である。大きな表の並べ替えは手作業では難しい。ソフトウェアの手助けが必要である。**表5.4**でせっかく関連性があることを発見したのだから，関連性の強さを定義したい。自然な考え方として，アンケート調査の分析で使われている主観的な得点を行と列の水準に与えよう。それが**表5.4**に示す主観的得点（❶と❷）である。主観的得点は**同時線形回帰**の制約を満たさないので不合理であ

5.2 データに潜む反応パターンを暴く対応分析

表5.2 9人の好物のデータ

		豆腐	ハンバーガ	生卵	蕎麦	コーラ	煮魚	焼肉
大坂	55歳	○					○	
三宮	24歳		○					○
池田	40歳				○		○	
須磨	18歳		○			○		
河内	30歳			○				○
中野	22歳		○			○		
板橋	46歳	○			○		○	
大森	27歳			○				○
葛西	33歳			○	○			

表5.3 9人の好物のデータの列の並べ替え

		豆腐	煮魚	蕎麦	生卵	焼肉	ハンバーガ	コーラ
大坂	55歳	○	○					
三宮	24歳						○	○
池田	40歳		○	○				
須磨	18歳						○	○
河内	30歳				○	○		
中野	22歳						○	○
板橋	46歳	○						
大森	27歳				○	○		
葛西	33歳				○	○		

表5.4 9人の好物のデータの行の並べ替えと主観的得点

評価者		食べ物							計	主観的得点 ❷	平均 ❹
		豆腐	煮魚	蕎麦	生卵	焼肉	ハンバーガ	コーラ			
大坂	55歳	○	○						2	-4	-2.5
板橋	46歳	○	○	○					3	-3	-2
池田	40歳		○	○					2	-2	-1.5
葛西	33歳			○	○				2	-1	-0.5
河内	30歳				○	○			2	0	0.5
大森	27歳				○	○			2	1	0.5
三宮	24歳					○	○		2	2	1.5
中野	22歳						○	○	2	3	2.5
須磨	18歳						○	○	2	4	2.5
計		2	3	3	3	3	3	2	19		
❶ 主観的得点		-3	-2	-1	0	1	2	3			
❸ 平均		-3.5	-3	-2	0	1	3	3.5			

る。同時線形回帰とは何かを説明しよう。いま，食べ物(x)の水準に与えられた主観的得点(❶)を用いて，評価者の各水準(y^*)の平均を計算する。例えば，大坂さんの平均は$y_1^* = (-3-2)/2 = -2.5$である。同様な計算を行って得られた値が**表5.4**右端の平均の列の値(❹)である。これら，y^*とxの関係をy^*のxによる回帰と呼ぶ。次に，評価者(y)の水準に与えた主観的得点(❷)を使い，食べ物の各水準の平均(x^*)を計算する。例えば，豆腐の平均は$x_1^* = (-4-3)/2 = -3.5$である。同様な計算を行って得られた値が**表5.4**下端の平均の行の値(❸)である。これら，x^*とyの関係をx^*のyによる回帰と呼ぶ。主観的得点を横軸に，平均を縦軸に$(x, x^*)(y, y^*)$を散布図にしたものが**図5.3**左である。主観的得点からは直線的な関係が得られない。一方，対応分析で得られた得点を使い同様な計算をする。その結果を散布図にしたものが**図5.3**右である。2本の直線が一体化するだけでなく，完全な直線になる。これが同時線形回帰の意味することである。==同時線形回帰の関係は行間，列間の分別を最大にする条件になっている==。この直線の傾きが0.9716で，JMPで計算した対応分析の特異値に一致する。

(3) 対応分析で用いられる用語

表5.5が対応分析(特異値分解)の結果である。対応分析では，行と列の少ない方の(水準数-1)個の次元が得られる。**特異値**とは行と列の得点の相関係数で関連の強さを表す。**慣性**とは特異値の2乗で主成分分析の固有値に対応する値である。**割合**とは慣性の総和に対する各次元の寄与率である。**累積**とは大きい慣性を持つ側から割合(寄与率)を累積した累積寄与率である。**図5.4**左が対応分析で得られた得点の第1次元と第2次元の散布図であり，2次式の関係が読み取れる。**図5.4**右が第1次元と第3次元の散布図であり，3次式の関係が読み取れる。また，**得点**は行と列の相関を最大にするために，各水準に与えられた数量である。

(4) 数量化の方法

改めて，**表5.4**の○の並びを眺めよう。散布図のプロットによく似ている。そこで，行と列に適当な得点を与えよう。その中で，計算した相関係数が最

5.2 データに潜む反応パターンを暴く対応分析　　107

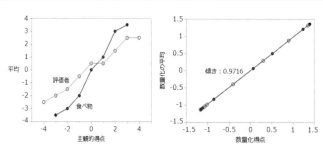

図 5.3 主観的得点と平均(左)と数量化得点と平均(右)

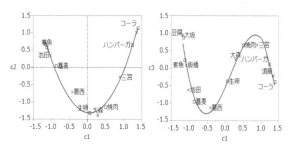

図 5.4 対応分析の次元の散布図

表 5.5 特異値分解の結果

特異値	慣性	割合	累積	評価者	c1	食べ物	c1
0.97167	0.94414	0.4095	0.4095	河内	0.296	コーラ	1.396
0.88689	0.78657	0.3412	0.7507	葛西	-0.409	ハンバーガ	1.240
0.58479	0.34198	0.1483	0.8990	三宮	0.902	蕎麦	-0.858
0.40825	0.16667	0.0723	0.9713	須磨	1.357	煮魚	-1.119
0.23954	0.05738	0.0249	0.9962	大坂	-1.170	焼肉	0.512
0.09394	0.00882	0.0038	1.0000	大森	0.296	生卵	0.063
				池田	-1.017	豆腐	-1.155
				中野	1.357		
				板橋	-1.074		

表 5.6 得点算出のための数値例

	B1	B2	B3	B4
A1	○	○		
A2		○	○	
A3			○	○

→

	B1	B2	B3	B4
A1	(x_1, y_1)	(x_2, y_1)		
A2		(x_2, y_2)	(x_3, y_2)	
A3			(x_3, y_3)	(x_4, y_3)

大となることがよい得点の与え方である。

表5.4のデータを使って，**相関係数**が最大となる得点を計算するのはソフトウェアの助けが必要である。ここでは，**表5.6**左の小さなデータで計算過程を調べる。いま，どんな得点がよいかはわからないから，記号(x, y)で表す。相関係数は平均の位置に影響されないので行と列の平均を0とする。つまり，$x_1 + 2x_2 + 2x_3 + x_4 = 0$，$y_1 + y_2 + y_3 = 0$ を制約にするのである。xとyの平方和をそれぞれS_{xx}，S_{yy}，積和をS_{xy}とすると

$$S_{xx} = x_1^2 + 2x_2^2 + 2x_3^2 + x_4^2 \tag{5.1}$$

$$S_{yy} = 2(y_1^2 + y_2^2 + y_3^2) \tag{5.2}$$

$$S_{xy} = x_1 y_1 + x_2 y_1 + x_2 y_2 + x_3 y_2 + x_3 y_3 + x_4 y_3 \tag{5.3}$$

である。相関係数は標準偏差あたりの結びつきの強さだから，制約として平方和を1にしても何ら問題がない。また，式の煩雑を防ぐ目的で，

$$(u_1, u_2, u_3, u_4) = (x_1, \sqrt{2} x_2, \sqrt{2} x_3, x_4), (v_1, v_2, v_3) = (\sqrt{2} y_1, \sqrt{2} y_2, \sqrt{2} y_3)$$

と変換する。偏差積和は相関係数，$S_{xy} = r_{xy}$ となり，

$$r_{xy} = S_{xy} = S_{uv} = \frac{1}{2}\left(\sqrt{2} u_1 v_1 + u_2 v_1 + u_2 v_2 + u_3 v_2 + u_3 v_3 + \sqrt{2} u_4 v_3\right) \tag{5.4}$$

となる。このS_{uv}を最大にする。

$$S_{uv} - \frac{\lambda}{2}(S_{xx} - 1) - \frac{\eta}{2}(S_{yy} - 1) \to \max \tag{5.5}$$

ラグランジュの未定係数法を使い，(5.5)式を偏微分して0とおいた連立方程式を解く。はじめに，u_1, u_2, u_3, u_4側で考える。

$$\begin{cases} \frac{\sqrt{2}}{2} v_1 \quad - \lambda u_1 = 0 \\ \frac{1}{2} v_1 + \frac{1}{2} v_2 \quad - \lambda u_2 = 0 \\ \frac{1}{2} v_2 + \frac{1}{2} v_3 \quad - \lambda u_3 = 0 \\ \frac{\sqrt{2}}{2} v_3 \quad - \lambda u_4 = 0 \end{cases} \Rightarrow \begin{cases} \frac{\sqrt{2}}{2} u_1 v_1 \quad - \lambda u_1^2 = 0 \\ \frac{1}{2} u_2 v_1 + \frac{1}{2} u_2 v_2 \quad - \lambda u_2^2 = 0 \\ \frac{1}{2} u_3 v_2 + \frac{1}{2} u_3 v_3 \quad - \lambda u_3^2 = 0 \\ \frac{\sqrt{2}}{2} u_4 v_3 \quad - \lambda u_4^2 = 0 \end{cases} \tag{5.6}$$

上記の(5.6)式を上から加え，$u_1^2 + u_2^2 + u_3^2 + u_4^2 = 1$を使い，整理すると偏差積

和 $\lambda = S_{uv} = r_{xy}$ になる。次に，v_1，v_2，v_3 側も同様な計算を行うと，η も $\eta = S_{uv} = r_{xy}$ になる。どちらから計算しても同じ答えが得られる。以上から，

$$(v_1, v_2, v_3, v_4) = \left[(v_1\sqrt{2}/(2r_{xy}), (v_1+v_2)/(2r_{xy}), (v_2+v_3)/(2r_{xy}), v_3\sqrt{2}/(2r_{xy})\right]$$

の関係を得る。さらに，この関係を下記の(5.7)式に代入すれば，

$$\begin{cases} \dfrac{\sqrt{2}}{2}u_1 + \dfrac{1}{2}u_2 & -\eta v_1 = 0 \\ \dfrac{1}{2}u_2 + \dfrac{1}{2}u_3 & -\eta v_2 = 0 \\ \dfrac{1}{2}u_3 + \dfrac{\sqrt{2}}{2}u_4 & -\eta v_3 = 0 \end{cases} \Rightarrow \begin{cases} \dfrac{\sqrt{2}}{2}u_1v_1 + \dfrac{1}{2}u_2v_1 & -\eta v_1^2 = 0 \\ \dfrac{1}{2}u_2v_2 + \dfrac{1}{2}u_3v_2 & -\eta v_2^2 = 0 \\ \dfrac{1}{2}u_3v_3 + \dfrac{\sqrt{2}}{2}u_4v_3 & -\eta v_3^2 = 0 \end{cases} (5.7)$$

より，(5.8)式に示す**固有値問題**に帰着する。

$$\begin{pmatrix} 3/4 & 1/4 & 0 \\ 1/4 & 1/2 & 1/4 \\ 0 & 1/4 & 3/4 \end{pmatrix} \begin{pmatrix} v_1 \\ v_2 \\ v_3 \end{pmatrix} = r_{xy}^2 \begin{pmatrix} v_1 \\ v_2 \\ v_3 \end{pmatrix} \tag{5.8}$$

r_{xy}^2 は相関係数の 2 乗，すなわち寄与率であるから，0 〜 1 の間の値を取り，1 以下の正数である。第 1 固有値は 1，固有ベクトルは $(v_1, v_2, v_3) = (1, 1, 1)$ である。元に戻すと，$(y_1, y_2, y_3) = (1/\sqrt{2}, 1/\sqrt{2}, 1/\sqrt{2})$ となり，$\bar{y} = 0$ を満たさないから不適解である。対応分析では必ず固有値＝1 の解が得られるが，それは不適解なのである。第 2 固有値以下が条件に合う解となることが知られている。第 2 固有値は計算の結果 3/4 となり，その平方根をとった値が相関係数の 0.866 である。第 3 固有値は 1/4 で，その平方根が相関係数の 0.500 である。なお，(u_1, u_2, u_3, u_4) 側から計算しても同じ結果が得られる。したがって，対応分析で得られる次元数は，行と列の小さい側の(水準数－1)となる。

5.3　対応分析の手順

　JMP では対応分析の入り口が 2 つある。A< 分析 > ⇒ < 二変量の関係 > ⇒ 二元表の中で対応分析を行う方法と，B< 分析 > ⇒ < 多変量 > ⇒ < 多重対応分析 > を行う方法である。『口紅評価』を使って対応分析の手順を以下に示す。

手順1：要因と特性の準備

　分析に必要な要因と特性を準備する。対応分析では対称性という性質があり，行と列（要因と特性）を入れ替えても分析結果は変わらないので，**主成分分析**よりも扱いやすい。対応分析を行う前に分割表のチェックが重要である。なぜなら，対応分析は二元表を起点として新たな次元を発見する方法だからである。なお，独立関係にある変数対を選ぶと，主成分分析と同様に無意味な結果が得られる。取り上げる問題にもよるが，頻度の総数 n は少なくとも 100 以上が望ましい。総数 n が少ない場合は，手許にあるデータの記述に留める。JMP の対応分析で＜二変量の関係＞を使う場合は，二元表の形式から**表5.7** 右のようなデータ形式に変更しておく。本例では，評価者と評価用語を変数に取り上げる。どちらを要因に選んでもよいが，ここでは，評価者を要因，評価用語を特性にする。また，度数にポイントを指定する。

手順2：モニタリング

　対応分析を行う前にデータのモニタリングを行う。度数 0 や他の水準に較べて度数が極端に少ない水準は新たな次元の散布図で外れ値となる。分析結果に影響する外れ値は対応分析から除外したほうがよい場合もある。本例では，**図5.1** の棒グラフや**図5.2** のモザイク図などで事前チェックを行い，外れ値の対象となるような水準はないことを確認している。

手順3：対応分析の実行

　対応分析を実行する。特異値と割合を求め次元の解釈を行う。次元の選択方法は経験的に以下の目安が知られているが絶対的なものではない。

　Ⓐ累積が 0.7 〜 0.8 を超えるところまでの次元を解釈する。

　Ⓑ特異値（相関係数）に着目して，せいぜい第 3 次元までの解釈に留める。

　表5.8 は『口紅評価』の対応分析の結果である。＜累積＞で 70％ を超えるのは第 4 次元（❶）までであるが，＜特異値＞の値（❷）が 0.4 程度を境界と考え第 2 次元までを解釈する。

手順4：次元の解釈

　各次元の解釈を行い，特徴ある水準あるいは個体を見つける。そのヒントは，

5.3 対応分析の手順

表5.7 対応分析用のデータセット

	B1	B2	B3
A1	15	12	4
A2	10	28	11
A3	8	19	25
A4	3	7	30

A	B	度数
A1	B1	15
A1	B2	12
A1	B3	4
A2	B1	10
A2	B2	28
A2	B3	11
A3	B1	8
A3	B2	19
A3	B3	25
A4	B1	3
A4	B2	7
A4	B3	30

表5.8 口紅の評価の特異値分解

❷特異値	慣性	割合	❶累積	評価用語	❸ c_1	❹ c_2	c_3
0.45055	0.20299	0.2645	0.2645	フィット感	0.8766	-0.4771	-0.1609
0.38251	0.14632	0.1906	0.4551	色持ち	0.8035	0.5896	0.0683
0.32051	0.10273	0.1338	0.5889	しっとり感	0.5008	-0.4142	-0.3059
0.31541	0.09948	0.1296	0.7186	にじみ	0.3846	0.4649	0.6878
0.25692	0.06601	0.0860	0.8046	香り	-0.4945	0.4345	-0.2815
0.24962	0.06231	0.0812	0.8857	べたつき	-0.4244	0.5097	0.1191
0.21083	0.04445	0.0579	0.9436	つき	-0.3888	0.3332	-0.4422
0.15851	0.02513	0.0327	0.9764	つや	-0.5223	-0.7383	0.2330
0.11605	0.01347	0.0175	0.9939	色味	-0.0663	-0.1524	-0.1731
0.06826	0.00466	0.0061	1.0000	発色	-0.2318	-0.1179	0.5995
				のび	-0.1543	0.0110	0.0548

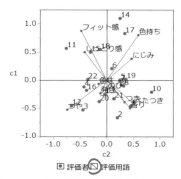

図5.5 口紅の評価の対応分析の布置図

次元の対極にプロットされた水準あるいは個体を比較することである。また，上位の次元に対して**クラスター分析**を行い，グルーピングすることで解釈の助けにしてもよい。対応分析で得られた次元のキャッチフレーズを考える。**図5.5**は本例の第1次元と第2次元の散布図である。評価用語をベクトルで表した。第1次元(❸)の正側はフィット感・色持ち・しっとり感などの方向であるから，「着け心地の軸」と命名する。第2次元(❹)は正側に香り・つき・べたつきなどの方向があるから，「色味や香りといった手に取った印象」を表している。第2次元の負側はつやの方向である。第2次元は「手取り感の軸」と命名する。**図5.6**右は各次元のヒストグラムと標準偏差を表したものである。網掛け強調した個体は評価者16で，第3次元で正側に大きな値を持つ。この評価者は他者と異なり，にじみと発色に多くの点を与えた。第3次元は評価者16と他者とを分別する次元だから，解釈の対象外で正解である。**図5.6**左は第1次元と第2次元の散布図上で，第2次元までを使ったクラスター分析の結果を反映したものである。反応パターンは3つある。群1は第1次元の正側の評価者で，着け心地を評価している。群2は第2次元の正側の評価者で，色味香りを評価している。群3は色彩やつや感を重視している。**図5.7**のモザイク図は，第1次元と第2次元の得点を使って**図5.2**を並べ替えたものである。群1の評価者は着け心地に関する用語の面積が広い。群2は香りやにじみなど見た目に関する用語の面積が広い。群3はつやや色味，発色などの色彩に関する用語の面積が広い。対応分析の結果を色の強弱をつけたモザイク図を使って表現すると，統計になじみのない人にも直観的に理解されるであろう。

|操作| **5.1：口紅評価の対応分析**

①『口紅評価』^{U} を読込み，＜分析＞⇒＜二変量の関係＞を選ぶ。
②ダイアログの＜列の選択＞で評価者を選び＜X, 説明変数＞を押す。
③＜列の選択＞で評価用語を選び＜Y, 目的変数＞を押す。
④＜列の選択＞でポイントを選び，＜度数＞を押し＜OK＞を押す。
⑤出力ウィンドウの＜評価者と…＞左赤▼を押し＜対応分析＞を選ぶ。

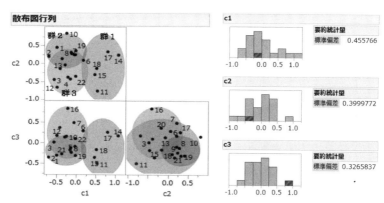

図5.6 第1次元と第2次元の散布図(左)と各次元のヒストグラム(右)

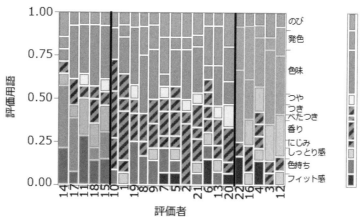

図5.7 クラスター分析で群分けし並べ替えたモザイク図

⑥対応分析の散布図の＜評価用語＞の□を押し＜中心からの線＞を選ぶ。
⑦＜対応分析＞ブロックの＜詳細＞左▷を押し詳細を表示する。
⑧＜評価者＞のテーブルで右クリックし＜データテーブルに出力＞を選ぶ。
⑨新しいデータテーブルで＜分析＞⇒＜クラスター分析＞⇒＜階層型クラスター分析＞を選び，c_1〜c_3でクラスター分析を実行する（操作4.2を参照）。
⑩＜階層型クラスター分析＞左赤▼を押し＜教布図行列＞を選ぶ。

5.4 多重対応分析の事例

参考文献[4]では9種類（A〜I）のプリンタの画質の分析をしている。そのデータが『プリンタ評価A』[U]と『プリンタ評価B』[U]に保存されている。『プリンタ評価A』は評価者を集計した**表5.7**の形式で，『プリンタ評価B』は生のデータ行列である。中身は共に，3種類の原稿（テキスト・グラフ・ライン）を用いて，原稿ごとに出力した9枚のプリントについて，1〜9の順位をつけたものである。順位にタイはなく必ず優劣がついている。評価者は31人の消費者である。2つのデータに対応分析を行う前に，モザイク図や二元表でプリンタの優劣を比較する。**図5.8**は原稿で層別したモザイク図である。プリンタH・Iが比較的よい評価で，A・Bが比較的悪い評価であることがわかる。最初の分析は，**図5.9**右に示すように原稿種類を縦（特性側）と横（個体側）に重ね合わせた分割表を起点にする。すなわち27×27の分割表の分析である。特性にテキスト・グラフ・ラインを，追加変数にプリンタを指定する。**図5.9**左は第1次元と第2次元の散布図で，原稿種間の交互作用を表したものである。グラフについて順位に沿った破線を引いたが，どちらの次元でも順位の逆転が起きていて1元的ではない。このため，**図5.9**左の散布図を解釈するのは骨が折れる。

次に，**図5.10**右の分割表を起点とした多重対応分析を行う。プリンタを要因に，テキスト・グラフ・ラインの順位を特性とした分析である。今度は，全体的な順位を意味する第1次元が得られた。**図5.10**左では，第1次元の大きな値から小さい値に向かってラインの順位に沿って破線が引かれた。HとD

5.4 多重対応分析の事例

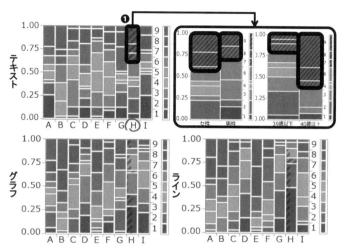

図5.8 プリンタ評価のモザイク図（プリンタ種×順位）

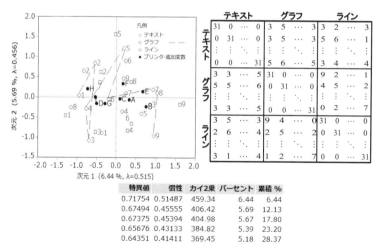

図5.9 原稿種による多重対応分析の結果

が平均的に評価の高いプリンタである。逆に，評価の悪いプリンタは，BとEである。この分析はプリンタと原稿種による順位の交互作用を表したものである。最初の分析よりわかりやすい。

　最後に，プリンタを主体として原稿種の関係をビジュアル化する。図5.11右の二元表を起点とした多重対応分析である。要因に原稿種別のプリンタの水準を与え，特性に順位の水準を与え，その出現頻度を度数にする。図5.11左の散布図では順位の水準が2次式で並び，全体的な順位を意味する空間が得られた。また，プリンタ別に原稿種の布置が得られるので，プリンタの特徴が読み取れる。Hは相対的にはよい評価だがテキストの評価が悪い。図5.8右のモザイク図からわかるように，30代には評価が高いが，40代以降の年配者に敬遠され，評価が分かれたようである。Iはどの原稿でも比較的高い評価であるが，テキスト原稿は2次式から外れている。図5.8のモザイク図からわかるように，全体的には高評価であるにも関わらず，中に，低い順位（8位や9位）をつけた評価者がいたためである。Aのテキストの評価も2次式から外れている。これは，図5.8のモザイク図からわかるように，好き嫌いが割れたためである。Bは相対的に評価の低いものである。特にラインやグラフ出力が劣っている。Bは2次式からの外れは少ないので，悪い方で順位の一致度が高い。

　以上から，同じ情報を持つデータでも出発する二元表を変えると多重対応分析の結果は異なる。多重対応分析では，二元表の行（要因側）の水準と列（特性側）の水準の組合せ効果（交互作用）の検出をしているので，どの部分の組合せ効果を調べるのかを，あらかじめ決めておくことが重要である。

操作　5.2：プリンタ評価の多重対応分析の比較

① 『プリンタ評価B』^{U} を読込み，＜分析＞⇒＜多変量＞⇒＜多重対応分析＞を選ぶ。

② ダイアログの＜列の選択＞でテキスト～ラインを選び，＜Y, 目的変数＞を押す。

③ ＜列の選択＞でプリンタを選び，＜Z, 追加変数＞を選び＜OK＞を選ぶ。

5.4 多重対応分析の事例

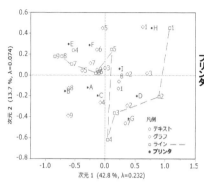

図5.10 プリンタ×原稿種の多重対応分析

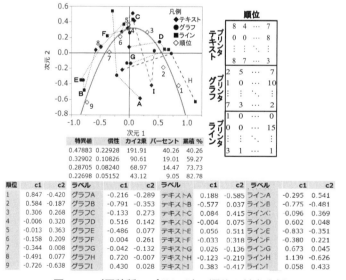

図5.11 （原稿種×プリンタ）×順位の対応分析

④出力ウィンドウの<多重対応分析>左赤▼を押し，<対応分析>⇒<座標の表示>を選ぶ。
⑤<Burt表>左▷を押し，分割表（Burt表）を表示する（図5.9右上の表）。
⑥<分析>⇒<多変量>⇒<多重対応分析>を選ぶ。
⑦ダイアログの<列の選択>でテキスト～ラインを選び<Y,目的変数>を押す。
⑧<列の選択>でプリンタを選び<X,説明変数>を選び，<OK>を選ぶ。
⑨操作④，⑤を繰り返すと<分割表>を表示する（図5.10右上の表）。
⑩『プリンタ評価A』^{U}を読込み，<分析>⇒<多変量>⇒<多重対応分析>を選ぶ。
⑪ダイアログの<列の選択>で順位を選び<Y,目的変数>を押す。
⑫<列の選択>でラベルを選び<X,説明変数>を選ぶ。
⑬<列の選択>で度数を選び<度数>を選び，<OK>を押す。
⑭操作④，⑤を繰返すと<分割表>を表示する（図5.11右上の表）。

第5章 質的情報の鳥瞰

第6章 特性の予測

■手法の使いこなし
☞ 要因側(説明変数)の線形結合を使って,特性(目的変数)を予測する。
☞ 冗長(情報量の重複)な要因を取り除いた重回帰式を選び出す。
☞ 重回帰式の妥当性を診断して,よい予測モデルを探索する。

6.1 アナログIC

S社は半導体の開発を行っている。顧客要求に応えるため多数の要因を使いアナログICの複数の特性を制御している。『IC設計』[U]には7つの要因と2つの特性などのデータが保存されている。7つの要因で特性 RSP の回帰分析を行った中でR2乗の大きい2つを図6.1に示し,単回帰式を以下に記す。

$$RSP = 215.593 - 0.2051\, RDT \tag{6.1}$$
$$RSP = -13.391 + 0.0523\, GOT \tag{6.2}$$

《質問6》予測式
　RDT で RSP を予測できるが,GOT も使いさらに精度よい予測式を作れるか?

直感的に思いつくのは RDT(または GOT)で RSP の回帰式を作り,得られた残差に GOT(または RDT)で回帰分析を行う方法である。実際に分析した結果を図6.2に示す。残差の単回帰式を以下に示す。

$$残差\,RSP = 184.525 - 0.2051\, RDT \tag{6.3}$$
$$残差\,RSP = -44.459 + 0.0523\, GOT \tag{6.4}$$

(6.1)式と(6.3)式のように,RSP の回帰式と残差 RSP の回帰式の傾きは同じ値になる。定数項は(6.1)式と(6.4)式から 215.593 + (-44.459) = 171.134, (6.2)式と(6.3)式から -13.391 + 184.525 = 171.134 と同じ値が得られる。これは,表6.1に示した GOT と RDT の相関係数が0(❶)だからである。

一方,同様な方法で相関(❷)のある PB と SW を使い PM1 を予測すると

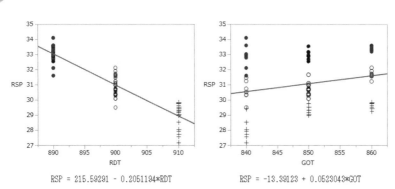

図6.1 RSPを予測する2つの単回帰分析の結果

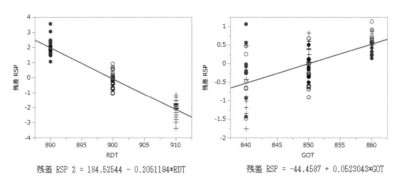

図6.2 RSPの残差を予測する2つの単回帰分析の結果

表6.1 IC設計の要因側の相関係数行列

相関	GOT	PB	RDT	PE	SW	PM	M1-2
GOT	1.0000	0.0215	0.0000	0.0217	0.0435	-0.0653	-0.0215
PB	0.0215	1.0000	0.0880	0.0000	-0.2796	0.1286	0.1057
RDT	❶ 0.0000	0.0880	1.0000	-0.0000	0.0000	0.0018	0.0026
PE	0.0217	0.0000	-0.0000	1.0000	-0.0217	-0.0218	0.0431
SW	0.0435	❷ -0.2796	0.0000	-0.0217	1.0000	-0.0218	0.0215
PM	-0.0653	0.1286	0.0018	-0.0218	-0.0218	1.0000	-0.0448
M1-2	-0.0215	0.1057	0.0026	0.0431	0.0215	-0.0448	1.0000

図**6.3**と図**6.4**に示すように，PM1の回帰式と残差PM1の回帰式の係数は一致しない。また，定数項の和も一致しない。要因間に相関関係が認められる場合，上記の方法では計算の順番により得られる値が変わるので，良い方法とは言えない。正しく回帰係数を求める方法が**重回帰分析**である。

6.2 特性のばらつきを要因で説明する重回帰分析

重回帰分析は手持ちの要因系のデータを使い，研究対象となる特性の予測を科学的に行う統計手法である。重回帰分析の目的は，操作しやすい要因の線形結合を使い特性の動きを説明すること，予測精度の保証をすることである。本節では重回帰分析の考え方を紹介する。

(1)線形結合

p 個の要因 $(x_1, x_2, \cdots, x_p)$ を使い特性 y を予測するモデル作りと，特性 y が p 個の要因から全体としてどのくらい影響を受けているかを調べることは同じ意味を持つ。影響力には因果関係と相関関係があるが，重回帰分析ではそれを問わない。**重回帰式**は特性 y のばらつきを $(x_1, x_2, \cdots, x_p)$ の関数で説明できるとしたモデルで，$\beta_0 + \beta_1 x_1 + \beta_2 x_2 + \cdots + \beta_p x_p$ という係数に関する線形結合，

$$y_i = (\beta_0 + \beta_1 x_{i1} + \beta_2 x_{i2} + \cdots + \beta_{ip} x_{ip}) + \varepsilon_i \quad (i=1, 2, \cdots, n) \quad (6.5)$$

で予測する。(6.5)式は観測値 y_i を母平均 $\mu_i = \beta_0 + \beta_1 x_{i1} + \beta_2 x_{i2} + \cdots + \beta_p x_{ip}$ と第 i 番目の個体固有のランダムな偏差 ε_i に分解したモデルである。ε_i は互いに独立に平均 0，分散 σ_ε^2 の正規分布に従う確率変数と考える。$(\beta_0, \beta_1, \beta_2, \cdots, \beta_p)$ は**母偏回帰係数**と呼ばれ，その値は観測値から推定する。

(2)最小2乗法

重回帰分析は y に対し要因を使った線形結合で都合よく説明する方法である。y と線形結合の偏差2乗和が最小となるように母偏回帰係数 $(\beta_0, \beta_1, \beta_2, \cdots, \beta_p)$ の推定値，$(b_0, b_1, b_2, \cdots, b_p)$ を求める。そのために，(6.6)式で $(b_0, b_1, b_2, \cdots, b_p)$ を偏微分して 0 と置いた連立方程式を解くのである。

$$S_e = \sum_{i=1}^n (y - \hat{y})^2 = \sum_{i=1}^n \{y_i - (b_0 + b_1 x_{i1} + \cdots + b_p x_{ip})\}^2 \to \min \quad (6.6)$$

ここで，行列を使った表現をする。要因の行列 $\boldsymbol{X}$（第1列に定数1を追加し

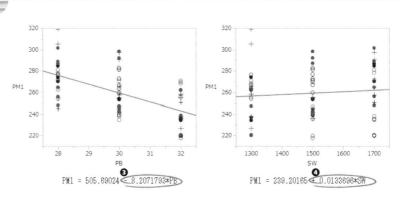

図6.3　PM1を予測する2つの単回帰分析の結果

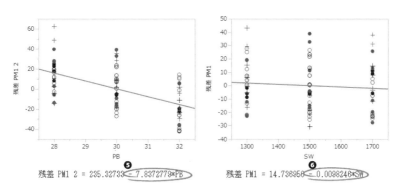

図6.4　残差を予測する単回帰分析

■要因どうしに相関がある場合

直接計算した回帰係数と残差から計算した回帰係数が一致しない

$$係数(\text{❸})\ -8.2071\text{PB} \neq 係数(\text{❺})\ -7.8373$$

$$係数(\text{❹})\ 0.0134\text{SW} \neq 重み(\text{❻})\ -0.0098$$

$$\left. \begin{array}{l} 定数項\quad 505.690 + 14.737 = 520.427 \\ 定数項\quad 239.202 + 235.327 = 474.529 \end{array} \right\} 一致しない$$

たn行×$p+1$列)と特性y(n行×1列),未知数b($p+1$行×1列)を使い,連立方程式を$X'Xb = X'y$と表す。X'はXの**転置行列**(行と列を入れ替えた行列)である。$X'X$は要因側の積和行列で,$X'y$は要因と特性の積和行列である。$X'Xb = X'y$を要素で表すと(6.7)式になる。

$$\begin{pmatrix} n & \sum_{i=1}^{n} x_{1i} & \sum_{i=1}^{n} x_{2i} & \cdots & \sum_{i=1}^{n} x_{pi} \\ \sum_{i=1}^{n} x_{1i} & \sum_{i=1}^{n} x_{1i}^2 & \sum_{i=1}^{n} x_{1i} x_{2i} & \cdots & \sum_{i=1}^{n} x_{1i} x_{pi} \\ \sum_{i=1}^{n} x_{2i} & \sum_{i=1}^{n} x_{1i} x_{2i} & \sum_{i=1}^{n} x_{2i}^2 & \cdots & \sum_{i=1}^{n} x_{2i} x_{pi} \\ \vdots & \vdots & \vdots & \ddots & \vdots \\ \sum_{i=1}^{n} x_{pi} & \sum_{i=1}^{n} x_{1i} x_{pi} & \sum_{i=1}^{n} x_{2i} x_{pi} & \cdots & \sum_{i=1}^{n} x_{pi}^2 \end{pmatrix} \begin{pmatrix} b_0 \\ b_1 \\ b_2 \\ \vdots \\ b_p \end{pmatrix} = \begin{pmatrix} \sum_{i=1}^{n} y_i \\ \sum_{i=1}^{n} y_i x_{1i} \\ \sum_{i=1}^{n} y_i x_{2i} \\ \vdots \\ \sum_{i=1}^{n} y_i x_{pi} \end{pmatrix} \quad (6.7)$$

これをbについて解く。(6.7)式に左側から$(X'X)^{-1}$を掛けて

$$b = (X'X)^{-1} X'y \quad (6.8)$$

とする。$(X'X)^{-1}$は$(X'X)$の逆行列である。(6.8)式は未知数がb_0だけの場合はyの平均を求める式になり,未知数がb_0とb_1の場合は単回帰係数を求める式になる。

(3)多重共線性と変数選択

求めた偏回帰係数を解釈する場合,要因間には相互に強い相関関係を持たないことが前提である。偏回帰係数は他の要因をある値(例えば平均)に固定したときに,当該要因が1単位増加したら,特性がどれだけ変化するかを示す値である。このとき,要因間に強い相関関係があると,このような解釈は弱まってしまう。他の要因を固定したまま当該要因だけを増加させるということは概念では自然なことであるが,実際には相関関係の真の原因が不明であることが多く,一方の要因だけを固定することは現実的に難しい。したがって,本来データの持つ相関構造を打ち消し人為的に解釈することは無意味であり,非現実的なのである。

ところで,偏回帰係数を推定するために$(X'X)^{-1}$を計算するが,この計算は強い相関構造により不安定となる。偏回帰係数の推定精度も悪化し信憑性が失われる。このような状況を**多重共線性**が起きたと言う。多重共線性は,

6.2 特性のばらつきを要因で説明する重回帰分析

■最小2乗法

$\bar{y}$ の平均：$\sum_{i=1}^{n} \{y_i - f(y)\}^2 = \sum_{i=1}^{n} \{y_i - b_0\}^2 = \sum_{i=1}^{n} y_i^2 - 2b_0 \sum_{i=1}^{n} y_i + nb_0^2 \to \min$

微分して 0 と置く：$nb_0 = \sum_{i=1}^{n} y_i \to b_0 = \sum_{i=1}^{n} y_i/n = \bar{y}$

単回帰分析：$\sum_{i=1}^{n} \{y_i - f(y)\}^2 = \sum_{i=1}^{n} \{y_i - (b_0 + b_1 x_i)\}^2$

$\qquad = \sum_{i=1}^{n} y_i^2 - 2b_0 \sum_{i=1}^{n} y_i - 2b_1 \sum_{i=1}^{n} x_i y_i + \sum_{i=1}^{n} (b_0 + b_1 x_i)^2 \to \min$

偏微分して 0 と置く：$nb_0 + b_1 \sum_{i=1}^{n} x_i = \sum_{i=1}^{n} y_i \to b_0 = -(S_{xy}/S_{xx})\bar{x} + \bar{y}$

$\qquad b_0 \sum_{i=1}^{n} x_i + b_1 \sum_{i=1}^{n} x_i^2 = \sum_{i=1}^{n} x_i y_i \to b_1 = S_{xy}/S_{xx}$

■(6.7)式の意味

$$\begin{pmatrix} 1と2乗和 & 1とx_1積和 & 1とx_2の積和 & \cdots & 1とx_pの積和 \\ 1とx_1の積和 & x_1の2乗和 & x_1とx_2の積和 & \cdots & x_1とx_pの積和 \\ 1とx_2の積和 & x_1とx_2の積和 & x_2の乗和 & \cdots & x_2とx_pの積和 \\ \vdots & \vdots & \vdots & \ddots & \vdots \\ 1とx_pの積和 & x_1とx_pの積和 & x_2とx_pの積和 & \cdots & x_pの2乗和 \end{pmatrix} \begin{pmatrix} b_0 \\ b_1 \\ b_2 \\ \vdots \\ b_p \end{pmatrix} = \begin{pmatrix} 1とyの積和 \\ yとx_1の積和 \\ yとx_2の積和 \\ \vdots \\ yとx_pの積和 \end{pmatrix}$$

表6.2 VIFの値とその判断

VIF	当該要因と他の要因との重相関係数	判断の指針
1.0	$R^2 = 0.0$	独立関係
2.0	$R^2 = 0.7$	中程度の間接効果の受け渡し
2.7	$R^2 = 0.8$	やや強い間接効果の受け渡し
5.0	$R^2 = 0.9$	多重共線性の予感

■固有値の比による多重共線性の判断

$\qquad 1 \leq$ （最大固有値 / 最小固有値） $< 100 \qquad$ 良好な状態

$\qquad 100 \leq$ （最大固有値 / 最小固有値） $< 1000 \qquad$ 多重共線性の予感

$\qquad 1000 \leq$ （最大固有値 / 最小固有値） $\qquad\qquad\qquad$ 強い多重共線性の予感

Ⓐ使用する観測値の収集方法により要因の変動する領域が小さい場合
Ⓑ要因そのものの持つ構造上の問題(1次従属な関係)
Ⓒ要因を必要以上にモデルに取り込む場合

によって生じる。多くは変数選択により回避でき，多重共線性のリスクは選択された要因のVIFの値により判断できる。表6.2にVIFの値とその判断基準を示す。VIFの値が1のときは他の要因との相関がないことを意味し，1より大きくなるほど他の要因との相関が強くなる。他の要因と当該要因との寄与率をR_{ii}とすると，$VIF = 1/(1-R_{ii})$という関係がある。モニタリングでは相関係数や散布図行列から相関係数$r_{ij} = \pm 1$に近い要因組を探す。多重共線性を防ぐ意味で，このような要因組はあらかじめ一方を回帰分析から除外するか，注意を払って変数選択する。組成比のように，いくつかの要因を加えると1あるいは定数となる場合は相関係数からは線形従属を見抜けない。この場合は主成分分析を利用する。線形従属の場合は固有値が0になる成分が見つかる。

多重共線性の挙動について『アルコール』^{U}で確認しよう。特性は各物質の沸点℃で，要因はCの数・Hの数・OHの数・鎖の数・分子量(g/mol)である。OHの数はすべての個体で1なので，重回帰分析の要因に取り上げる意味がない。分析の目的は沸点(℃)の予測式を作ることである。表6.3に基本統計量を，表6.4に相関係数を，図6.5に散布図行列を示す。表6.4の相関係数行列から鎖の数を除き，要因間および要因と特性との間に強い正相関がある。主成分分析を使い固有値を調べる。図6.6に示すように第4固有値が0なので，線形従属が認められる。本例ではCの数とHの数がわかれば分子量(g/mol)が決まるのである。表6.5はすべての要因をモデルに取り込んだ場合の偏回帰係数の推定値とVIFなどである。VIFは鎖の数を除くと5をはるかに超える値だから，多重共線性のリスクが高い。このようなモデルの推定値は不安定になるので，変数選択によって予測に対して冗長な要因をモデルから除外する。

実際に変数選択の過程を示す。表6.6の①は変数選択のスタート時の状態で，切片だけのモデル$\hat{y}=\bar{y}$である。この状態が帰無仮説H_0「要因群は特性に何ら影響を与えない」である。帰無仮説H_0のSSE❶は特性yの平方和115577

6.2 特性のばらつきを要因で説明する重回帰分析

表6.3 アルコールの基本統計量

列	N	自由度	平均	標準偏差	合計	最小値	最大値
Cの数	20	19.00	6.9500	4.9575	139.000	1.0000	24.0000
Hの数	20	19.00	14.4000	10.1794	288.000	3.0000	49.0000
鎖の数	20	19.00	1.1500	0.5871	23.0000	0.0000	2.0000
分子量	20	19.00	114.850	69.7101	2297.00	32.0000	355.000
沸点	20	19.00	165.500	77.9936	3310.00	65.0000	395.000

表6.4 アルコールの相関係数

	Cの数	Hの数	鎖の数	分子量	沸点
Cの数	1.0000	0.9839	-0.1419	0.9997	0.9765
Hの数	0.9839	1.0000	-0.0370	0.9883	0.9429
鎖の数	-0.1419	-0.0370	1.0000	-0.1267	-0.2764
分子量	0.9997	0.9883	-0.1267	1.0000	0.9732
沸点	0.9765	0.9429	-0.2764	0.9732	1.0000

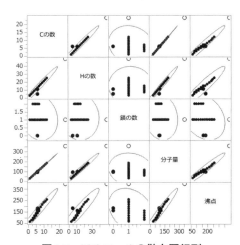

図6.5 アルコールの散布図行列

番号	固有値	寄与率	20 40 60 80	累積寄与率
1	2.9969	74.922		74.922
2	0.9909	24.772		99.694
3	0.0122	0.306		100.000
4	0.0000	0.000		100.000

図6.6 アルコールの主成分分析の結果

である。DFE(❷)は残差の自由度で，全データ $n = 20$ から y の平均の情報の1を引いた19である。RMSE(❸)は残差の標準偏差で，平方和を自由度で割って平方根をとった値，77.994である。(6.9)式のR2乗(❹)が寄与率で，y の平方和を分母とし重回帰モデルの平方和を分子とした値である。(6.10)式の**自由度調整R2乗**(❺)は冗長な要因をモデルに取り込んだ場合にペナルティを課した寄与率である。変数選択では自由度調整R2乗の変化に着目する。

$$R2乗 = 1 - S_e/S_T = 1 - (残差の平方和 / y の平方和) \quad (6.9)$$
$$自由度調整 R2乗 = 1 - V_e/V_T = 1 - (残差の分散 / y の分散) \quad (6.10)$$

推定値(❻)は165.5で，この値が特性の平均である。各要因の平方和(❼)は要因ごとの単回帰式の効果である。F 値は残差の平均平方と単回帰式の効果の比である。Cの数の F 値を計算すると $(110202.6/1)/(115577-110202.6)/18) = 369.091$(❽)である。この F 値に対応する上側確率が p 値で，その意味は「帰無仮説 H_0 の下で標本として得られた分散比が369.091倍以上となる確率」である。その値は $1.9e-13$(❽)で1%以下である。つまり，「手持ちデータから帰無仮説 H_0 が生じる可能性はほぼない」から，対立仮説 H_1 「回帰式の効果が認められ，統計的に有意な予測式である」と考える。**表6.6**の①で F 値最大(あるいは p 値最小)のCの数をモデルに取り込む。

次に，**表6.6**の②を眺めよう。Cの数をモデルに取り込んだので，SSEは5374.4039と小さくなる。DFEは $19-1 = 18$ に，RMSEは17.27941，R2乗は0.9535に，自由度調整R2乗は0.9509に，モデルの自由度は2となる(❾)。ここで，F 値最大(あるいは p 値最小)のCの数をモデルに採択したら，Hの数と分子量(g/mol)の F 値が小さく，鎖の数の F 値が大きくなる(❿)。まだ，取り込まれていない要因の p 値はいずれも0.05よりも小さい。Cの数をモデルに採択した状態で，F 値最大(あるいは p 値最小)の鎖の数をモデルに追加する。さらに，**表6.6**の③を眺めよう。2つの要因がモデルに採択されたので，モデルは，R2乗や自由度調整R2乗などが向上している(⓫)。

残りの要因はHの数と分子量である。p 値は0.25以上(⓬)であるから，ここで変数選択を終了する。**表6.7**は変数選択された重回帰式の偏相関係数の推

6.2 特性のばらつきを要因で説明する重回帰分析

表6.5 フルモデルの推定値・VIFなど

項	推定値	標準誤差	t値	p値(Prob>|t|)	❶ VIF
切片	1630.4828	131.1552	12.43	<.0001 *	
Cの数	1131.2123	94.18803	12.01	<.0001 *	208816.48
Hの数	91.044314	7.833622	11.62	<.0001 *	6090.1757
鎖の数	-14.09899	2.168762	-6.50	<.0001 *	1.5529876
分子量	-92.48352	7.821011	-11.83	<.0001 *	284691.34

表6.6 3要因を取り込んだときの重回帰分析の結果

①

		❶ SSE	❷ DFE	❸ RMSE	❹ R2乗	❺ 自由度調整R2乗	Cp	p
		115577	19	77.993589	0.0000	0.0000	5808.0528	1

		❻ パラメータ	推定値	自由度	❼ 平方和	"F値"	"p値(Prob>F)"
☑	☑	切片	165.5	1	0	❽ 0.000	1
☐	☐	Cの数	0	1	110202.6	369.091	1.9e-13
☐	☐	Hの数	0	1	102764.2	144.368	4.9e-10
☐	☐	鎖の数	0	1	8830.573	1.489	0.23811
☐	☐	分子量	0	1	109469.6	322.633	6.1e-13

②

❾ SSE	DFE	RMSE	R2乗	自由度調整R2乗	Cp	p
5374.4039	18	17.27941	0.9535	0.9509	254.91516	2

		パラメータ	推定値	自由度	平方和	"F値"	"p値(Prob>F)"
☑	☑	切片	58.7309134	1	0	0.000	1
☐	☑	Cの数	15.3624585	1	110202.6	369.091	1.9e-13
☐	☐	Hの数	0	1	1151.637	❿ 4.636	0.04595
☐	☐	鎖の数	0	1	2240.116	12.150	0.00283
☐	☐	分子量	0	1	1431.672	6.173	0.02368

③

⓫ SSE	DFE	RMSE	R2乗	自由度調整R2乗	Cp	p
3134.2877	17	13.578287	0.9729	0.9697	143.99446	3

		パラメータ	推定値	自由度	平方和	"F値"	"p値(Prob>F)"
☑	☑	切片	82.3985785	1	0	0.000	1
☐	☑	Cの数	15.0483833	1	103612.1	561.980	1.8e-14
☐	☐	Hの数	0	1	62.7602	⓬ 0.327	0.57542
☐	☑	鎖の数	-18.682472	1	2240.116	12.150	0.00283
☐	☐	分子量	0	1	157.0722	0.844	0.37186

表6.7 変数選択された重回帰分析の結果

項	推定値	標準誤差	t値	p値(Prob>|t|)	⓭ VIF
切片	82.398579	8.625155	9.55	<.0001 *	
Cの数	15.048383	0.634789	23.71	<.0001 *	1.0205621
鎖の数	-18.68247	5.359744	-3.49	0.0028 *	1.0205621

定値や VIF などである。**表6.7** の VIF(❸)から，モデルに取り込まれた2つの要因間には相関がほとんどない。なお，JMP では統計的規則に沿った変数選択オプションが複数用意されている。オプションの使い方を 6.3 節で紹介する。

(4) データ診断

　重回帰分析で扱うデータには少数の個体の影響により，不当にモデルが歪められる場合がある。分析者はデータそのものに潜む構造を素直に受け止める立場をとり，得られたモデルの評価をデータ自身に語らせることが重要である。モデルの評価は**回帰診断**と呼ばれ，回帰診断は，Ⓐ**構造診断**，Ⓑ**モデル診断**，Ⓒ**データ診断**で構成される。構造診断の中心的な議論は変数選択と多重共線性である。構造診断に関しては『アルコール』の例で説明したとおりである。モデル診断はモデルの前提条件がデータの構造によって崩れていないかどうかを調べるもので，**残差分析**が中心である。残差分析は 6.3 節で述べる。データ診断は要因側の診断・特性の診断・両方の合併症の3種類があり，いずれも個体に対するものである。要因側の診断の中心をなすのは**高テコ比**の抽出，いわば要因側の外れ値を摘出することである。要因側の外れ値は，データ分析全体への影響が大きく，その1個の個体を除外することによって分析精度などが変わる。高テコ比によりモデルの普遍性の問題が取りざたされる。テコ比は推定値が実質的に何個の個体で推定されたかを示すものの逆数である。数学的に $\hat{y}$ が実測値の線形結合として表させることから，その係数を使い推定に影響を与えた実質的な個数がわかる。テコ比が大きいことは，その個体の予測精度が悪いことを意味する。高テコ比はテコ比の箱ヒゲ図により摘出可能である。Huber(1981)の指標はテコ比に対するリスクを調べたものである。一方，特性の診断は外れ値検定に代表される診断である。**外れ値**の存在は，偏回帰係数，R2乗に影響を与える。日常的に外れ値は，統計的あるいは主観的に摘出されているので理解しやすいだろう。この診断には**スチューデント化された残差**を使う。この値は回帰式からの残差が観測地点で等分散ではないので，それを標準化したものである。

■テコ比に対する Huber の指標

		テコ比 h_{ii}	< 0.2	安全
0.2	≦	テコ比 h_{ii}	< 0.5	要注意
0.5	≦	テコ比 h_{ii}		可能なら分析から除外

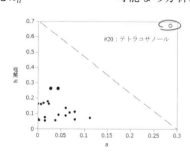

図6.7　L−Rプロット

表6.8　#20を除外した場合の重回帰モデルの推定値

項	推定値	標準誤差	t値	p値(Prob>|t|)	VIF
切片	61.156385	3.689393	16.58	<.0001*	.
Cの数	18.442834	0.391004	47.17	<.0001*	1.0259857
鎖の数	-16.7226	1.941731	-8.61	<.0001*	1.0259857

■残差 ε_i についての仮定と診断方法

普遍性　　：残差の期待値は 0 である　　$E[\varepsilon] = 0$
　　　　　　⇒最小 2 乗法では残差の平均は 0 である

等分散性：残差の分散は一定である　　$V[\varepsilon] = \sigma^2$
　　　　　　⇒横軸に予測値 $\hat{y}$，縦軸にスチューデント化された残差を取った散布図で確認する

独立性　　：残差は互いに独立である　　$Cov[\varepsilon_i, \varepsilon_{i'}] = 0 \quad (i \neq i')$
　　　　　　⇒ダービン・ワトソン比などで確認する

正規性　　：残差は正規分布に従う　　$\varepsilon \sim N(0, \sigma^2)$
　　　　　　⇒残差のヒストグラムや正規確率プロットで確認する

両者の性質を持つ観測点は**高影響点**と呼ばれ，高影響点は回帰モデル全般に影響を与える。高影響点の摘出には**スチューデント化された残差とテコ比**の散布図や **L−R** プロットを活用する。L−R プロットは，(6.11)式で示す残差の2乗 e_i^2 を残差平方和 S_e で割った a_i を横軸に取り，縦軸にテコ比を取った散布図である。

$$a_i = e_i^2 / \sum_{i=1}^{n} e_i^2 \tag{6.11}$$

散布図上で高テコ比と外れ値を結ぶ斜辺上にある個体は，それを取り除くと回帰モデルが変化する高影響点の可能性を持つ。**図6.7** は『アルコール』のL−R プロットである。#20 が高影響点（高テコ点かつ外れ値）である。#20 を分析から除外して，再分析した結果を**表6.8** に示す。**表6.7** と**表6.8** で偏回帰係数の差異を見比べてほしい。他の個体に較べて #20（テトラコサノール）の分子量（g/mol）があまりに重かったのである。

操作 **6.1：アルコールのフルモデル**

①『アルコール』^{U} を読込み，＜分析＞⇒＜モデルのあてはめ＞を選ぶ。

②ダイアログの＜列の選択＞で沸点を選び＜Y＞を押す。

③＜列の選択＞で Ctrl を押しながら C の数・H の数・鎖の数・分子量を選び＜追加＞を押す。

④＜実行＞を押す。

⑤出力ウィンドウの＜パラメータ推定値＞の表を右クリックし，＜列＞⇒＜VIF＞を選ぶ（#20 を除外すると＜バイアスあり＞の警告（多重共線性）が出る）。

操作 **6.2：アルコールの変数選択**

①操作 6.1 の①〜③を実行する。

②＜手法＞の＜標準最小2乗＞を押し＜ステップワイズ法＞を選び，＜実行＞を押す。

③ダイアログの＜現在の推定値＞のブロックで，F 値最大（p 値最小）の C の数左の追加列の□を押す（✔ が入る）。

表6.9　IC設計の基本統計量

単変量の基本統計量

列	N	自由度	平均	標準偏差	合計	最小値	最大値
GOT	75	74.00	850.000	7.8843	63750.0	840.000	860.000
PB	75	74.00	30.0267	1.5937	2252.00	28.0000	32.0000
RDT	75	74.00	899.600	7.7877	67470.0	890.000	910.000
PE	75	74.00	0.5000	0.0394	37.5000	0.4500	0.5500
SW	75	74.00	1500.00	157.686	112500	1300.00	1700.00
PM	75	74.00	8013.33	393.986	601000	7500.00	8500.00
M1-2	75	74.00	4020.00	397.968	301500	3500.00	4500.00
RSP	75	74.00	31.0675	1.7269	2330.06	27.1800	34.1000

表6.10　IC設計の相関係数

相関

	GOT	PB	RDT	PE	SW	PM	M1-2	RSP
GOT	1.0000	0.0215	0.0000	0.0217	0.0435	-0.0653	-0.0215	0.2388
PB	0.0215	1.0000	0.0880	0.0000	-0.2796	0.1286	0.1057	-0.0686
RDT	0.0000	0.0880	1.0000	-0.0000	0.0000	0.0018	0.0026	-0.9250
PE	0.0217	0.0000	-0.0000	1.0000	-0.0217	-0.0218	0.0431	-0.1225
SW	0.0435	-0.2796	0.0000	-0.0217	1.0000	-0.0218	0.0215	-0.0423
PM	-0.0653	0.1286	0.0018	-0.0218	-0.0218	1.0000	-0.0448	-0.0214
M1-2	-0.0215	0.1057	0.0026	0.0431	0.0215	-0.0448	1.0000	-0.0163
RSP	0.2388	-0.0686	-0.9250	-0.1225	-0.0423	-0.0214	-0.0163	1.0000

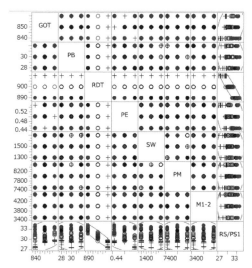

図6.8　IC設計の散布図行列

④同様に F 値最大（p 値最小）の鎖の数左の追加列の□を押す（✓ が入る）。

⑤選択外の要因の p 値を確認したら＜モデルの実行＞を押す。

⑥出力ウィンドウの＜パラメータ推定値＞の表を右クリックし，＜列＞
　⇒＜VIF＞を選ぶ。

6.3　重回帰分析の手順

　重回帰分析の一般的な分析手順を，『IC 設計』[U] を使って以下に示す。JMPで重回帰分析を行うには＜分析＞⇒＜モデルのあてはめ＞を利用する。

手順1：変数の役割設定

　目的の特性に影響を与える要因を列挙する。この場合，特性要因図や連関図などを活用し，主要な要因とセットでデータを収集する。特性を制御することが目的の場合は**制御因子**（分析者がその値を自由に統制できる要因）を取り上げる。その際，制御因子と**中間特性**を同時に扱わないことである。要因側に中間特性を混在させると結果の解釈や制御に混乱を生じる恐れがある。予測が目的の分析でも要因に中間特性を使う場合には疑似相関が生じないように変数を選ぶ。特性は連続尺度の変数を選ぶ。本例では特性に RSP を選ぶ。要因側には GOT〜M1−2 の7変数を使う。いずれも設計者が制御可能な要因である。

手順2：モニタリング

　重回帰分析を行う前に，データのモニタリングを行う。知見やデータの様子から**変数変換**が必要な場合がある。例えば，消費支出や可処分所得などを実質で分析したいならば物価指数で割っておく。あるいは，真円度や抵抗値，寿命など負の値を取らない要因は対数変換をするなどである。モニタリングによって，発見された外れ値には色やマーカーを付ける。**マハラノビス距離**を使い，高テコ比の個体も同様に分別しておく。特性と要因について基本統計量や相関係数および散布図行列などで，データのばらつきや相関の状態を調べる。**表6.9**に基本統計量，**表6.10** に相関係数，**図6.8** に散布図行列を示す。**図6.8** でわかるように，GOT の値で色を，RDT の値でマーカーを変えている。7つの要因はいずれも3条件（水準）の水準値である。要因側で相関係数の絶対値が大き

6.3 重回帰分析の手順

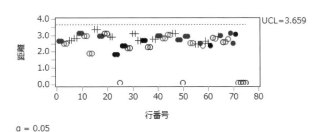

$a = 0.05$

図6.9　要因側のマハラノビス距離

図6.10　ナルモデルの状態

■ ナルモデル

帰無仮説 H_0：すべての要因は <u>RSP</u> に影響を与えない

い組は特になく，特性 RSP との相関が大きいものは，RDT だけである。図**6.9** のマハラノビス距離による外れ値分析でも高テコ比の個体はないようである。

手順3：ナルモデルと変数選択

すべての要因をモデルに採択すると，要因間の相関の影響で特性を説明するのに冗長となる要因が含まれる場合がある。不必要に要因を取り込むと，本質的な予測精度が下がり，多重共線性のリスクも増える。適切に要因を選ぶ過程が変数選択である。JMP の変数選択では，＜停止ルール＞と＜方向＞の2つを設定する必要がある。＜停止ルール＞にはビッグデータや大標本に対応した最小BICや小標本に役立つ**閾値p値**などがある。ここでは閾値p値を紹介する。また，＜方向＞とは変数選択する方法を意味し，全要因から1つずつ要因を除外する変数減少法やゼロから1つずつ要因を追加する変数増加法がある。この2つの方法の良いところを組合せた**変数増減法**を推挙する。＜停止ルール＞を与えれば，JMP が自動的に好ましい要因を選ぶ。実務では統計的基準以外にどうしてもモデルに取り入れたい要因が存在することがある。その場合は，分析者が統計情報や知見により手動で変数選択（操作6.2を参照）を行うとよい。

『IC 設計』では変数選択に＜閾値 p 値＞で＜変数増減＞を用いて，＜停止ルール＞で p 値 0.25 に設定（図**6.10** の❶）する。「p 値が0.25」というのは経験的な目安である。この方法は**ナルモデル**，

$$y_i = \beta_0 + \varepsilon_i \quad (i = 1, 2, \cdots, n) \tag{6.12}$$

から出発する。ナルモデルとは，要因が1つも取り込まれていないモデルである。β_0 の推定には特性，RSP の平均を使う。このときの総平方和 S_T は（RSP の平方和 S_{yy}）= 220.685 であり，残差の自由度（DEF）は $\phi_T = n - 1 = 74$ である。また，RSP の平均は $\bar{y} = 31.067$ だから，

$$y_i = 31.067 + e_i \quad (\hat{\beta}_i = \bar{y}) \tag{6.13}$$

をナルモデルとする。ナルモデルが選択された状態を図**6.10**に示す。

この状態から変数選択を始める。すべての要因の中で特性を予測するのに最も効果の高い要因を1つ選ぶ。本例では，図**6.10**から最大の F 値（❷）= 432.692 である RDT を選ぶ。F 値は以下の考え方で計算する。y の平方和は

6.3 重回帰分析の手順

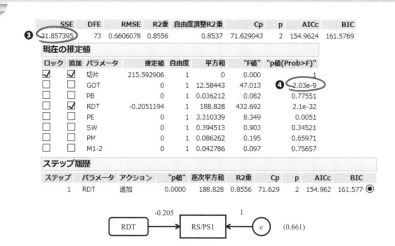

図6.11 RDT(℃)を採択した状態

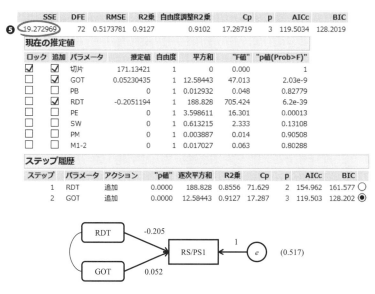

図6.12 GOT(℃)を追加した状態

$S_{yy} = S_T = 220.685$ であった．モデル 1 の回帰式は，

$$\hat{y}_i = 215.593 - 0.205\, RDT \tag{6.14}$$

だから，モデル 1 の残差平方和は $S_{e(1)} = 31.857$ (❸) と求まる．また，モデル 1 の残差の自由度は，回帰式の係数 2 つ分を引いた $\phi_{e(1)} = n - 2 = 73$ である．ここで，モデル 1 による改善効果を (6.15) 式の分散比で評価する．

$$F = \frac{(S_T - S_{e(1)})/(\phi_T - \phi_{e(1)})}{S_{e(1)}/\phi_{e(1)}} = \frac{(220.685 - 31.857)/(74 - 73)}{31.857/73} = 432.692 \tag{6.15}$$

この値が F 値である．F 値はナルモデルが正しいときに自由度 $(\phi_T - \phi_{e(1)}, \phi_{e(1)})$ の F 分布に従う．このことを利用して，F 値に対応する p 値を計算するのである．p 値が設定した 0.25 以下のときにモデル 1 を採択する．仮に，すべての要因の F 値が 2 未満（p 値が 0.25 以上）であればナルモデルを採択し，変数選択を終了する．

次に，(6.16) 式に示す 2 要因モデルを考える．

$$y_i = \beta_0 + \beta_1 x_{i1} + \beta_j x_{ij} + \varepsilon_i \tag{6.16}$$

モデル 1 に要因 x_j を追加するかどうかを (6.17) 式に示す F 値から判断する．モデル 2 のもとで求めた残差平方和を $S_{e(2)}$ (❺) とする．これをモデル 1 の下で求めた残差平方和 $S_{e(1)}$ (❸) と比較し，F 値が最大の x_j を採択する．

$$F = \frac{(S_{e(1)} - S_{e(2)})/(\phi_{e(1)} - \phi_{e(2)})}{S_{e(2)}/\phi_{e(2)}} = \frac{(31.857 - 19.273)/(73 - 72)}{19.273/72} = 47.013 \tag{6.17}$$

モデル 1 が正しい下で F 値は $F(\phi_{e(1)} - \phi_{e(2)}, \phi_{e(2)})$ に従うので，p 値が設定した 0.25 以下のときにモデル 2 を採択する．0.25 以下の F 値となる要因が存在しない場合には，モデル 1 を採用して変数選択を終了する．(6.17) 式は，モデル 1 からモデル 2 に変更することによる残差平方和の減少度を測っており，残差平方和 $S_{e(2)}$ との相対的な改善度を評価するものである．図 6.11 で F 値に対応する p 値 (❹) より，モデル 1 に追加する要因は <u>GOT</u> である．<u>GOT</u> を追加した，

$$\hat{y}_i = 19.273 - 0.205\, RDT_i + 0.052\, GOT_i \tag{6.18}$$

をモデル 2 とする．<u>RDT</u> と <u>GOT</u> との相関は 0 であったから，<u>GOT</u> が採択さ

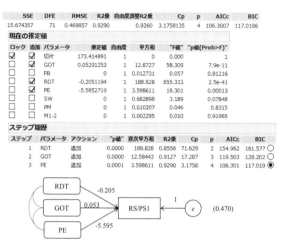

図6.13　PEを追加した状態

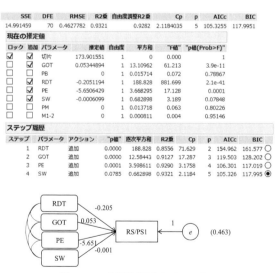

図6.14　変数選択されたモデル

れても，RDT の偏回帰係数は変化しない（図 **6.11** と図 **6.12** を比較せよ）。

さらに，p 値の小さい PE を取り込むと図 **6.13** が得られる．最後に，図 **6.14** に示すように SW を取り込んで変数選択を終了する．本例では要因間の相関が小さかったので，要因が一度モデルに取り込まれると他の要因が取り込まれた影響でモデルから除去されるようなことはなかった．

手順 4：データ診断

選択した重回帰モデルのデータ診断を行う．データ診断などで除去された個体は，除去理由などを含め報告書に記述する．「データ診断では実質的なチェックを入れ」，万全でなければ手順 2 や手順 3 に戻り再検討する．本例は計画的にデータが採られているのでテコ比の大きな個体はない．図 **6.15** のスチューデント化残差を見ると ♯59 の個体が外れ値の候補である．図 **6.16** の L−R プロットから，♯59 は残差平方和の 15% 弱を占める外れ値であった．

手順 5：モデル診断

モデル診断を行う．モデル診断では残差分析によりモデルの前提条件がデータの構造によって崩れていないかどうかを診断する．本例では ♯59 の個体を分析から除外した分析結果に対してモデル診断を行う．図 **6.17** が ♯59 を分析から除外した場合の結果である．♯59 を除外すると，自由度調整 R2 乗や残差の標準偏差などが向上する．加えて，選択された 4 要因の VIF はすべてがほぼ 1 であるから，他の要因との相関の影響を考慮しなくてもよい．

次に，正規性や等分散性を確認する．図 **6.18** 左は残差のヒストグラムで，中央は正規確率プロットである．図 **6.18** 右の Shapiro–Wilk の適合度検定の結果は危険率 $a = 5\%$ で有意差が認められないので，残差は正規分布に従っていると判断する．また，図 **6.19** は予測値と残差のプロットである．図 **6.19** からは予測値が大きくなるにしたがって残差も大きくなるといった傾向は認められない．等分散性が成り立っていると判断する．なお，モデルの前提条件である「残差の平均は 0 である」は重回帰分析の手順に従えば前提は保証され，実際に残差の平均は 0 である．本例はランダマイズされた実験順序で得られたデータであるから，残差の独立性は成り立つと考えてよい．以上から，♯59

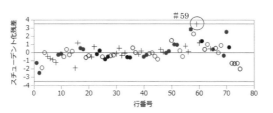

図6.15 スチューデント化残差

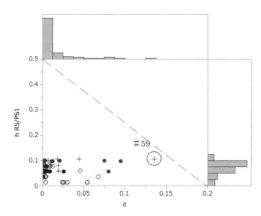

図6.16 L−Rプロット

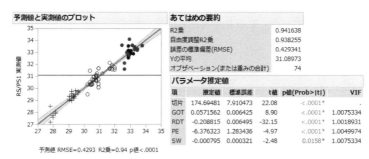

図6.17 #59を除外した場合の重回帰分析の結果

を除外して求めた，以下の重回帰式を採用する。

$$\widehat{RSP} = 174.695 + 0.057\,GOT - 0.209\,RDT - 6.376\,PE - 0.001\,SW$$

手順6：予測

　予測の妥当性について内挿テストを行い，予測式の普遍性をチェックする。寿命予測など特殊な分野での外挿は物理モデルなどを考慮し，控えめな予測をする。モデルを更新する場合は定期的に追加データを加え妥当性を評価する。

　図 **6.20** は予測プロファイルである。VIF の値から4要因間の相関はほぼ無視できるので，要因ごとに値を与えて RSP の予測をしても誤解が生じない。図 **6.20** 上は4要因の中央値で予測である。RSP の点推定値は 30.963 で，信頼率 95% の信頼区間は (30.863, 31.062) である。図 **6.20** 下は内挿で予測値が最小になる条件である。RSP の点推定値は 27.761 で，信頼率 95% の信頼区間は (37.452, 28.070) である。

|操作| **6.3：IC 設計のモニタリング**

①『IC 設計』[U] を読込み，＜分析＞⇒＜多変量＞⇒＜多変量の相関＞を選ぶ。

②ダイアログの＜列の選択＞で GOT ～ RSP までを選び＜Y, 列＞を押し＜OK＞を押す。

③出力ウィンドウの＜多変量＞左赤▼を押し，＜基本統計量＞⇒＜単変量の基本統計量＞を選ぶ。

|操作| **6.4：IC 設計の要因側の外れ値分析**

①＜分析＞⇒＜多変量＞⇒＜多変量の相関＞を選ぶ。

②ダイアログの＜列の選択＞で GOT ～ M1-2 を選び＜Y, 列＞を押し＜OK＞を押す。

③出力ウィンドウの＜多変量＞左赤▼を押し，＜外れ値分析＞⇒＜Mahalanobis の距離＞を選ぶ。

|操作| **6.5：IC 設計の重回帰分析（1）**

①＜分析＞⇒＜モデルのあてはめ＞を選ぶ。

②ダイアログの＜列の選択＞で GOT ～ M1-2 を選び＜追加＞を押す。

6.3 重回帰分析の手順

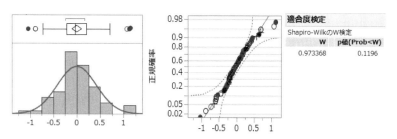

図6.18 残差プロット

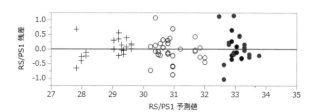

図6.19 予測値と残差のプロット

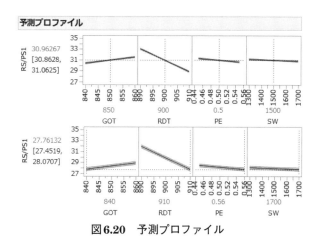

図6.20 予測プロファイル

③＜列の選択＞で RSP を選び＜Y＞を押す。

④＜手法＞の＜標準最小2乗＞を押し＜ステップワイズ法＞選び＜実行＞を押す。

⑤ダイアログの＜停止ルール＞の＜最小 BIC＞を押し＜閾値 p 値＞を選ぶ。

⑥＜方向＞の＜変数増加＞を押し＜変数増減＞を選ぶ。

⑦＜実行＞を押し変数選択が終わったら，＜モデルの実行＞を押す。

⑧出力ウィンドウの＜応答 RSP＞左赤▼を押し，＜行ごとの診断統計量＞⇒＜予測値と実測値のプロット＞を選ぶ。

⑨＜応答 RSP＞左赤▼を押し，＜行ごとの診断統計量＞⇒＜スチューデント化残差プロット＞を選ぶ。

操作 6.6：IC 設計の L-R プロット

①＜応答 RSP＞左赤▼を押し，＜列の保存＞⇒＜残差＞を選ぶ。

②①と同様な操作で＜列の保存＞⇒＜ハット＞を選ぶ。

③データテーブルで＜列＞⇒＜列の新規作成＞を選ぶ。

④ダイアログの列名に＜a＞と入力し＜OK＞を押す。

⑤列名の a を右クリックし計算式を選ぶ。

⑥計算式のダイアログの ÷ を押す。

⑦＜▼12 列＞から残差 RSP をクリックし分子に設定する。

⑧手順⑦の状態で x^y を押し，乗数に＜2＞を入力する。

⑨計算式の分母に残差平方和＜14.99146＞を入力し＜OK＞を押す。

$$\frac{残差 RSP^2}{14.99146}$$

⑩＜分析＞⇒＜二変量の関係＞を使い，横軸に a を縦軸に hRSP を取り，散布図を描画させる。

⑪図 6.16 を参考に縦軸，横軸の描画範囲を変更する（軸をダブルクリックすると軸の設定を行うウィンドウが表示される）。

操作 6.7：IC 設計の重回帰分析（2）

①データテーブルで外れ値の ♯59 を選び，＜行＞⇒＜非表示かつ除外＞を

6.3 重回帰分析の手順

表6.11 セメントの基本統計量

列	N	自由度	平均	標準偏差	合計	最小値	最大値
アルミン酸3カルシウム	13	12.00	7.4615	5.8824	97.0000	1.0000	21.0000
ケイ酸3カルシウム	13	12.00	48.1538	15.5609	626.000	26.0000	71.0000
ケイ酸2カルシウム	13	12.00	11.7692	6.4051	153.000	4.0000	23.0000
アルミノ亜鉄酸カルシウム	13	12.00	30.0000	16.7382	390.000	6.0000	60.0000
放出熱量(cal/g)	13	12.00	95.4231	15.0437	1240.50	72.5000	115.900

表6.12 セメントの相関係数

	アルミン酸3カルシウム	ケイ酸3カルシウム	ケイ酸2カルシウム	アルミノ亜鉄酸カルシウム	放出熱量(cal/g)
アルミン酸3カルシウム	1.0000	0.2286	-0.8241	-0.2454	0.7307
ケイ酸3カルシウム	0.2286	1.0000	-0.1392	-0.9730	0.8163
ケイ酸2カルシウム	-0.8241	-0.1392	1.0000	0.0295	-0.5347
アルミノ亜鉄酸カルシウム	-0.2454	-0.9730	0.0295	1.0000	-0.8213
放出熱量(cal/g)	0.7307	0.8163	-0.5347	-0.8213	1.0000

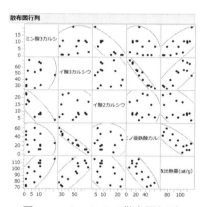

図6.21 セメントの散布図行列

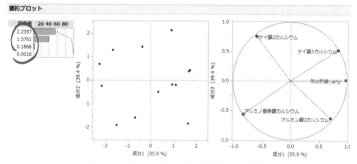

図6.22 セメントの主成分分析の結果

選ぶ.
② <分析> ⇒ <モデルのあてはめ> を選ぶ.
③ ダイアログの <列の選択> で GOT 〜 RM1-2 を選び <追加> を押す.
④ <列の選択> で RSP を選び <Y> を押す.
⑤ <手法> の <標準最小2乗> を押して <ステップワイズ法> 選び <実行> を押す.
⑥ ダイアログの <停止ルール> の <最小BIC> を押し <閾値p値> を選ぶ.
⑦ <方向> の <変数増加> を押し <変数増減> を選ぶ.
⑧ <実行> を押し変数選択が終わったら，<モデルの実行> を押す.
⑨ 出力ウィンドウの <パラメータ推定値> の表を右クリックし，<列> ⇒ <VIF> を選ぶ.
⑩ <応答 RSP> 左赤▼を押し <列の保存> ⇒ <残差> を選ぶ.
⑪ <分析> ⇒ <一変量の分布> を使い，残差 RSP に正規分布のあてはめを行う (<残差 RSP> 左赤▼から <連続分布のあてはめ> ⇒ <正規> を選ぶ).
⑫ <応答 RSP> 左赤▼を押し <行ごとの診断統計量> ⇒ <予測値と残差のプロット> を選ぶ.

操作 6.8：IC設計の予測

① <応答 RSP> 左赤▼を押し，<因子プロファイル> ⇒ <プロファイル> を選ぶ.
② <予測プロファイル> のブロックで各要因の赤い垂直破線を左右に動かして，RSP の予測を行う.
③ 要因名の上の赤色数字をクリックして，適当な数字を入力して予測を行う.

6.4 多重共線性の事例

変数選択の重要性についてハルド(1952)の『セメント』で学習する．特性はセメントの1gあたりの放出熱量で，要因は4つの成分量である．目的は4要因を使い放出熱量の予測式を作ることである．**表6.11** に基本統計量を，**表6.12** に相関係数を，**図6.21** に散布図行列を示す．ケイ酸3カルシウムとアルミノ

6.4 多重共線性の事例

表6.13 セメントの変数選択の変化の様子

①

SSE	DFE	RMSE	R2乗	自由度調整R2乗	Cp	p
2715.7631	12	15.043723	0.0000	0.0000	442.91669	1

		パラメータ	推定値	自由度	平方和	"F値"	"p値(Prob>F)"
☑	☑	切片	**❶** 95.4230769	1	0	0.000	1
☐	☐	アルミン酸3カルシウム	0	1	1450.076	12.603	0.00455
☐	☐	ケイ酸3カルシウム	0	1	1809.427	21.961	0.00066
☐	☐	ケイ酸2カルシウム	0	1	776.3626	4.403	0.05976
☐	☐	アルミノ亜鉄酸カルシウム	0	1	1831.896	22.799	0.00058

②

❷
SSE	DFE	RMSE	R2乗	自由度調整R2乗	Cp	p
883.86692	11	8.9639019	0.6745	0.6450	138.73083	2

		パラメータ	推定値	自由度	平方和	"F値"	"p値(Prob>F)"
☑	☑	切片	117.567931	1	0	**❸** 0.000	1
☐	☐	アルミン酸3カルシウム	0	1	809.1048	108.224	1.11e-6
☐	☐	ケイ酸3カルシウム	0	1	14.98698	0.172	0.68668
☐	☐	ケイ酸2カルシウム	0	1	708.1289	40.295	8.38e-5
☐	☑	アルミノ亜鉄酸カルシウム	-0.7381618	1	1831.896	22.799	0.00058

③

❹
SSE	DFE	RMSE	R2乗	自由度調整R2乗	Cp	p
74.762112	10	2.7342661	0.9725	0.9670	5.4958508	3

		パラメータ	推定値	自由度	平方和	"F値"	"p値(Prob>F)"
☑	☑	切片	103.097382	1	0	0.000	1
☐	☑	アルミン酸3カルシウム	1.43995828	1	809.1048	108.224	1.11e-6
☐	☐	ケイ酸3カルシウム	0	1	26.78938	**❺** 5.026	0.05169
☐	☐	ケイ酸2カルシウム	0	1	23.92599	4.236	0.06969
☐	☑	アルミノ亜鉄酸カルシウム	-0.6139536	1	1190.925	159.295	1.81e-7

④

❻
SSE	DFE	RMSE	R2乗	自由度調整R2乗	Cp	p
47.972729	9	2.308745	0.9823	0.9764	3.0182335	4

		パラメータ	推定値	自由度	平方和	"F値"	"p値(Prob>F)"
☑	☑	切片	71.648307	1	0	0.000	1
☐	☑	アルミン酸3カルシウム	1.45193796	1	820.9074	154.008	5.78e-7
☐	☑	ケイ酸3カルシウム	0.41610976	1	26.78938	5.026	0.05169
☐	☐	ケイ酸2カルシウム	0	1	0.10909	0.018	0.89592
☐	☑	アルミノ亜鉄酸カルシウム	-0.2365402	1	9.931754	**❼** 1.863	0.2054

⑤

SSE	DFE	RMSE	R2乗	自由度調整R2乗	Cp	p
47.863639	8	2.446008	0.9824	**❽** 0.9736	5	5

		パラメータ	推定値	自由度	平方和	"F値"	"p値(Prob>F)"
☑	☑	切片	62.4053693	1	0	0.000	1
☐	☑	アルミン酸3カルシウム	1.55110265	1	25.95091	4.337	**❾** 0.07082
☐	☑	ケイ酸3カルシウム	0.51016758	1	2.972478	0.497	0.5009
☐	☑	ケイ酸2カルシウム	0.1019094	1	0.10909	0.018	0.89592
☐	☑	アルミノ亜鉄酸カルシウム	-0.144061	1	0.246975	0.041	0.84407

⑥

SSE	DFE	RMSE	R2乗	自由度調整R2乗	Cp	p
47.972729	9	2.308745	0.9823	0.9764	3.0182335	4

		パラメータ	推定値	自由度	平方和	"F値"	"p値(Prob>F)"
☑	☑	切片	71.648307	1	0	0.000	1
☐	☑	アルミン酸3カルシウム	1.45193796	1	820.9074	154.008	5.78e-7
☐	☑	ケイ酸3カルシウム	0.41610976	1	26.78938	5.026	0.05169
☐	☐	ケイ酸2カルシウム	0	1	0.10909	0.018	0.89592
☐	☑	アルミノ亜鉄酸カルシウム	-0.2365402	1	9.931754	1.863	0.2054

⑦

SSE	DFE	RMSE	R2乗	自由度調整R2乗	Cp	p
57.904483	10	2.406335	0.9787	0.9744	2.6782416	3

		パラメータ	推定値	自由度	平方和	"F値"	"p値(Prob>F)"
☑	☑	切片	52.5773489	1	0	0.000	1
☐	☑	アルミン酸3カルシウム	1.46830574	1	848.4319	146.523	2.69e-7
☐	☑	ケイ酸3カルシウム	0.66225049	1	1207.782	208.582	5.03e-8
☐	☐	ケイ酸2カルシウム	0	1	9.793869	1.832	0.20889
☐	☐	アルミノ亜鉄酸カルシウム	0	1	9.931754	1.863	0.2054

亜鉄酸カルシウム，およびアルミン酸3カルシウムとケイ酸2カルシウムに負の強い相関がある．重回帰分析を行う前に，追加変数に放出熱量を設定して4要因の主成分分析の結果を図6.22に示す．第1主成分の方向に放出熱量のベクトルが配置されていることと，4要因の因子負荷量の位置関係を記憶に留めてほしい．また，第1固有値と第4固有値の比を計算すると，2.2357/0.0016 = 13973 > 1000 なので強い多重共線性を示唆している．

実際に変数選択を行う．**表6.13** の①は変数選択のスタート時の状態である．切片だけが取り込まれた $\hat{y}=\bar{y}$ のモデルである．推定値（❶）は 95.423 であるが，この値は y の平均である．**表6.13** の①で F 値最大（あるいは p 値最小）のアルミノ亜鉄酸カルシウムをモデルに取り込む．次に，**表6.13** の②を眺めよう．アルミノ亜鉄酸カルシウムをモデルに取り込んだので，SSE の値は 883.86692 と小さくなり，DFE は 12−1 = 11 に，RMSE も 8.9639019，自由度調整 R2乗が 0.6450，モデルの自由度 $p = 2$ となる（❷）．ここで，F 値最大（あるいは p 値最小）のアルミノ亜鉄酸カルシウムをモデルに採択したが，アルミン酸3カルシウムの F 値のほうが大きく（p 値は小さく）なった（❸）．両者の p 値は 0.05 よりも小さい．アルミノ亜鉄酸カルシウムをモデルに採択した状態で，アルミン酸3カルシウムをモデルに追加する．**表6.13** の③を眺めよう．2つの要因がモデルに採択されたので，モデルの状態は，R2乗や自由度調整 R2乗などから向上した（❹）．続いて，モデルに追加する要因は F 値からケイ酸3カルシウムである．p 値は 0.05169 と僅かに 5% 有意ではない（❺）．念のため，ケイ酸3カルシウムをモデルに取り込んでみる．

その結果が**表6.13** の④である．モデルの状態は，R2乗や自由度調整 R2乗などからさらに向上した（❻）．ところが，アルミノ亜鉄酸カルシウムの F 値は小さくなり p 値は 0.2054 と大きい（❼）．さらに変数選択を続ける．

F 値の小さいケイ酸2カルシウムをモデルに追加すると，**表6.13** の⑤が得られる．R2乗は少しだけ大きくなったが，自由度調整 R2乗の値は逆に 0.9736（❽）と小さくなる．これは冗長な要因を追加したことによるペナルティである．ここで，p 値を調べるといずれも 5% 有意ではなくなった（❾）．自由度調

6.4 多重共線性の事例

表6.14 PBのダミー変数

層別因子	順序尺度の場合			名義尺度の場合		
水準	28	30	32	28	30	32
d_0	1	1	1	1	0	0
d_1	0	1	1	0	1	0
d_2	0	0	1	0	0	1

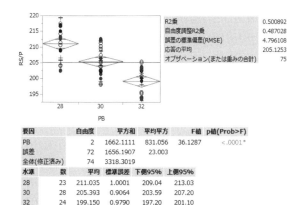

図6.23 分散分析の結果

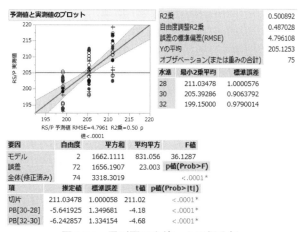

図6.24 層別因子を使った回帰分析

整R2乗の値が0.9736と高いにも関わらず，取り込まれた4つの要因のp値が5%よりも大きな値を示すのは不自然である．これは，多重共線性の影響によるものである．そこで，**表6.13**の⑥(④と一致する)に示すように，p値の大きいケイ酸2カルシウムをモデルから取り除く(❿)．さらに，p値の大きいアルミノ亜鉄酸カルシウムをモデルから取り除いて(⓫)，**表6.13**の⑦を得た．

|操作| 6.9：セメントの変数選択

① 『セメント』^{U}を読込み，<分析>⇒<モデルのあてはめ>を選ぶ．

② ダイアログの<列の選択>でアルミン酸3カルシウム〜アルミノ亜鉄酸カルシウムまでを選び<追加>を押す．

③ <列の選択>で放出熱量を選び<Y>を押す．

④ <手法>の<標準最小2乗>を押し<ステップワイズ法>を選び<実行>を押す．

⑤ ダイアログの<現在の推定値>のブロックでp値が最小のアルミノ亜鉄酸カルシウムの<追加>にチェックを入れる．

⑥ p値が最小になったアルミン酸3カルシウムの<追加>にチェックを入れる．

⑦ さらにp値が小さいケイ酸3カルシウムの<追加>にチェックを入れる．

⑧ ケイ酸2カルシウムの<追加>にチェックを入れる．

⑨ モデルに取り込んだ変数でp値が大きいケイ酸2カルシウムの<追加>のチェックを外す．

⑩ モデルに取り込んだ変数でp値が大きいアルミノ亜鉄酸カルシウムの<追加>のチェックを外し，<モデルの実行>を押す．

⑪ 出力ウィンドウの<パラメータ推定値>の表を右クリックして，<列>から<VIF>を選ぶ．

⑫ 再び②〜⑧までを繰返し<モデルの実行>を押す．

⑬ 出力ウィンドウの<パラメータ推定値>の表を右クリックし，<列>から<VIF>を選び⑪のVIFと比較する．

6.5 層別因子を含む重回帰分析の適用例

要因に層別因子（質的データ）が含まれていても，JMPでは連続尺度の要因と同じ操作で分析ができる。『IC 設計 2』[U] を例に層別因子を含む重回帰分析を紹介する。本節では要因群に GOT と PB を用いて，特性 RS/P を予測する重回帰式を考える。これまでは，PB の水準値を使って連続尺度の要因として扱ってきた。本節では PB を**層別因子**として扱う。

まず，要因に PB だけを取り上げる。分析方法で思い浮かぶのは，第1章で示した分散分析である。重回帰分析を使っても同じ結果が得られる。図**6.23** が分散分析の結果である。また，図**6.24** が重回帰分析の結果である。図**6.23** と図**6.24** とを見比べると，表示方法は異なるものの両者は一致している。では，図**6.24** はどのように計算したのだろう。層別因子を連続尺度の要因と同様に扱うには，表**6.14** を参考にして，以下のような**ダミー変数**を導入する。なお，表**6.13** の順序尺度では網掛けした第1水準は無意味なダミー変数であり，名義尺度では3つのダミー変数のうち1つは冗長なものであるから，分析には用いない。ここでは網掛けした第1水準のダミー変数を除くことにする。

$$\text{順序尺度の場合}: d_1 \begin{cases} 0 & PB = 28 \\ 1 & PB \neq 28 \end{cases} \quad d_2 \begin{cases} 0 & PB \neq 32 \\ 1 & PB = 32 \end{cases}$$

$$\text{名義尺度の場合}: d_1 \begin{cases} 1 & PB = 30 \\ 0 & PB \neq 30 \end{cases} \quad d_2 \begin{cases} 1 & PB = 32 \\ 0 & PB \neq 32 \end{cases}$$

ダミー変数を使うと，当該水準に対応する特性の平均がその他の水準に対応する特性の平均とどのくらいの差があるのかがわかる。順序尺度では要因の順序を加味したダミー変数になっている。図**6.24** の推定値を重回帰式で表すと，

$$y = 211.035 - 5.642 PB[30-28] \begin{cases} 0 & \cdots 1\text{水準} \\ 1 & \cdots 2\text{水準} \\ 1 & \cdots 3\text{水準} \end{cases} - 6.243 PB[32-30] \begin{cases} 0 & \cdots 1\text{水準} \\ 0 & \cdots 2\text{水準} \\ 1 & \cdots 3\text{水準} \end{cases}$$

となる。PB の第1水準に対する特性，RS/P の推定値は切片の 211.035 で，第2水準に対する推定値は切片の 211.035 に −5.642 を加えた 205.393 である。

第 3 水準に対する RS/P の推定値は第 2 水準に -6.243 を加えた 199.150 である。なお，PB を名義尺度にした場合の重回帰式を求めると，

$$y = 211.035 - 5.642 PB[28] \begin{cases} 0 \cdots 1水準 \\ 1 \cdots 2水準 \\ 0 \cdots 3水準 \end{cases} - 11.885 PB[30] \begin{cases} 0 \cdots 1水準 \\ 0 \cdots 2水準 \\ 1 \cdots 3水準 \end{cases}$$

となる。JMP では名義尺度の要因から自動的に，$(1, 0, -1)$ と $(0, 1, -1)$ というダミー変数を与えて，重回帰の母数を以下のように推定する。

$$y = 205.193 + 5.842 PB[28] \begin{cases} 1 \cdots 1水準 \\ 0 \cdots 2水準 \\ -1 \cdots 3水準 \end{cases} + 0.200 PB[30] \begin{cases} 0 \cdots 1水準 \\ 1 \cdots 2水準 \\ -1 \cdots 3水準 \end{cases}$$

両者の見かけ上の表記は異なるが，同じモデルである。例えば，JMP のモデルの第 3 水準の推定値は $205.193 - 5.842 - 0.200 = 199.150$ と求まる。

次に，要因側に連続尺度の GOT を加えた重回帰分析を行う。考え方は，PB の水準ごとに GOT による RS/P の回帰分析を行い，仮に回帰式の傾きが等しいならば共通のモデルで表そうというものである。図 **6.25** に示すように 3 本の回帰直線がほぼ同じ傾きを持つから，PB の水準による RS/P 平均の差は GOT の値が変わっても常に同じである。そこで，PB の水準による平均の差を切片の違いで表し，GOT の効果は PB のどの水準でも等しい傾きを持つと考えるのである。JMP では以下のようなモデルを作る。

$$y = -150.646 + 0.419 GOT + 5.851 PB[28] \begin{cases} 1 \cdots 1水準 \\ 0 \cdots 2水準 \\ -1 \cdots 3水準 \end{cases} + 0.358 PB[30] \begin{cases} 0 \cdots 1水準 \\ 1 \cdots 2水準 \\ -1 \cdots 3水準 \end{cases}$$

ところで，3 つの回帰直線が大きく異なる傾きを持っていれば，GOT と PB との間に**交互作用**があると言う。回帰モデルに交互作用を取り入れるには，以下に示すように GOT と PB との積の項を追加する。JMP では，主効果と交互作用との相関が大きくならないように，積の項では平均を引いた値を使っている。

6.5 層別因子を含む重回帰分析の適用例

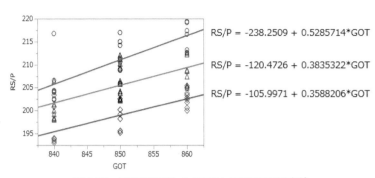

図6.25　PBで層別したGOTとRSPの回帰直線

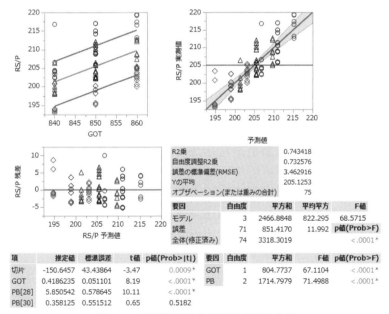

図6.26　層別因子を含む回帰分析の結果

$$y = b_0 + b_1 GOT + b_2 PB[28] \begin{cases} 1 & \cdots 1水準 \\ 0 & \cdots 2水準 \\ -1 & \cdots 3水準 \end{cases} + b_3 PB[30] \begin{cases} 0 & \cdots 1水準 \\ 1 & \cdots 2水準 \\ -1 & \cdots 3水準 \end{cases}$$

$$+ b_4 (GOT - \overline{GOT}) \times PB[28] \begin{cases} 1 & \cdots 1水準 \\ 0 & \cdots 2水準 \\ -1 & \cdots 3水準 \end{cases} + b_5 (GOT - \overline{GOT}) \times PB[30] \begin{cases} 0 & \cdots 1水準 \\ 1 & \cdots 2水準 \\ -1 & \cdots 3水準 \end{cases}$$

本例では,交互作用を追加する必要はないので,図6.26 をもう少し詳しくみよう。図6.26 左上の散布図は,GOT と RS/P の散布図で,PB の水準で同じ傾きを持つ回帰直線を引いたものである。図6.26 右上が予測値と実測値の散布図である。図6.26 左中が予測値と残差の散布図である。モデルと実測値のあてはまり(自由度調整 R2乗)は 0.73 である。残差からは構造的な問題があるようには見えない。図6.26 左下の推定値の表では,PB[30] の p 値が 0.518 と大きいが,このダミー変数が不要であると考えてはいけない。ダミー変数は要因の要素であるから,PB[28] と PB[30] は,1 つのセットとして考えるのである。図6.26 右下の要因の効果をみよう。要因 PB は p 値から危険率 1% で高度に有意である。

|操作| 6.10:IC 設計 2 の層別因子を含む回帰分析

① 『IC 設計 2』^{U} を読込み,<テーブルパネル> PB 左の青◢を右クリックし,<連続尺度>から<順序尺度>に変更する。

② <分析>⇒<二変量の関係>を選ぶ。

③ ダイアログの<列の選択>で RS/P を選び<Y,目的変数>を押す。

④ <列の選択>で PB を選び<X,説明変数>を押し<OK>を押す。

⑤ 出力ウィンドウの<PBによる…>左赤▼を押し<平均/ANOVA>を選ぶ。

⑥ <分析>⇒<モデルのあてはめ>を選ぶ。

⑦ ダイアログの<列の選択>で RS/P を選び<Y>を押す。

⑧ <列の選択>で PB を選び<追加>を押し,<実行>を押す。

⑨ 出力ウィンドウで<パラメータ推定値>左の▷を押し,結果を表示させる。

⑩ PB を順序尺度から名義尺度に変えて⑥~⑨を繰り返し,結果を比較する。

6.5 層別因子を含む重回帰分析の適用例

操作 6.11：IC 設計 2 のダミー変数

① データテーブルで列名の d1 を右クリックして<計算式>を選ぶ。
② 計算式を確認したら<OK>を押す。
③ d2 についても同様に①，②を繰り返す。
④ <分析>⇒<モデルのあてはめ>を選ぶ。
⑤ ダイアログの<列の選択>で RS/P を選び<Y>を押す。
⑥ <列の選択>で d2 と d3 を選び<追加>を押し，<実行>を押す。
⑦ 出力ウィンドウで<パラメータ推定値>左の▷を押し，結果を表示させる。

操作 6.12：IC 設計 2 の層別因子を含む重回帰分析

① <分析>⇒<二変量の関係>を選ぶ。
② ダイアログの<列の選択>で RS/P を選び<Y, 目的変数>を押す。
③ <列の選択>で GOT を選び<X, 説明変数>を押し<OK>を押す。
④ 出力ウィンドウの<GOT と PS/P…>左赤▼を押し<グループ別>を選ぶ。
⑤ ダイアログで PB を選び<OK>を押す。
⑥ <GOT と PS/P…>左赤▼を押し<直線のあてはめ>を選ぶ。
⑦ <テーブルパネル>で PB が名義尺度であることを確認する。
⑧ <分析>⇒<モデルのあてはめ>を選ぶ。
⑨ ダイアログの<列の選択>で RS/P を選び<Y>を押す。
⑩ <列の選択>で PB と GOT を選び<追加>を押し，<実行>を押す。
⑪ PB を順序尺度に変えて⑧～⑩を繰り返し，結果を比較する。

操作 6.13：交互作用の追加

① <分析>⇒<モデルのあてはめ>を選ぶ。
② ダイアログの<列の選択>で RS/P を選び<Y>を押す。
③ <列の選択>で PB と GOT を選び<追加>を押す。
④ <モデル効果の…>のリストで GOT を選んだ状態で，<列の選択>で PB と選び，<交差>を押し<実行>を押す。
⑤ 出力ウィンドウの<効果の検定>で交互作用の p 値を確認する。

第7章　交互作用の発見

■手法の使いこなし
☞ 階層構造を使って隠れていた交互作用を効率的に発見する。
☞ 要因の情報から特性を階層的に分割して決定木で表す。
☞ 最適な要因の組合せを選び出して特性の分類や予測を行う。

7.1　文字認識

　B社は文字認識のアルゴリズムなどを開発する企業で，この会社の研修では「手書きの数字を読み取り表示器に正しく出力させるアプリケーションを開発するコンテスト」を行っている。コンテストは電光表示器に出力された文字と手書きの入力文字との一致度を競うものである。『デジタル表示器』[U]には，B社のあるチームの結果が保存されている。変数 $x_1 \sim x_7$ は**図7.1**に示す表示器が点灯する位置を表す**ダミー変数**である。例えば，x_1 には有と無の文字が保存されている。有は x_1 で点灯した場合を，無は点灯しなかった場合を表している。また，特性の<u>正解</u>の数は手書きで入力された数字を表す**名義尺度**である。それぞれの数字がどのくらいの正答率を持っているのかを調べた二元表を**表7.1**に示す。**図7.2**は**尤度比**（逸脱度）の大きい上位2要因の**モザイク図**である。これらの結果から，要因によって点灯状態の違いはわかるが，それが全体としてよいアプリケーションなのかどうかは判断できない。

《質問7》分岐則
　　表7.1や図7.2から表示位置と数字との関連はわかるが，アプリケーションの能力を客観的に表し，改善に結びつけるにはどのようなルールが必要か？

　例えば，数字1は $(x_3 \cdot x_6)$ が有で残りの要因が無の場合が正答で，他の組合せは誤答である。このとき，全要因組合せを使い判断する場合は $2^7 = 128$ 通りのルールが必要である。しかし，特定の要因の組合せだけでよい判断ができ

7.1 文字認識

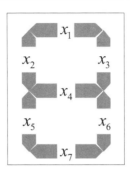

図7.1 表示箇所と要因

表7.1 要因と正解の二元表

	正解																		
	0		1		2		3		4		5		6		7		8		9	
	無	有	無	有	無	有	無	有	無	有	無	有	無	有	無	有	無	有	無	有
x 1	3	17	17	1	3	21	0	20	11	1	1	12	1	27	1	18	4	18	3	20
x 2	0	20	17	1	21	3	20	0	0	12	4	9	4	24	18	1	3	19	7	16
x 3	3	17	2	16	3	21	1	19	2	10	12	1	23	5	5	14	3	19	3	20
x 4	18	2	18	0	5	19	4	16	0	12	0	13	2	26	18	1	3	19	2	21
x 5	0	20	14	4	3	21	18	2	11	1	12	1	1	27	15	4	1	21	22	1
x 6	3	17	0	18	21	3	2	18	2	10	1	12	3	25	4	15	2	20	3	20
x 7	5	15	16	2	1	23	1	19	10	2	2	11	1	27	16	3	3	19	2	21

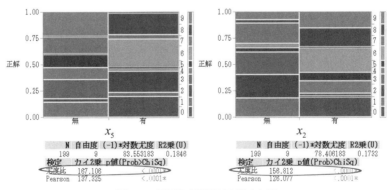

図7.2 要因と正解のモザイク図

れば効率的である。また，数字をどういう順番で仕分けるのがよいか見つかれば大きな成果である。効率的な分岐ルールを探し，正答率を高めるヒントを探すことが質問7への回答である。

7.2 データ全体から特異な集団を焙り出す決定木

　近年のビックデータの活用や機械学習のブームには驚かされる。しかし，情報量が膨大になっても問題解決の基本は要因を使って特性を層別することである。意味のある要因を使い層別を繰返し，**ドリルダウン**を行うのである。ドリルダウンとはマーケティング用語で，要因群を使い階層構造で特性を掘り下げ詳細化する作業である。例えば，赤ワインの価格を「欧州」→「国」→「州あるいは市町村」という階層的に分割することがドリルダウンであり，**問題の深掘り**である。**決定木**（JMPでは**パーティション**と呼ぶ）は研究対象となる特性を要因の水準や値を使い，効率良く**分岐**（ドリルダウン）する方法である。分析で得られた要素は**決定木**を使ってビジュアルに表される。以下に決定木の大切な考え方を説明する。

(1) 質的特性の分岐

　特性が<u>名義尺度</u>や<u>順序尺度</u>の場合のドリルダウンを考える。『ワイン格付け』[U]を例に決定木が行う深掘りの考え方を説明する。ファイルには，フランスのボルドー地方で生産される赤ワインの出来に対する3段階評価の<u>格付</u>とその年の気候情報が保存されている。要因の気候情報は対象年の平均を基準に多い（あるいは高い）と少ない（あるいは低い）で与えられている。

　まず，<u>格付</u>を予測するために要因と特性の**二元表**を作る。二元表の中で最大の<u>尤度比</u>を示すものを最初の分岐ルール1とするのがよいだろう。その結果を図7.3に示す。<u>冬季雨量</u>が多いと良い<u>格付</u>（水準3の割合が多い）となる。この二元表の尤度比は9.31でp値は0.01である。決定木で分岐された要素は**ノード**と呼ばれる。分岐ルール1だけでは誤答も多いので，もう一段掘り下げる。このとき，<u>冬季雨量</u>が多い水準と少ない水準は別々のルールを与えたほうが合理的である。残りの要因を使い，<u>冬季雨量</u>で層別した2つの二元表

7.2 データ全体から特異な集団を焙り出す決定木

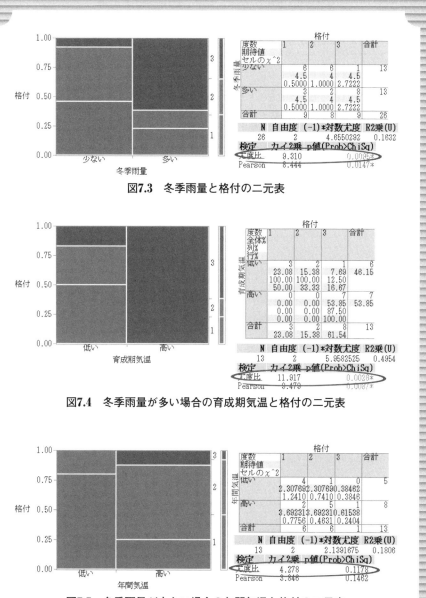

図7.3 冬季雨量と格付の二元表

図7.4 冬季雨量が多い場合の育成期気温と格付の二元表

図7.5 冬季雨量が少ない場合の年間気温と格付の二元表

の中で，尤度比が最大（p 値最小）のものを分岐ルール2とする。選ばれたのは，図7.4 に示す冬季雨量の多いノード側の育成期気温と格付の分岐である。分岐ルール1と分岐ルール2を使い，「冬季雨量が多く，かつ，育成期気温が高い」場合の格付予測はレベル3となる。一方，「冬季雨量が多く，かつ，育成期気温が低い」場合の格付予測はレベル1が50%で一番多いが，レベル2もレベル3も混在するから，予測を保留するノードとしよう。

では，冬季雨量の少ない側のルートはどうか。図7.5 に示すように，この場合の p 値は5%有意ではない。この分岐ルール3を使い，控えめに「冬季雨量が少なく，かつ，年間気温が低い」場合の格付はレベル1，「冬季雨量が少なく，かつ，年間気温が高い」場合の格付はレベル2と予測する。二元表で尤度比を見ながら分岐作業ができるのは，要因が少なく水準数が少ない場合に限られる。要因が増え，深掘る階層が増えると手作業は至難である。

そこで，決定木を使って分岐ルールを探索することが問題解決に役立つ。図7.6 は決定木の初期状態である。<G^2>（❶）は要因の効果がない状態（予測値はすべて同じ水準とした場合）の尤度比で，

$$G^2 = -2\{n_1 \ln(n_1/N) + n_2 \ln(n_2/N) + n_3 \ln(n_3/N)\}$$
$$= -2\{9 \ln(9/26) + 8 \ln(8/26) + 9 \ln(9/26)\} = 57.05 \quad (7.1)$$

と計算したものである。<候補 G^2> は各要因と特性の二元表の尤度比である。図7.6 の <候補 G^2> の最大は冬季雨量（❷）で，図7.3 の尤度比と一致する。決定木の分岐（変数追加）は，<候補 G^2> 最大のものを順次選ぶやり方である。図7.7 は冬季雨量をモデルに採択し，分岐ルール1とした場合の尤度比などの表示である。冬季雨量の水準別に二元表を作り，<候補 G^2> が最大のもの（❸）を分岐ルール2とする。図7.8 は冬季雨量の多い側のルートで育成期気温をモデルに採択する。この状態では，左側の冬季雨量の少ないノード（❹）と右側の育成期気温の高い（❺）ノードと育成期気温の低い（❻）ノードの，3つの中で最大の <候補 G^2>（❼）を探す。決定木ではノードごとに下位の分岐ルールを選ぶので，全要因組合せを調べる必要がない。分岐効果の大きい要因の組合せを選び出すのである。

7.2 データ全体から特異な集団を焙り出す決定木

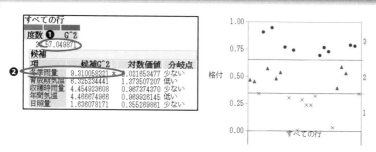

図7.6 決定木の初期の状態

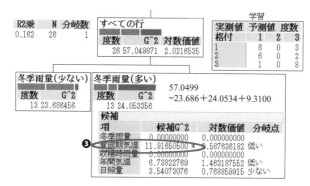

図7.7 冬季雨量を選択した状態

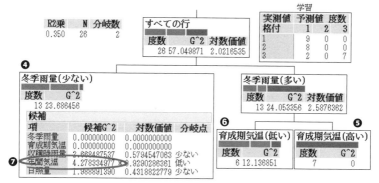

図7.8 育成期気温を選択した状態

なお，分岐されるノードの最小数のデフォルトは5であるが，分析者が分析対象の性質によりノードの最小数を自由に決めることができる．図7.8の右側のノード(❺，❻)では，要素の数が最小数＝5に達していないので分岐を終了する．

このように，質的な特性を対象とした分岐はカイ2乗統計量である尤度比を使って分岐が行われるので，**CHAID**(Chi-squared Automatic Interaction Detection)と呼ばれる．CHAIDは要因が3水準以上の場合でも，連続尺度の場合でも同じように分析できる．

順序尺度の要因が3水準ある場合は，第1水準と(第2水準＋第3水準)，(第1水準＋第2水準)と第3水準の2つの二元表を作り，尤度比の大きいものを要因の＜候補G^2＞とする．名義尺度の要因が3水準ある場合は，それに(第1水準＋第3水準)と第2水準の二元表を加えて尤度比を比較し，最大の尤度比を要因の＜候補G^2＞とする．

連続尺度の場合は，要因の観測値の小さいほうから，$x_{(1)}, x_{(2)}, \cdots, x_{(i)}, \cdots,$ $x_{(n)}$と順番に並べて**順序統計量**をつくる．$x_{(1)}$とそれ以外で2水準を作り尤度比を計算する．次に，$x_{(1)}, x_{(2)}$とそれ以外で2水準を作り尤度比を計算する．順次，同様な計算を行い，最後に$x_{(1)}, x_{(2)}, \cdots, x_{(i)}, \cdots, x_{(n-1)}$と$x_{(n)}$で2水準を作り尤度比を計算する．その中で最大の尤度比が得られた値で分岐し，要因の＜候補G^2＞とする．

例えば，『ワイン格付』で連続尺度の要因，冬の降雨量を使い，順番に尤度比を計算し，折れ線グラフにしたものが図7.9左である．622未満と622以上(あるいは610以下と610超)で分岐した場合の尤度比が最大になる．図7.9右がすべての気象条件を連続尺度にした場合の決定木の初期状態である．冬の降雨量の尤度比が最大である．図7.10が最終的に得られた**決定木**である．選ばれた要因は，冬の降雨量と育成期平均気温である．本例では，表7.2から要因が順序尺度の場合よりも連続尺度のほうが，少しだが正答率が向上する．

(2) 連続尺度の分岐

特性が連続尺度の場合の決定木の考え方は，**分散分析**と同様に**平方和の分解**

7.2 データ全体から特異な集団を焙り出す決定木

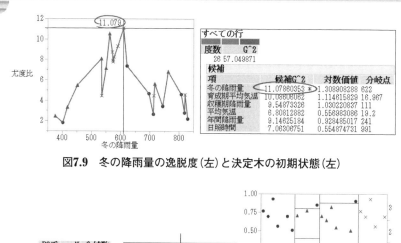

図7.9 冬の降雨量の逸脱度(左)と決定木の初期状態(左)

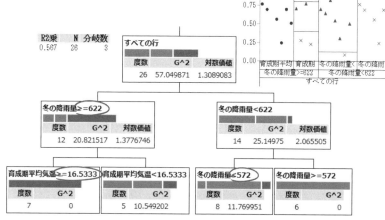

図7.10 要因側を連続尺度にした場合の決定木

表7.2 予測の結果

実測値	学習 予測値 度数			実測値	学習 予測値 度数		
格付	1	2	3	格付	1	2	3
1	7	2	0	1	8	1	0
2	3	5	0	2	2	6	0
3	1	1	7	3	1	1	7

要因が順序尺度(左)と連続尺度(右)

を使って分岐する。分散分析では要因と水準は絶対的なものとして固定して考えた。決定木では観測値を層別する要因と水準で何らかの基準を作り，それを満たすように仕分けをした上で，どの要因の水準の組合せが特性をどのように特徴付けているかを調べる。具体的な分析過程について，以下の例で説明する。

C社はプラスチックメッキを行う前処理に化学銅のコーティングを行う。その時の銅付着量(mg)が特性である。C社は銅付着量(mg)を増やすための実験を行った。取り上げた要因は硫酸濃度%・処理温度℃・処理時間(分)の3つで，全組合せを実験した。データは『付着量』^{U} に保存されている。ここではすべての要因を名義尺度として扱う。

はじめに，処理温度を使って，決定木の平方和の分解の方法を説明する。処理温度は50℃・60℃・70℃の3水準である。まず，50℃と(60℃と70℃)の2水準で分散分析を行う。次に，(50℃と60℃)と70℃の2水準で分散分析を行う。さらに，(50℃と70℃)と60℃の分散分析を行う。その中で効果の平方和が最大になる組合せを処理温度の<候補SS>と考える。図7.11がその時の分析結果である。図7.11は左から効果の大きい(母平均の差が大きい)順にひし形グラフで表したものである。(50℃と60℃)と70℃で分岐した場合の平方和19.594(❶)が最大なので，これを処理温度の<候補SS>に使う。

同様な計算を行い，硫酸濃度・処理時間の<候補SS>を決める。図7.12に示すように，3つの要因の中で<候補SS>が最大なのが硫酸濃度(❷)である。そこで，硫酸濃度の水準65%とそれ以外で層別することを分岐ルール1に採択する。次に，硫酸濃度の65%の条件で<候補SS>の最大値を調べる。また，硫酸濃度が65%以外の条件で<候補SS>の最大値を調べる。両者のうち，大きいほうを分岐ルール2とする。このとき，図7.13に示す左側のノード(❸)は下位のノードの最小数が5より小さくなるので分岐を終了する。右側のノードで処理温度(50℃と60℃)と70℃(❹)で分岐する。このように，平方和の分解という単純な仕組みを使い，要因の情報を利用して逐次2分岐を行うのである。本例の最終結果を図7.14の決定木で示す。この分岐の方法はAID (Automatic Interaction Detector)と呼ばれる。また，要因が連続尺度の場合は，

7.2 データ全体から特異な集団を焙り出す決定木

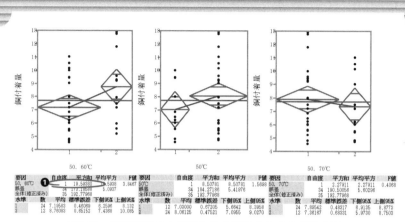

図7.11 処理温度の水準組合せを変えたときの分散分析

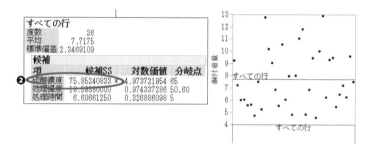

図7.12 決定木の初期状態

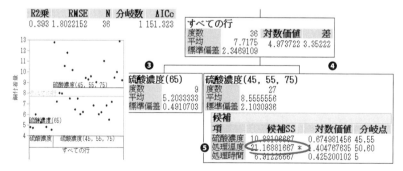

図7.13 処理温度で分岐した状態

第7章　交互作用の発見

前節で説明した方法を使って，仮想的な2水準を作り，平方和の分解により<候補SS>を計算する。

（3）AIDの特徴

決定木は特性を要因の情報を使って逐次的に2分岐する方法である。分岐が完了すると図7.10や図7.14のような決定木が得られる。AIDでは得られたモデルから**重回帰式**と同じように特性の予測ができる。AIDは重回帰分析と異なり，各ノードで群間変動の最も大きい要因を選び分岐をさせ，結果を決定木で表現し，特徴のあるノードを構成する方法である。AIDは以下のことが可能である。

　Ⓐ特性の値の大小という基準で群内変動の小さいノードを選び出す。
　Ⓑ上記の意味で結果がわかりやすい。
　Ⓒ分岐の様子から自動的に交互作用の存在を示唆できる。

『付着量』を使い，Ⓒの交互作用の示唆を説明する。図7.14の決定木の第1層の分岐を見る。左側のルートでは硫酸濃度65%で停止（❶）した。一方，右側のルートでは硫酸濃度の下位ノードで処理温度70℃とそれ以外の水準で分岐（❷）した。図7.15は硫酸濃度で層別した処理温度と処理時間の銅付着量の**散布図**である。図7.15左上が硫酸濃度65%の水準の処理温度と銅付着量の散布図である。この場合は，どの水準組合せでも銅付着量が少ない。また，処理温度と処理時間の効果は小さく，折れ線は平行である（❺）。一方，硫酸濃度65%以外の水準では平均的に銅付着量が多い。加えて，3本の折線は平行ではないから，処理温度と処理時間の交互作用が認められる。また，硫酸濃度65%の水準に較べて，他の水準の処理温度70℃の方が平均的に銅付着量は多い（❻）。図7.14に戻ると，処理温度の下位ノードで硫酸濃度の分岐（❸）がある。図7.15では，右下のグラフ（❼）と右上と左下のグラフの処理温度50℃と60℃の銅付着量の違いに対応している。図7.14の第4層の分岐（❹）は，図7.15の硫酸濃度45%と55%の中で処理温度の違いに対応している（❽）。このように，AIDは部分的な交互作用を検出する性質を持っている。

7.2 データ全体から特異な集団を焙り出す決定木

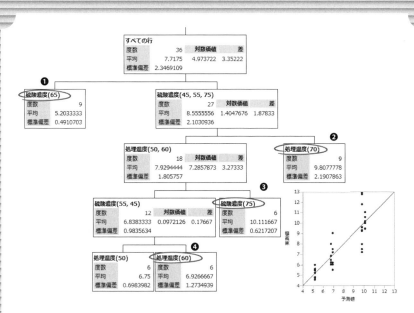

図7.14　最終の決定木

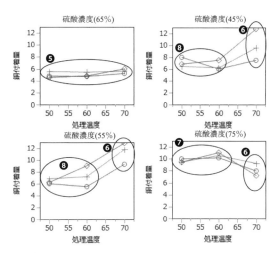

図7.15　硫酸濃度で層別した処理温度×処理時間の銅付着量の散布図

(4) 決定木の注意点

決定木は分布の仮定が必要なく感覚的に理解しやすい方法だが，注意すべきことがある。

Ⓐ比較的大きな標本数(1000以上)がないと安定した結果が得られない。
Ⓑ要因間の関連性(相関)を考慮しない。
Ⓒ正確な統計的検定はできないため，停止規則の設定が簡単ではない。
Ⓓ一部の交互作用の検出はできない。

Ⓐは分布を仮定しないという使いやすさの反面で，標本誤差の評価ができないので，それなりの標本数が必要である。Ⓑは要因間で関連の強いものがあるとき，重回帰分析の**変数選択**と同じように，一方がモデルに採択されると他方は採択されにくい。結果の解釈では，要因間の関連性の強さに注意を払う必要がある。Ⓒは分岐のための正しい検定統計量がないので，停止規則が作れない。JMPでも p 値の表示をしない。分析者が対話的に分岐を行う必要がある。その際，重要な要因の取り込み損ねや不必要に細かい分岐にならないように注意する。<候補G^2>や<候補SS>の相対的な大きさと知見に照らし合わせてノードの解釈により分岐を行うとよい。不必要に分岐を行った場合は，分岐をキャンセルする<剪定>というコマンドが用意されている。Ⓓの交互作用の検出において，AIDでは比較するノード間の平均に差がないときは分岐の対象にならない。そのような交互作用の検出には不向きである。

|操作| **7.1：ワインの格付のCHAID**

①『ワイン格付』^Uを読込み，<分析>⇒<予測モデル>⇒<パーティション>を選ぶ。
②ダイアログの<列の選択>で格付を選び<Y, 目的変数>を押す。
③Ctrlを押したまま<列の選択>で冬季雨量・育成期気温・収穫時雨量・年間気温・年間雨量・日照量を選び<X, 説明変数>を押す，<OK>を押す。
④出力ウィンドウで最上位のノード内の<候補>左▷を押し，各要因の<候補G^2>を確認して<分岐>を押す。

7.2　データ全体から特異な集団を焙り出す決定木

■決定木で使われる言葉の定義

・変数選択(分岐と選定)

　分岐：統計量から最適な分岐ルールをモデルに採択する行為
　　　　（複数の分岐を行うには<Shift>を押したまま<分岐>を押す）
　剪定：最後に分岐したルールをモデルから除外(削除)する行為

・ノード内(分岐で得られた要素)の評価

　＊ CHAID の分析（名義尺度や順序尺度の特性の場合）

　G2　　　：(7.1)式で計算した適合度統計量
　　　　　　　（対象ノードの適合度で値が小さいほど適合度がよい）
　候補 G^2：下位の分岐ルールを採択した場合の二元表の逸脱度
　対数価値：候補 G^2 に対応した p 値の対数，$-\log_{10}(p\,値)$
　　　　　　　（すべての候補 G^2 の中で最適なものに＊が付くが，
　　　　　　　候補G^2のみ最大の場合は＜を，対数価値のみ最大の場合は＞
　　　　　　　を表示）

　＊ AID の分析（連続尺度の特性の場合）

　R2乗　　：対象ノードの R2 の値(分散分析の R2 値に対応)
　RMSE　　：残差の標準偏差
　N　　　　：分析対象の個体の総数
　AICc　　：修正済みの赤池の情報量規準
　平均　　：対象ノードに属する特性の平均
　標準偏差：対象ノードに属する特性の標準偏差
　候補 SS　：最適な分岐点の平方和
　対数価値：候補 SS に対応した p 値の対数，$-\log_{10}(p\,値)$
　　　　　　　（すべての候補 SS の中で最適なものに＊が付くが，候補 SS の
　　　　　　　み最大の場合は＜を，対数価値のみ最大の場合は＞を表示）

⑤左右の第1階層ノードの<候補>左▷を押し<候補 G^2>を確認し<分岐>を押す。
⑥同様な操作で必要な階層まで分岐と剪定を行う。

|操作| **7.2：ワインの格付の CHAID**

①<分析>⇒<予測モデル>⇒<パーティション>を選ぶ。
②ダイアログの<列の選択>で格付を選び<Y,目的変数>を押す。
③Ctrlを押したまま<列の選択>で冬の降雨量・育成期平均気温・収穫時雨量・平均気温・年間降雨量・日照時間を選び<X,説明変数>を押し，<OK>を押す。
④操作 7.1 の④以降と同様に分岐と剪定を行う。

|操作| **7.3：付着量の AID**

①『付着量』[U]を読込み，<分析>⇒<予測モデル>⇒<パーティション>を選ぶ。
②ダイアログの<列の選択>で銅付着量を選び<Y,目的変数>を押す。
③Ctrlを押したまま<列の選択>で硫酸濃度・処理温度・処理時間を選び<X,説明変数>を押し，<OK>を押す。
④出力ウィンドウで最初のノードの<候補>左▷を押し，各要因の<候補 SS>を確認し<分岐>を押す。
⑤④と同様に，2階層目の左右のノード内の<候補>左▷を押し<候補 SS>を確認し<分岐>を押す。
⑥必要な階層まで下位のノード内の候補>左▷を押し，分岐と剪定を行う。

7.3 決定木の手順

決定木の一般的な分析手順を『デジタル表示器』のデータを使って，以下に示す。JMP では<分析>⇒<予測モデル>⇒<パーティション>を選ぶ。

|手順1|：**変数の役割設定**

目的の特性に影響を与える要因を列挙する。この場合，特性要因図や連関

7.3 決定木の手順

表7.3 デジタル表示器の二元表（表7.1の別表現）

度数		正解										合計
		0	1	2	3	4	5	6	7	8	9	
x1	無	3	17	3	0	11	1	1	1	4	3	44
	有	17	1	21	20	1	12	27	18	18	20	155
x2	無	0	17	21	20	0	4	4	18	3	7	94
	有	20	1	3	0	12	9	24	1	19	16	105
x3	無	3	2	3	1	2	12	23	❷5	3	3	57
	有	17	16	21	19	10	1	5	14	19	20	142
x4	無	18	18	5	4	0	0	2	18	3	2	70
	有	2	0	19	16	12	13	26	1	19	21	129
x5	無	0	14	3	18	11	12	1	15	1	22	97
	有	20	4	21	2	1	1	27	4	21	1	102
x6	無	3	0	21	2	2	1	3	4	2	3	41
	有	17	18	3	18	10	12	25	15	20	20	158
x7	無	❶5	16	1	1	10	2	1	16	3	2	57
	有	15	2	23	19	2	11	27	3	19	21	142
合計		140	126	168	140	84	91	196	133	154	161	1393

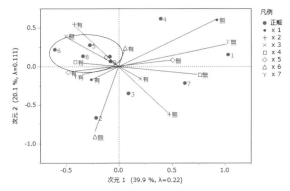

図7.16 対応分析の散布図

表7.4 多元分割表からの抜粋

X1	X2	X3	X4	X5	X6	X7	正解										計
							0	1	2	3	4	5	6	7	8	9	
無	無	有	無	無	有	無	0	10	0	0	0	0	0	0	0	0	10
無	有	有	有	無	有	無	0	0	0	0	5	0	0	0	0	0	5
有	無	無	無	有	無	無	0	0	0	0	0	0	0	❹5	0	0	5
有	無	無	無	無	無	無	0	1	0	0	0	0	❸6	0	0	0	7
有	無	有	有	無	有	有	0	0	❺4	0	0	1	0	0	1	❻4	20
有	無	有	有	有	無	無	0	0	8	0	0	0	0	0	0	0	8
有	有	無	有	有	無	有	0	0	0	0	0	0	7	1	0	1	9
有	有	有	無	有	有	有	0	0	0	0	0	1	14	0	2	0	17
有	有	有	無	有	有	無	8	0	0	0	0	0	0	0	1	0	9
有	有	有	無	有	有	有	0	0	0	0	0	0	0	0	0	11	11
有	有	有	有	有	有	有	1	0	0	0	0	0	3	0	9	0	13
						計	20	18	24	20	12	13	28	19	22	23	199

図などを活用し，主要な要因とセットでデータを収集する．特性を制御することが目的の場合には，制御因子（分析者がその値を自由に統制できる要因）を取り上げたデータを用意する．その際，制御因子と中間特性を同時に取り上げない．要因側に制御因子と中間特性を混在させると結果の解釈や制御に混乱を生じる恐れがあるからである．予測が目的の分析でも，要因に中間特性を使う場合には疑似相関が生じないように分析する要因を選ぶ．特性は連続尺度でも名義尺度や順序尺度でもよい．ここでは特性に正解を選ぶ．要因には $x_1 \sim x_7$ を使う．これらの要因は，いずれも中間特性である．

手順2：モニタリング

決定木を行う前にデータのモニタリングを行う．決定木は逐次的に分岐ルールを求めていく方法だが，標本数が少ない場合には外れ値の影響に注意する．

要因が**連続尺度**の場合はマハラノビス距離を使い，外れ値には色を変えたり，マーカーを変えたりしておく．AID では，特性と要因について**基本統計量**や**相関係数**，および**散布図行列**などで，データのばらつきや相関の様子を調べる．CHAID では，**二元表**や**対応分析の散布図**などを使って全体を俯瞰するとよいだろう．また，**多元分割表**を使って分析の見立てをするとよいだろう．

表7.3 は本例の二元表である．正解の 0 の列を見ると，入力された数字 0 の総数は 20 である．このとき，x_4 以外の要因は有の水準に度数 20 が，無の水準に度数 0 が入り，逆に，x_4 では無の水準に度数 20 が，有の水準に度数 0 が入ると正答である．実際はそうなっていない．例えば，x_7 では無の水準（❶）にも度数 5 が入っているので，x_7 での誤答が多い．また，正解の 7 の列では x_3（❷）の無の水準に度数 5 が入り誤答である．

図7.16 は**表7.3** から出発した対応分析で得られた散布図である．**図7.16** からは，数字（0，5，6，8，9）が類似性の強いものとして認識された．また，**表7.4** は多元分割表から行和が 5 以上の行を選び出したものである．最下段の計は全組合せの列和である．正解が 7 の列を見てみよう．列の計は 19 だが，4 行目のセル（❸）の数が 6 なので正答率は 30% ほどである．3 行目のセル（❹）は誤答であるが，他の数字の度数は 0 だから他の数字との識別という意味では

7.3 決定木の手順

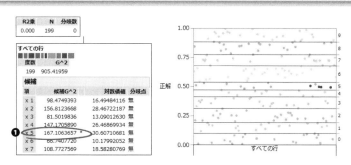

図7.17 CHAIDの初期状態

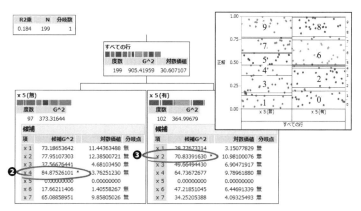

図7.18 $x5$の水準で分岐した第1層

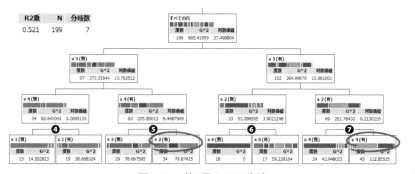

図7.19 第3層までの分岐

分離はできている。今度は行側に着目する。例えば、5行目の3の列(**❺**)の度数14が正答数だから正解率は70%ある。一方、同じ行の9の列(**❻**)の度数4が誤答である。

このように、対象を正しく判定したか、それとも誤った判定をしたかを調べるだけでなく、異なる対象の反応のパターンも同時に調べないとよい判断であったかを評価できない。誤答をした要因の水準や複数の水準組合せに着目して、決定木で分岐されていく様子を調べよう。

手順3：分岐と剪定

決定木を使って**分岐**と**剪定**を行う。分岐とは分岐ルールを作る要因とその水準(あるいは水準値)をモデルに採択することである。剪定とは不必要に細分化した分岐ルールを無効にしてモデルから除外することである。分岐と剪定は**重回帰分析の変数選択**に相当する手順である。

図7.17は本例の初期状態(第0層)である。図7.17右は分岐状況をイメージしたグラフである。初期状況は分岐が始まっていないから、特性の構成比率が表示される。最上位のノードで<候補G^2>を確認すると、<候補G^2>のx_5に*が付いている(**❶**)。図7.18はx_5で分岐した状態である。この分岐により数字は(1・3・4・5・7・9)と(0・2・6・8)に分割される。次に、第1層の左右のノードで<候補G^2>を調べ、第2層の左側のノード(**❷**)でx_4の分岐を行う。数字は(1・7)と(3・4・5・9)に分割される。続いて、第2層の右側のノード(**❸**)でx_2の分岐を行い、数字は2と(0・6・8)に分割される。さらに、第3層までの分岐を行い、図7.19が得られる。第3層のノードの左端では、x_4(無)の下位でx_1の分岐(**❹**)を行い、数字1[x_1(無)]と7[x_1(有)]が分割される。右隣のx_4(有)ではx_2で分岐(**❺**)を行い、数字3[x_2(無)]と数字(4・5・9)[x_1(有)]が分割される。右隣のx_2(無)ではx_6で分岐(**❻**)を行い、数字2と数字2以外が分割される。この分岐は実質的な意味がないので、x_2(無)のノードで剪定を行う。第3層のノードの右端のx_2(有)では$x4$で分岐(**❼**)を行い、数字0[x_4(無)]と数字(6・8)が分割される。第4層では、分岐が必要なx_2(有)ノード(**❽**)とx_4(有)のノード(**❾**)に対して分岐を行う。x_2(有)ノードの下層ではx_1

7.3 決定木の手順

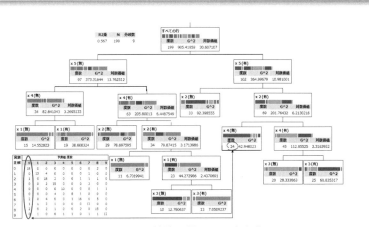

図7.20　最終的に得られた決定木

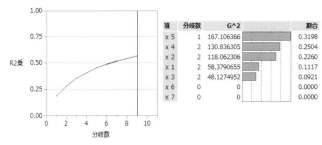

図7.21　分岐数と寄与率の推移

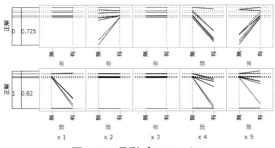

図7.22　予測プロファイル

で分岐を行い，数字 4 と数字 $(5 \cdot 9)$ が分割される。x_4(有)のノードの下層では x_3 で分岐を行い，数字 6 と数字 8 が分割される。第 5 層では x_1(有)のノードを x_3 で分岐を行い，数字 5 と 8 が分割され分岐を完了する。こうして，図 7.20 の最終結果が得られる。

手順 4：決定木からの考察

得られた**決定木**の考察を行う。図 7.20 左下の表は予測と実測の判定表である。例えば，予測の数字が 0 の列では正答が 18 で誤答が 6 である。列の度数の合計を計算すると 24 になる。その値は双方向矢線で引いた先にあるノードの要素数と一致している。一方，入力された数字の側から見ると，数字 0 の行から 20 の度数のうちの 18 が正答で 2 が誤答である。この判定表から尤度比を計算すると 522.512 となる。この値は図 7.21 右の G^2 の合計に一致する。図 7.21 左が分岐によって **R2乗**の変化を折れ線にしたものである。計 9 回の分岐で 60% 弱の寄与率が得られた。寄与率が高いほどモデルの適合度はよいが，意味のある分岐になっているとは限らない。

寄与率は参考程度にするとよい。なお，JMP の R2乗は

$$\text{R2乗} = 1 - (\text{モデルの対数尤度}) / \text{初期状態の対数尤度} \tag{7.2}$$

で定義されている。ところで，図 7.21 右の要因の G^2 を見よう。分岐に使われたのは 5 つの要因で，x_6 と x_7 の情報は分岐に使われていない。今回の分析では冗長であったということである。

手順 5：予測

決定木で得られたモデルを使って予測をする。9 つの分岐ルールを使えば，入力された数字の予測ができそうである。例えば，数字 0 を判断する場合は $2^7 = 128$ 通りすべてを使う必要はなく，わずか 3 つの場所，$(x_2 \cdot x_5)$ の点灯と x_4 の消灯を確認するだけである。図 7.22 上がプロファイルにより数字 0 を予測した結果である。70% 超の正答率が見込まれる。図 7.22 下が数字 1 を予測した結果である。数字 1 を見分けるには $(x_1 \cdot x_4 \cdot x_5)$ の消灯を確認すれば，80% 超の正答率が見込まれるのである。

操作 7.4：デジタル表示器の対応分析

7.3 決定木の手順

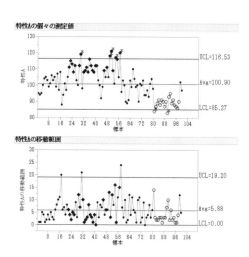

図7.23 特性AのIR管理図(上:観測値,下:移動範囲)

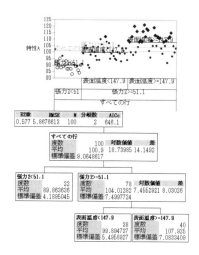

図7.24 分岐2回のAID

第7章　交互作用の発見

① 『デジタル表示器』^{U} を読込む。
② <分析> ⇒ <多変量> ⇒ <多重対応分析> を選ぶ。
③ ダイアログで <列の選択> の正解を選び <Y, 目的変数> を押す。
④ <列の選択> で $x_1 \sim x_7$ を選び <X, 説明変数> を押し <OK> を押す。
⑤ 出力ウィンドウに表示された散布図にメニューの <ツール> ⇒ <直線> を選び，原点から各要因の水準に直線を引く。

|操作|　7.5：デジタル表示器の分岐と剪定

① <分析> ⇒ <予測モデル> ⇒ <パーティション> を選ぶ。
② ダイアログで <列の選択> の正解を選び <Y, 目的変数> を押す。
③ <列の選択> で $x_1 \sim x_7$ を選び <X, 説明変数> を押し <OK> を押す。
④ 出力ウィンドウのノード内(第0層)の <候補> 左▷を押し候補 G^2 を見る。
⑤ <分岐> を押し第1層の分岐を行う。
⑥ 続いて④と同様な操作で第1層の候補 G^2 を見て <分岐> を押す。
⑦ 第3層の分岐が終わるまで⑥と同様な操作を各層で繰り返す。
⑧ 第2層 x_2 の(無)のノードの赤▼を押し <下を剪定> を選ぶ。
⑨ 第3層 x_2 の(有)のノードの赤▼を押し <ここを分岐> を選ぶ。
⑨ 第3層 x_4 の(有)のノードの赤▼を押し <ここを分岐> を選ぶ。
⑩ 第4層 x_1 の(有)のノードの赤▼を押し <ここを分岐> を選ぶ。

|操作|　7.6：デジタル表示器のCHAIDの結果確認

① 操作7.5に続き，<正解のパーティション> 左赤▼を押し <分岐履歴> を選ぶ。
② <正解のパーティション> 左赤▼を押し <あてはめの詳細の表示> を選ぶ。
③ [Alt] を押したまま <正解のパーティション> 左赤▼を押し，<列の寄与>・<列の保存> の <予測式の保存>・<プロファイル> を選ぶ。
④ 表示された <予測プロファイル> を使い条件を変えた予測を行う。

7.3 決定木の手順

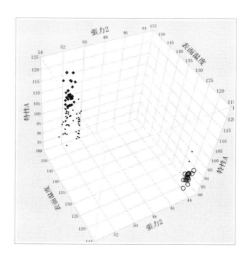

図7.25 張力2・表面温度と特性Aの三次元散布図

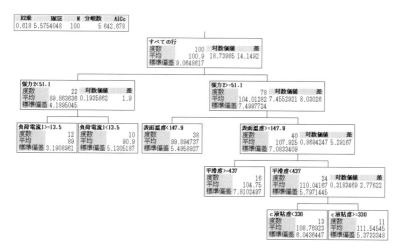

図7.26 特性Aの決定木（ノード最小単位数10）

7.4 量的特性の決定木の事例

　D社は光沢紙や剥離紙などの特殊紙を製造する企業である．ある特殊紙の品質である特性Aのばらつきが問題になった．図7.23はIR管理図と呼ばれる品質管理ツールで，特性Aの管理状態をグラフにしたものである．図7.23からわかるように，前半部分は上昇傾向にあり，後半では一転して下降傾向を示している．観測期間中の品質は安定していない．工場で同時に観測している中間特性との関係を調べ，特性Aに影響を与えている工程を探ることにした．そのデータが『特殊紙』^{U} に保存されている．なお，データは観測日順に並んでおり，特性Aの値が大きい観測値に◆のマーカーを，小さい観測値に○のマーカーを与えている．図7.24は分岐が2回行われたときのAIDの決定木である．この状態ですでに，特性Aの値が大きいもの，小さいものの分割ができる．設備の張力2が何かの原因で51.1未満と弱くなると，特性Aの値は平均的に89.86と小さくなり，管理限界を下回る製品ができる．ノード内の標準偏差は4.190である．特性Aの下限規格が80であるとすれば，不良品が発生する確率は，

$$z = \frac{80.00 - 89.86}{4.190} = -2.35 \quad \Rightarrow \Pr(z) = 0.009$$

より，約1%発生する．一方，張力2が51.1以上のときは，特性Aの値は平均的に104.01と大きい．さらに，この状態で特殊紙の表面温度が147.9℃以上になると，特性Aの値は107.08と大きくなり，管理限界を上回る製品ができる．特性Aの上限規格値が120であるとすれば，不良品が発生する確率は，

$$z = \frac{120.00 - 107.93}{7.083} = 1.70 \quad \Rightarrow 1 - \Pr(z) = 0.044$$

より，5%ほど発生する．計算に使ったノード内の平均と標準偏差は標本誤差を持っているので，不良品が発生する確率にも標本誤差が含まれる．このため，概算になるが観測期間中に不良品が発生したリスクは6%ほどある．図7.25は張力2・表面温度と特性Aの三次元散布図である．○印のマーカーの布置が大きく異なるので，特性Aの値が下がった後半に，工程では管理上の不具

合が発生したのかも知れない．最小の分岐サイズを 10 として，更に分岐と剪定を行い，最終的に図 **7.26** の決定木が得られた．モデルに取り込んだ変数は，上記の張力 2・表面温度に加えて，負荷電流 1・平滑度・C 液粘土の 5 つである．工程で測定されたこれらの中間特性の変化の原因を探し，工程指示書の改定を行う必要があるだろう．なお，最小の分岐サイズを 5 のままで分岐を行うと R2 乗は 0.8 ほどに向上するが，分岐数が増えることによる解釈の複雑さが増してくる．R2 乗に固執せずに，適切な処置が可能なところで分岐を終えることが好ましい．

|操作| 7.7：特殊紙の AID

① 『特殊紙』^{U} を読込む．
② <分析> ⇒ <予測モデル> ⇒ <パーティション> を選ぶ．
③ ダイアログの <列の選択> で特性 A を選び <Y, 目的変数> を押す．
④ <列の選択> で負荷電流 1 〜平滑度を選び <X, 説明変数> を押し <OK> を押す．
⑤ <特性 A のパーティション> 左赤▼を押し，<分岐の最小サイズ> を選んで分岐の最小サイズを <10> に設定し <OK> を押す．
⑥ 分岐と剪定を行う．

第8章　判定器の創造

■手法の使いこなし
☞要因と特性のデータを結びつける新たな判定器を創る。
☞要因と特性の間に入力層・隠れ層・出力層を追加してネットワークを構成する。
☞得られたネットワークを使って特性の分類や予測を行う。

8.1　重送

　D社は商用の印刷機を開発する企業である。印刷機は用紙をカセットから印刷部分に搬送し，画像を紙に転写した後に画像を紙に定着させ，外部に出力する。印刷機の開発段階において，要因のトルク・分離圧1・分離圧2・紙種の条件を変え，特殊紙の重送(二重送り)や不送りが起きない領域を調べた。ここで，紙種は条件を変えることができるが，設計で制御できる要因ではない。顧客が用途に合わせて紙種を選ぶからである。このような要因を**標示因子**と言う。**標示因子**は**制御因子**との交互作用の評価に取り上げられる要因である。『重送』^{U}に特殊紙の重送のデータが保存されている。重送は設計条件の組合せにより重送率が変わる。本例の目的は正常に動作する領域の定義と判定基準を作ることである。重送率を特性として重回帰分析を行い，**図8.1**に示す結果を得た。図8.1右の**R2乗(❶)**は約90%あるから，モデル全体としてのあてはまりはまずまずである。図8.1左上の**予測値と実測値の散布図(❷)**，および**予測値と残差の散布図(❸)**を眺めよう。実測値は確率だから0〜1しか取らない。予測の範囲は−0.8〜0.8であるため，図8.1の楕円で囲った領域(❹)は分析の目的に重要な意味を持つから，モデルの改善が必要である。

《質問8》判定規則
　　加法性が成り立たない分野で判定規則を作るにはどうすればよいか？

　『重送』の例のように**加法性**が成り立たない問題に関しては**非線形回帰**を適用

8.1 重送

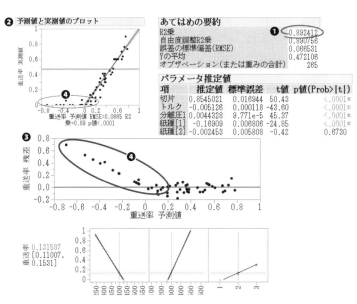

図8.1 重送の重回帰分析の結果

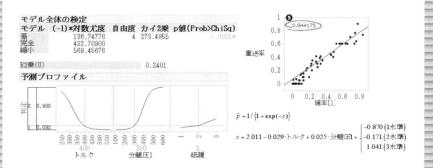

図8.2 重送のロジスティック回帰の結果

する。**図8.2**は非線形回帰の1つである**ロジスティック回帰**の分析結果である。あてはまりは重回帰に比べて改善（❺）している。ロジスティック回帰は第12章で説明するが，非線形回帰を適用する場合は事前に非線形関数の定義が必要である。非線形回帰の利用には，どのような非線形関数を選べばよいかが問題になる。第8章で紹介する**ニューラルネットワーク**は関数が不明な非線形な世界でもフレキシブルに対応できる方法である。

|操作| **8.1：重送の重回帰分析**

①『重送』^{U}を読込む。

②＜分析＞⇒＜モデルのあてはめ＞を選ぶ。

③ダイアログの＜列の選択＞で重送率を選び＜Y＞を押す。

④[Ctrl]を押したまま＜列の選択＞でトルク・分離圧1・紙種を選び，＜追加＞を押す。

⑤＜列の選択＞で頻度を選び＜度数＞を押し＜実行＞を押す。

8.2　データから学習成長するニューラルネットワーク

近年，AIや機械学習などをキーワードにして，コンピュータが人間を超えるか否かという議論が活発である。機械学習の世界でのニューラルネットワークの果たす役割は大きい。ニューラルネットワークは機械学習の世界で目覚ましい成果を上げている。本節では，JMPで実行できるニューラルネットワークについて，基礎的な考え方を論理演算と関連づけて説明する。

（1）ニューロ判別

ニューラルネットワークは脳の神経回路網を模倣した計算理論の総称である。人の神経系は多くの神経細胞が統合したネットワークで，その要素である神経細胞は多数の神経細胞から入力信号を受け取って情報処理を行う。そして，処理結果を多くの神経細胞に出力する。この脳の処理に対して，様々な数理モデルを使って表現することが試されている。その中の単純なモデルは**閾素子**を用いた**ニューロ判別**で，この方法は複数の入力が入ってくる閾素子の動作を，

8.2 データから学習成長するニューラルネットワーク

表8.1 入力が2つある場合の出力yのパターン

入力		出力：y							
		(1)		(2)		(3)		(4)	
A	B	矛盾	恒真式	論理積	否定論理積	非含意	含意	命題A	否定A
0	0	0	1	0	1	0	1	0	1
0	1	0	1	0	1	0	1	0	1
1	0	0	1	0	1	1	0	1	0
1	1	0	1	1	0	0	1	1	0

入力		出力：y							
		(5)		(6)		(7)		(8)	
A	B	逆非含意	逆含意	命題B	否定B	排他的論理和	同値	論理和	否定的論理和
0	0	0	1	0	1	0	1	0	1
0	1	1	0	1	0	1	0	1	0
1	0	0	1	0	1	1	0	1	0
1	1	0	1	1	0	0	1	1	0

〈論理和の計算〉

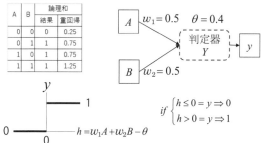

図8.3 論理和に対するヘビサイド関数と重回帰式

〈論理積の計算〉

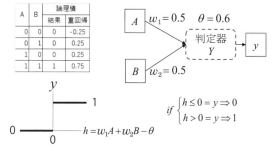

図8.4 論理積に対するヘビサイド関数と重回帰式

$$y = H\left(\sum_{i=1}^{p} w_i x_i - \theta\right) \tag{8.1}$$

で表す。w_i は入力要素 x_i に掛かる重みで，θ（シータ）は閾値である。θ は判別関数の切片に相当する。$H(\ )$ は括弧内の値が正のときに値1，負のときに値0を取る**ヘビサイド関数**である。言い換えれば，この関数は入力要素の線形結合（重み付き和）が閾値 θ を超えると値1を，θ より小さいと値0を出力する。この規則が閾素子という名前の由来である。閾素子を階層的に接続してネットワークを作り，非線形の世界をモデル化する。このモデルを使えば論理演算の判定規則を表現することが可能である。θ と w_i を定めるには，はじめに0でないランダムな初期値を与え，標本から1つの個体を選んで正しく認識されたかどうかを判断する。正しい場合は θ と w_i に何も変更を加えない。誤りの場合は個体の情報を使い，正しく判定できるように θ と w_i に変更を加える。次に，新たな個体を選んで正しく判定できるかどうかを確認する。正しく認識できない場合は，新たな個体の情報を使い，θ と w_i に変更を加える。θ と w_i が収束するまでこうした作業を繰り返す。この作業は人の学習効果に似せたもので，あたかもコンピュータが意識を持って学習しているように見える。θ と w_i を推定するために使う個体を**学習データ**と言う。学習により得られたモデルは**過学習**に陥りやすい。そこで，事前に θ と w_i の推定に使わない個体を用意し，過学習の評価に使う。このような個体を**検証データ**と言う。

（2）論理演算

いま，入力Aに対して，0あるいは1を出力する判定器Yがある。Aは(0, 1)という2値しか取らないとすれば，Yには

　Ⓐ入力が何であれ常に $y=0$ を出力する。

　Ⓑ入力が何であれ常に $y=1$ を出力する。

　Ⓒ入力が何であれ入力と同じ値を出力する。

　Ⓓ入力が0であれば $y=1$ を，入力が1であれば $y=0$ を出力する。

という単純な4つの判定規則が存在する。次に，入力がAとBの2つの場合の**判定規則**がいくつあるかを考える。**表8.1**は，このときの判定規則をまとめ

8.2 データから学習成長するニューラルネットワーク

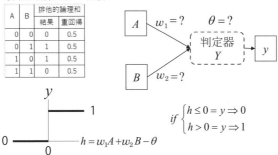

図8.5 排他的論理和に対するヘビサイド関数と重回帰式

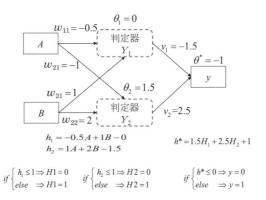

図8.6 排他的論理和に対して判定器を2つにした場合

表8.2 判定器を2つにした場合(図8.6)の判定結果

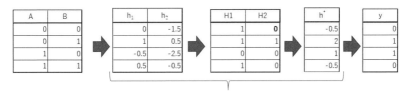

たものである。規則は全部で 16 通りである。16 通りの中で**数の逆転**(否定)は本質的に同じであるとすれば高々 8 通りにすぎない。8 通りの規則で出力された y に対して，**重回帰式**で予測できないかを考える。予測は重回帰式を基にして，適当な θ で補正をすることで $h = w_1 A + w_2 B - \theta$ の値が正か負かで判断する。このやり方で判定器の代用が効くかを調べると，**図8.3**に示す**論理和**や**図8.4**に示す**論理積**では判定がうまくいく。しかし，**図8.5** に示す**排他的論理和**では重回帰式の重み w_1 が 0 となり，うまく判断できない。

(3) 仮想的な判定器

前述 (2) では論理計算に重回帰式を使った。重回帰式も入力に対して，ある処置(線形結合)を行い，出力する装置と考えれば，データ処理に関する判定器である。排他的論理和に対して重回帰式を使うよりも能力の高い判定器を創造しよう。判定器は 1 つよりも複数使ったほうが能力の向上が期待できる。判定器の数を 2 にして正しく判定できないかを考える。例えば，**図8.6** に示す判定器を評価する。判定器 H_1 と H_2 の層を**隠れ層**と呼ぶ。H_1 と H_2 はデータから計算した以下のような簡単な**合成変数**を使って判定結果を出力する。

$$h_1 = -0.5A + B - 0 \quad if \quad \begin{cases} h_1 \leq 1 \Rightarrow H_1 = 0 \\ else \quad \Rightarrow H_1 = 1 \end{cases} \tag{8.2}$$

$$h_2 = A + 2B - 1.5 \quad if \quad \begin{cases} h_2 \leq 1 \Rightarrow H_2 = 0 \\ else \quad \Rightarrow H_2 = 1 \end{cases} \tag{8.3}$$

この H_1 と H_2 を使い出力 h^* を予測する。

$$h^* = -1.5 H_1 - 2.5 H_2 + 1 \quad if \quad \begin{cases} h^* \leq 1 \Rightarrow y = 0 \\ else \quad \Rightarrow y = 1 \end{cases} \tag{8.4}$$

得られた h^* を閾値 $\theta^* = -1$ で 0 か 1 の値に振り分け，最終的に y を 2 値で予測する。**図8.5** に示すように隠れ層を 1 つ導入することで，排他的論理和を表現することができる。これが**ニューロ判別**の基本的な考え方である。ニューロ判別では，ヘビサイド関数に線形結合ではなく，**ロジスティック曲線**のような S 字型の曲線を使うことが多い。S 字型の曲線を使うことで非線形な問題にも柔軟に対処できるのである。

8.2 データから学習成長するニューラルネットワーク

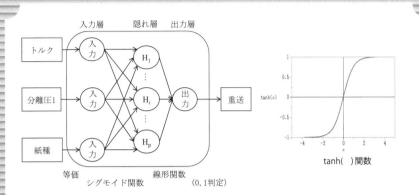

図8.7 重送に対する多層のニューロ判別のイメージ

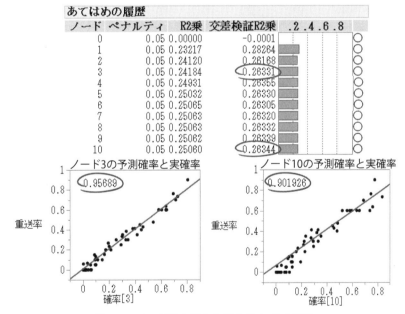

図8.8 ノード数を変えた場合のR2乗の変化
（旧機能によるニューラルネットワークの分析結果）

（4）多層のニューラルネットワーク

ニューラルネットワークでは隠れ層の判定器を**ノード**と呼ぶ。**図8.7**は『重送』を例にニューラルネットワークの概念を図にしたものである。ネットワークは**入力層・隠れ層・出力層**の3層で成り立っている。

図8.7では，要因の<u>トルク</u>・<u>分離圧1</u>・<u>紙種</u>はそれぞれが1つの入力層に繋がっており，要因から入力層は等価で何も変換をしない。入力層から隠れ層へのネットワークはヘビサイド関数で繋ぐ。JMPの旧機能の＜ニューラルネット＞では**ロジスティック関数**が使われた。現機能の＜ニューラル＞では，**tanh**（ハイパボリックタンジェント）**関数**に変更されている。tanh関数は，

$$\tanh(x) = (e^x - e^{-x})/(e^x + e^{-x}) \tag{8.5}$$

である。ロジスティック関数が0～1の値を取るのに対して，tanhは−1～1の値を取り，0で折り返す関数である。隠れ層から出力層へのネットワークは線形結合で繋ぐ。線形結合によりノードの強弱をつけている。

（5）隠れ層のノード数

隠れ層やノード数の追加はネットワークが強力となり，予測精度の向上に役立つ。その反面，**過学習**の危険も増す。JMPは1つの隠れ層モデルを提供する。『重送』を使い，ノード数による予測精度の変化を調べよう。非常に単純なネットワークは，3つの入力から1つの出力を創り出すモデルである。このネットワークを学習させた結果が**ロジスティック回帰**に相当する（**図8.2**を参照）。**図8.8**は旧機能を使ったニューラルネットワークの結果である。ペナルティを0.05に設定してノード数を変化させたものである。**図8.8**上の**R2乗**と**交互検証R2乗**の値から，ノード数を増やすことで予測精度は少しずつ向上している。**図8.8**左下はノード数が3の場合の<u>確率[3]</u>（予測確率）と<u>重送率</u>（実確率）の散布図である。**図8.8**右下がノード数を10に増やした場合の<u>確率[10]</u>（予測確率）と<u>重送率</u>（実確率）の散布図である。回帰直線をあてはめたR2乗はノード数3よりもノード数10のほうが小さくなった。ノード数が増えると過学習の恐れが増大するから，むやみにノード数を増やすのは危険である。過学習が起きたかどうかは検証用のデータを用意して評価することである。また，元々

8.2 データから学習成長するニューラルネットワーク

線形な世界ではノード数を増やしても予測精度がさほど向上しないから，その時はノード数を節約するか，解釈がしやすい線形モデルを使うとよい．

(6) ニューラルネットワークの長所と短所

ニューラルネットワークの長所は主に以下の3点である．

Ⓐ広い範囲の問題を扱える．

Ⓑ複雑な領域の問題であっても，よい結果を生み出すことができる．

Ⓒ特性も要因も量的なデータと質的なデータの両方を扱える．

ニューラルネットワークでは隠れ層の繋ぎにロジスティック関数やtanh関数などを使う．これらの曲線は，線形近似も可能な非線形な曲線なので，線形な場面でも非線形な場面でも応用が効く．しかも，事前に非線形な関数を定義する必要がなく，適当なノード数を定めるだけである．ニューラルネットワークは，予測という意味では使いやすい方法である．

一方，ニューラルネットワークの短所は主に以下の3点である．

Ⓐ結果を説明できない．

Ⓑ早期に不適解に陥る場合がある．

Ⓒ過学習に陥るリスクが常に存在する．

ニューラルネットワークはあらゆる問題に適用できる便利さがある反面で，短所の認識が大切である．ニューラルネットワークは隠れ層を使ってフレキシブルなモデルを構築できるが，逆に得られた結果を因果的に説明することは困難である．これが，この方法に対する最も大きな批判である．分析結果に基づいて制御や介入といった行為を伴わない分野で，予測が主眼であればニューラルネットはよい結果を与えてくれるが，得られたモデルを使って因果を説明することが難しいのである．加えて，母数を推定する際に，早期に解が収束する場合がある．早期に解が収束するからと言って，得られた解が最良であるとは限らない．検証データで確認したり，初期値を変えて分析を何度か繰返したりして，モデルの評価を行うとよい．また，過学習への対応はノード数の決定だけでなく，予測に用いる要因の選択も重要である．ニューラルネットワークには変数選択という概念がないので，他の手法，例えば，**決定木**や**ロジスティッ**

ク回帰と併用するとよい。

|操作| 8.2：重送のロジスティック回帰分析
① 『重送』^{U} を読込み，＜分析＞⇒＜モデルのあてはめ＞を選ぶ。
② ダイアログで＜列の選択＞で判定を選び＜Y＞を押す。
③ Ctrl を押したまま＜列の選択＞でトルク・分離圧 1・紙種を選び＜追加＞を押す。
④ ＜列の選択＞で＜頻度＞を選び＜度数＞を押し，＜実行＞を押す。
⑤ 出力ウィンドウで＜名義ロジスティック…＞左赤▼を押し，＜プロファイル＞を選ぶ。
⑥ ＜予測プロファイル＞のブロックでトルクの上側にある赤い数字をクリックして，＜419.03＞を＜400＞に変更する。
⑦ ⑥と同様に分離圧 1 の数字の＜345.54＞を＜300＞に変更する。
⑧ 紙種のグラフの縦の破線を 1 から 2 へドラッグ＆ドロップする。
⑨ ＜名義ロジスティック…＞左赤▼を押し＜確率の計算式の保存＞を選ぶ。
⑩ ＜分析＞⇒＜二変量の関係＞で，＜Y, 目的変数＞に重送率を，＜X, 説明変数＞に判定確率(2/0)左▷を押し確率［1］を指定し，＜実行＞を押す。
⑪ ＜確率［1］と重送の二変量…＞左赤▼を押し＜直線のあてはめ＞を選んで散布図に回帰直線をあてはめる。

8.3　ニューラルネットワークの手順

『重送』を使い，ニューラルネットワークの一般的な分析手順を示す。JMP のニューラルネットワークはメニューの＜分析＞⇒＜予測モデル＞⇒＜ニューラル＞を選ぶ。現機能はニューラルネットワークの基本的な考え方を学ぶためのもので，隠れ層は 1 つである。また，変換変数は tanh 関数を使っている。旧機能はツアー回数などの指定ができ，変換変数はロジスティック関数を使う。旧機能は現バージョン(V14)でも動作可能であるが，今後のバージョンでの動作保証はない。なお，JMP の上位版である JMP Pro にはニューラルネットワークの強力なオプションが用意されているが，本書の対象の域を超えているので

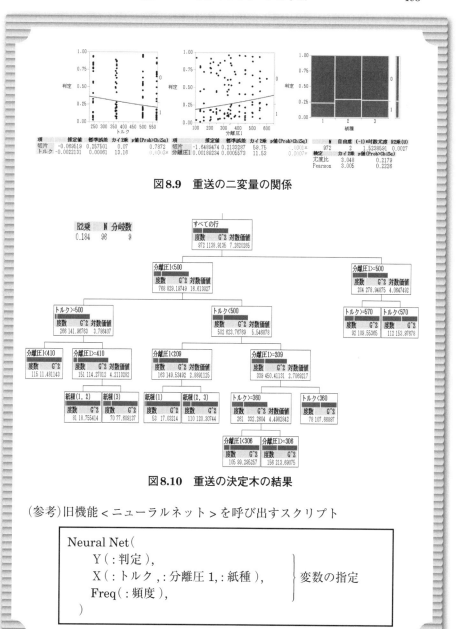

図8.9　重送の二変量の関係

図8.10　重送の決定木の結果

(参考)旧機能 <ニューラルネット> を呼び出すスクリプト

```
Neural Net(
    Y(:判定),
    X(:トルク,:分離圧1,:紙種),    変数の指定
    Freq(:頻度),
)
```

説明を省く。

手順1：変数の役割設定

特性に影響を与える要因を列挙する。特性は**質的データ**でも**量的データ**でもよいし，複数の特性を出力として指定できる。分析で扱う要因は**特性要因図**や**連関図**などを活用し，影響力のありそうな変数を選定する。要因は質的データでも量的データでもよいし，混在してもよい。なお，不必要に要因の数を増やさないように心がける。本例では判定を特性に指定し，トルク・分離圧1・分離圧2・紙種を要因の候補に設定する。

手順2：モニタリング

分析に入る前にモニタリングを行う。ニューラルネットワークを行う前に，要因と特性の関係を大まかに調べておく。また，**ロジスティック回帰**や**決定木**などを使って，分析の見通しをつける。図8.9は本例の要因と特性の関係をモニタリングした結果である。いずれの要因も特性との関係はさほど強くない。なお，図8.9では『重送』にある分離圧2と判定のグラフはレイアウトの関係で表示していない。図8.10は決定木の結果である。左側と右側で分岐に使う要因が異なるから要因間に**交互作用**の存在が疑われる。また，決定木では分離圧2は分岐に選択されなかった。分離圧2は他の要因との関連性から冗長な変数と判断する。また，決定木のR2乗は20%ほどでモデルの推定精度はさほど高くない。

手順3：要因の指定

取り上げる要因を設定する。ニューラルネットワークでは変数選択の概念がないので，あらかじめ必要な要因を準備する。本例では，決定木やロジスティック回帰の結果から，要因としてトルク・分離圧1・紙種を取り上げる。

手順4：ニューラルネットワークの設定

要因と特性を決めたら**ノード数の設定**や**検証データの設定**などを行う。本例では，現機能だけでなく，ツアーの回数を指定できる旧機能も説明する。データテーブルに旧機能のスクリプトを保存している。旧機能のスクリプト名は**<Neural Net>**で，現機能のスクリプト名は**<Neural>**である。旧機能を他

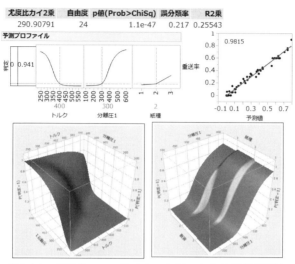

図8.11 重送のニューラルネットワークの結果（旧機能）

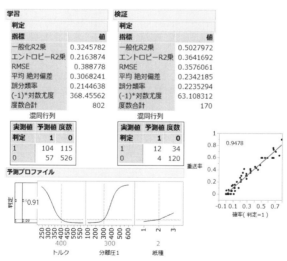

図8.12 重送のニューラルネットワークの結果（現機能）

のデータファイルで使う場合は，変数の指定部分を省略し<Neural Net()>と打ち込み，スクリプトを実行すると旧機能のダイアログが立ち上がる。

　現機能のニューラルネットのダイアログが表示されたら，学習データと検証データの割合や抽出方法を決める。また，隠れ層のノード数を決める。本例では検証法に<K分割>を選び，分割数を5にする。また，**乱数シード値**を10として，ノード数は4で分析を行う。これは再現性を確保するためである。読者は乱数シード値やノード数などを変え，分析結果の違いを体感するとよい。旧機能では，データテーブルのスクリプト<ニューラルネットひな形>を起動させ，検証法で<K分割>を選び，分割数を5にする。

手順5：仮定したネットワークの学習

　現機能では直ちにニューラルネットワークの分析結果が得られる。旧機能では，**オーバーフィットのペナルティの値・ツアー数・最大反復数**などを設定して，ネットワークに学習をさせる必要がある。本例ではノード数を4に設定した。一般的に，ペナルティを大きくすれば，オーバーフィットは抑えられるがあてはまりは悪くなる。本例では，オーバーフィットのペナルティを 0.05 にして学習を行う。ツアー数とは一連の分析を繰り返す回数で，繰り返し計算によりネットワークが学習を行い，モデルの予測精度が向上する。旧機能の分析結果を**図8.11**に示す。**図8.11**下はニューラルネットワークの**応答曲面**である。ニューラルネットワークでは，非線形で複雑な関数を使った予測が行われていることがわかるであろう。**図8.12**が現機能の分析結果である。現機能でも応答曲面が表示できるが，レイアウトの都合で省略した。

手順6：ニューラルネットワークによる予測

　学習したネットワークを使って予測を行う。**図8.11**や**図8.12**の予測プロファイルから<u>トルク</u>を 400，<u>分離圧1</u>を 300，<u>紙種</u>を 2 とした場合の予測は，重回帰に較べて，いずれの方法でも重送率が小さく，実データに合った値が得られている。また，JMP の**等高線プロファイル**を使うと視覚的に重送が起きない領域を表すことができる。重送率の多い紙種 3 を使い，重送率の境界値を 0.05 とする。参考までに上限を 0.1，下限を 0.001 としよう。**図8.13**が旧

8.3 ニューラルネットワークの手順

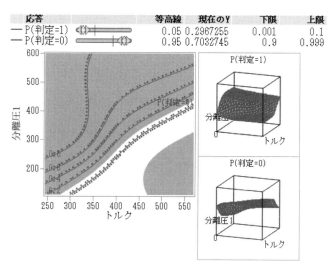

図8.13 トルクと分離圧1の平面での重送率の等高線（旧機能）

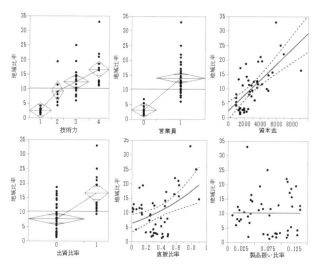

図8.14 サービス能力の二変量の関係

機能の結果を使ったトルクと分離圧1の等高線図である。境界は直線ではなく，複雑な曲線で表されていることがわかるだろう。また，20%で仕切られた等高線もそれぞれ複雑な曲線で表示されている。非線形な境界を作ることでモデルのあてはまりが向上するのである。

操作 8.3：重送のニューラルネットワーク（現機能）

① 『重送』^{U} を読込み，<分析>⇒<予測モデル>⇒<ニューラル>を選ぶ。
② ダイアログで<列の選択>で判定を選び<Y,目的変数>を押す。
③ Ctrl を押したまま<列の選択>でトルク・分離圧1・紙種を選び<X,説明変数>を押す。
④ <列の選択>で頻度を選び<度数>を押し，<OK>を押す。
⑤ ダイアログの<検証法>で<保留>を押し<K分割>を選ぶ。
⑥ <分割数>に<5>を，<乱数シード値>に<10>を，<隠れノード>に<4>を入力して，<実行>を押す。
⑦ 出力ウィンドウの<モデル NTanH(4)>左赤▼を押し<カテゴリカルプロファイル>を選ぶ。
⑧ <予測プロファイル>でトルクを400，分離圧1を300，紙種を2に指定する。

操作 8.4：重送のニューラルネットワーク（旧機能）

① データテーブルの<ニューラルネット>左緑▷を押しスクリプトを実行する。
② 出力ウィンドウの<ニューラルネット>左赤▼を押し<複数のモデルのあてはめ>を選ぶ。
③ <オーバーフィットペナルティ>の開始値を<0.05>，終了値を<0.05>にする。
④ <隠れノード>の開始値を<1>，終了値を<4>とし<OK>を押す。
⑤ <ニューラルネット>左赤▼を押し<曲面プロファイル>を選ぶ。
⑥ <ニューラルネット>左赤▼を押し<等高線プロファイル>を選ぶ。
⑦ 図8.13を参考にして境界値を設定する。

R2乗	0.81915
自由度調整R2乗	0.797095
誤差の標準偏差(RMSE)	3.187186
Yの平均	10.31702
オブザベーション(または重みの合計)	47

項	推定値	標準誤差	t値	p値(Prob>|t|)
切片	1.5447482	1.470054	1.05	0.2995
営業員[0]	-4.263096	0.685893	-6.22	<.0001*
資本金	0.0005961	0.00037	1.61	0.1145
直販比率	10.078809	2.427789	4.15	0.0002*
製品扱い比率	41.908646	12.78855	3.28	0.0021*
出資比率[0]	-2.37593	0.578882	-4.10	0.0002*

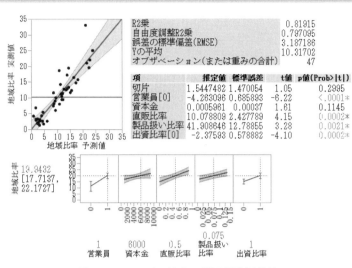

図8.15 サービス能力の重回帰分析結果

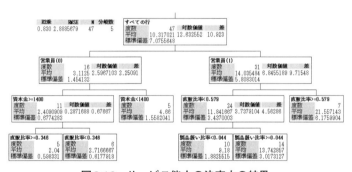

図8.16 サービス能力の決定木の結果

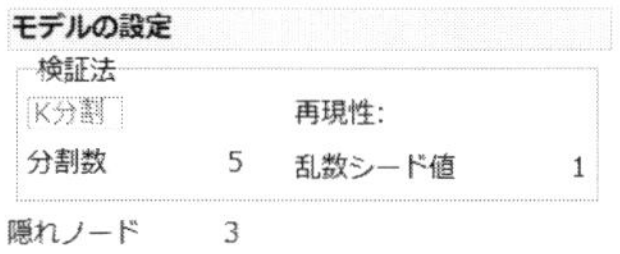

図8.17 ニューラルネットワークの設定

⑧ < 等高線プロファイル > 左赤▼を押し，< 等高線グリッド > を選び，ダイアログで <P(判定 = 1)> を選び，<OK> を押す．
⑨ ダイアログで < 増分 > に <0.2> を入力し，<OK> を押す．
⑩ < ニューラルネット > 左赤▼を押し < 計算式の保存 > を選ぶ．
⑪ 判定［1］計算式と重送率で散布図を描き回帰直線をあてはめる．

8.4　ニューラルネットワークの事例

　B 社は設備機器の製造販売を行い，各都道府県に系列の販売会社を持っている．『サービス能力』^{U} には B 社の製品の地域別の販売シェアや系列の販売会社の能力を示す情報が保存されている．本例では地域比率を特性に指定し，営業員・資本金・技術力・直販比率・製品扱い比率・出資比率を要因の候補と考える．地域比率とは各販売会社の都道府県内シェアである．図8.14 は要因と特性の関係を効果の大きい順にモニタリングにしたものである．技術力のレベルが高いほど地域比率が高い，営業員数の多いほど地域比率が高い，など納得できる結果である．なお，図8.14 からは製品扱い比率は地域比率に影響を与えないように見えるが，他の要因の影響で効果が消されているのかも知れない．図8.15 は重回帰分析の結果である．自由度調整 R2 乗が 0.8 弱であり，ほどほどの予測精度である．変数選択では候補の技術力が選択されず，逆に製品扱い比率が選択された．図8.15 下のプロファイルも参考にして，選択された要因の係数は納得できるものである．図8.16 は決定木の結果である．左側と右側で分岐に使う要因が異なるので，要因間に交互作用の存在が疑われる．また，決定木でも技術力は分岐に選択されなかった．技術力は他の要因との関連性が強いのか冗長な要因と判断されたようである．また，決定木の R2乗も 0.8 超あり，ほどほどの精度である．重回帰分析と決定木の結果から，要因として営業員・資本金・直販比率・製品扱い比率・出資比率を取り上げる．本例は現行機能の < ニューラル > で分析する．個体数 $n = 47$ と小さいこともあり，検証方法に K 分割法を使う．図8.17 に示すように分割数を 5，ノード数を 3，乱数シード値を 1 に設定する．分析の結果を図8.18 に示す．図8.18 上の左が学習デー

8.4 ニューラルネットワークの事例

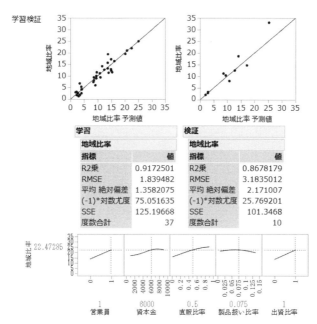

図8.18 サービス能力のニューラルネットワークの結果

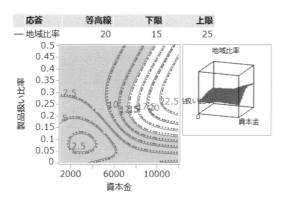

図8.19 サービス能力の等高線プロファイル

タ，右が**検証データ**の予測と実測の散布図である。学習データを使った**R2乗**は 0.92，検証データを使った **R2乗**は 0.87 である。検証データにもよくあてはまっている。本例のように個体数が少ない場合は，学習データの予測精度は十分にあっても，検証データでは精度が悪いことがあるので注意しよう。その場合は過学習になっている可能性がある。**図8.18** 下は，営業員を 1，資本金を 3000，直販比率を 0.33，製品扱い比率を 0.1，出資比率を 1 にしたプロファイルである。その時の地域比率の予測値は 22.5% である。

図8.19 は得られたネットワークを使った資本金と製品扱い比率の等高線プロファイルである。**図8.19** で網掛け領域は地域比率が 15% 以下と予測された領域である。資本金が 2000 〜 4000 で，製品扱い比率が 0.2 以下の条件では，ぽっかり穴が空いたように地域比率が極端に低いことが読み取れる。逆に，資本金が 3000 以上であれば，資本金と製品扱い比率が多くなれば地域比率も増える傾向にある。この網掛け領域外の部分は比較的線形性が成り立っているように見える。ニューラルネットワークは線形の世界と異なり，非線形で複雑な関数で予測が行われていることがわかるだろう。

ところで，**図8.20** は直販比率と製品扱い比率に 3 つのノードの応答面を重ねたグラフである。これらの複雑な曲面の線形結合で予測式が作られている。予測式にそれぞれの要因がどのように影響しているかを確認する作業は至難である。例えば，ノード 1 〜 3 への繋ぎは以下の関数で表される。

$$H_1 = \tanh\left[\frac{1}{2}\left(-3.899 + \begin{cases} 0.556\,\text{営業員}\,0 \\ -0.556\,\text{営業員}\,1 \end{cases} + 0.000616\,\text{資本金} \\ +2.826\,\text{直販比率} - 8.068\,\text{製品扱い比率} + \begin{cases} -0.183\,\text{出資比率}\,0 \\ 0.183\,\text{出資比率}\,1 \end{cases}\right)\right]$$

$$H_2 = \tanh\left[\frac{1}{2}\left(-5.077 + \begin{cases} 0.772\,\text{営業員}\,0 \\ -0.772\,\text{営業員}\,1 \end{cases} + 0.000510\,\text{資本金} \\ +2.584\,\text{直販比率} - 19.380\,\text{製品扱い比率} + \begin{cases} 0.741\,\text{出資比率}\,0 \\ -0.741\,\text{出資比率}\,1 \end{cases}\right)\right]$$

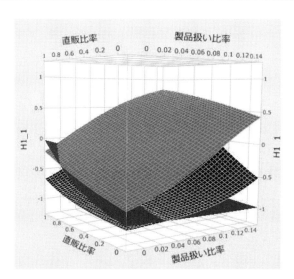

図8.20 直販比率と製品扱い比率と3つのノードの応答面

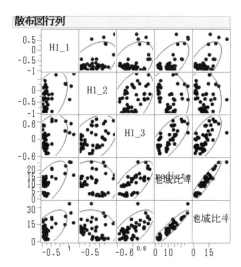

図8.21 3つのノードと予測値と地域比率

$$H_3 = \tanh\left[\frac{1}{2}\left\{\begin{array}{l}-1.910 + \left\{\begin{array}{l}-0.465 \text{ 営業員 } 0 \\ 0.465 \text{ 営業員 } 1\end{array}\right. + 0.0000381 \text{ 資本金} \\ +1.301 \text{ 直販比率} + 16.265 \text{ 製品扱い比率} + \left\{\begin{array}{l}-0.0534 \text{ 出資比率 } 0 \\ 0.0534 \text{ 出資比率 } 1\end{array}\right.\end{array}\right\}\right]$$

この3つの非線形なヘビサイド関数の線形和,

$$\hat{y} = 13.160 + 9.480 H_1 - 9.258 H_2 + 14.020 H_3$$

が最終的な予測式である。このように,各要因は非線形な3つの関数で複雑に繋がって予測式を構成している。参考までに,**図8.21**に3つのノードのヘビサイド関数と予測値と地域比率の**散布図行列**を示す。非線形な関係式から各要因の影響を紐解くことは難しい。

操作 8.5：サービス能力の二変量の関係

① 『サービス能力』^{U} を読込み,＜分析＞⇒＜二変量の関係＞を選ぶ。

② 地域比率を＜Y, 目的変数＞に,営業員・資本金・技術力・直販比率・製品扱い比率・出資比率を＜X, 説明変数＞に指定して分析を行う。

操作 8.6：サービス能力の重回帰分析

① ＜分析＞⇒＜モデルのあてはめ＞を選ぶ。

② 地域比率を＜Y＞に,営業員・資本金・技術力・直販比率・製品扱い比率・出資比率を＜追加＞に指定して,変数選択による重回帰分析を行う。

操作 8.7：サービス能力の決定木

① ＜分析＞⇒＜予測モデル＞⇒＜パーティション＞を選ぶ。

② 地域比率を＜Y, 目的変数＞に,営業員・資本金・技術力・直販比率・製品扱い比率・出資比率を＜X, 説明変数＞に指定して分析を行う。

操作 8.8：サービス能力のニューラルネットワーク

① ＜分析＞⇒＜予測モデル＞⇒＜ニューラル＞を選ぶ。

② ダイアログの＜列の選択＞で地域比率を選び＜Y, 目的変数＞を押す。

③ Ctrlを押したまま<列の選択>で営業員・資本金・直販比率・製品扱い比率・出資比率を選び<X, 説明変数>を押し，<OK>を押す。

④ ダイアログの<検証法>の<保留>を押し<K分割>を選ぶ。

⑤ <分割数>に<5>，<乱数シード値>に<1>を入力し，<隠れノード>に<3>を入力して，<実行>を押す。

⑥ 出力ウィンドウの<モデル NTanH(3)>左赤▼を押し，<予測値と実測値のプロット>を選ぶ。

⑦ <モデル NTanH(3)>左赤▼を押し<プロファイル>を選ぶ。

⑧ <予測プロファイル>で**図8.18**のような条件を作り予測を行う。

⑨ <モデル NTanH(3)>左赤▼を押し<等高線プロファイル>を選ぶ。

⑩ <水平>，<垂直>のラジオボタンでXとYの変数を選ぶ。

⑪ <等高線プロファイル>のブロックで<等高線>に<20>，<下限>に<15>，上限に<25>を入力する。

⑫ <等高線プロファイル>左赤▼を押し<等高線グリッド>を選ぶ。

⑬ ダイアログで<最小値>に<0>，<最大値>に<35>，<増分>に<2.5>を入力し，<OK>を押す。

⑭ 等高線プロファイルの横軸と縦軸の範囲を変更する。
（例：横軸をダブルクリックし，ダイアログで最小値と最大値を変更する）

⑮ <モデル NTanH(3)>左赤▼を押し<計算式の保存>を選ぶ。

|操作| **8.9：サービス能力の曲面プロット**

① <グラフ>⇒<曲面プロット>を選ぶ。

② ダイアログの<列の選択>で，分析に使ったすべての変数と隠れ層，および **Predicted** 地域比率を選び<列>を押し，<OK>を押す。

③ <従属変数>のブロックで各ノードの<曲面>を<オフから<両面>に変更する。

④ <独立変数>のブロックでX軸とY軸の変数を指定する。

第9章 | 時間の要約

■手法の使いこなし
☞時間データでは観測打切りとなる観測値に統計的な手当てを行う。
☞時間データでは(累積)ハザード関数という特別な考え方を取り入れる。
☞製品の故障や生物の寿命に特別な分布をあてはめてグラフィカルに表現する。

9.1 受信アンテナ

M市の山頂に衛星放送用の受信基地の建設が計画された。受信基地のアンテナの寿命を20年に設定すると，アンテナの強度は今後20年間に発生する瞬間最大風速(以下では単に風速と記する)に耐えられる設計が求められる。

《質問9》稀な現象
　20年あるいは100年に1回の割合で起こる風速を予測することはできるか？

はじめに，風速の分布が未知の場合を考える。風速が想定した値 x^* を超える確率を p とする。平均的な考えをすれば，風速が x^* を超えるのは $1/p$ 年間に1回の割合で起きる。この時，

$$\overline{Y} = 1/p \tag{9.1}$$

を**平均再帰期間**と言う。対象を年間観測して，**イベント**(強風でアンテナが折れるという出来事)が発生しない確率を $q=1-p$ とすれば，

$$q^y = (1-p)^y = (1-1/\overline{Y})^y \tag{9.2}$$

である。p が十分に小さい($\overline{Y}$ が十分大きい($\overline{Y} \geq 15$))場合には，

$$S(y) = \exp(-y/\overline{Y}) \tag{9.3}$$

と考える。(9.3)式は q^y の近似を $S(y)$ の関数で表したもので，**図9.1** 左は $\overline{Y}=20$ の場合の $S(y)$ と y の関係を片対数で示したものである。アンテナはある風速 x^* 以上で必ず破損するとき，$S(y)$ は y 年後にもアンテナが破損しない確率，**生存関数**である。$S(y)$ が**指数関数**で表されることは興味深い。あるイベ

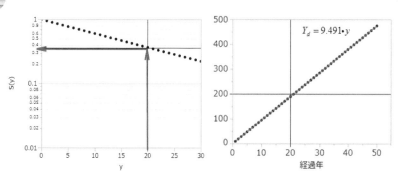

図9.1 (左)生存率直線(縦軸は対数尺)　(右)$S(y)=0.9$のときのyとY_dの関係

■寿命分析で使う分布関数(累積故障確率)とハザード関数

$$F(y) = \int_0^y f(y)\,dy\,(0\leq y\leq\infty) \quad h(y) = \frac{f(y)}{1-F(y)} = \frac{dS(y)}{dy}\times\frac{1}{S(y)}$$

$$(S(y) = 1 - F(y))$$

■2母数ワイブル分布

・確率密度と分布関数

$$f(y) = \beta\,\frac{y^{\beta-1}}{\alpha^\beta}\exp\left\{-\left(\frac{y}{\alpha}\right)^\beta\right\},\ \ F(y) = 1-\exp\left\{-\left(\frac{y}{\alpha}\right)^\beta\right\}$$

$$(y\geq 0,\ \alpha>0,\ \beta>0)$$

・$\beta=1$のとき，$F(y)=1-\exp\{-\lambda y\}$ ($\lambda=1/\alpha$)の**指数分布**となる。

・指数分布の平均と標準偏差は共にαである。

・ハザード関数

$$h(y) = f(y)/\{1-F(y)\} = \beta\,\frac{y^{\beta-1}}{\alpha^\beta}$$

・$\beta=1$のとき，$h(y)=1/\alpha=\lambda$となり，ハザード値は一定となる。

・平均と分散

$$E[Y] = \alpha\,\Gamma\left\{1+\frac{1}{\beta}\right\} \qquad V[Y] = \alpha^2\left[\Gamma\left\{1+\frac{2}{\beta}\right\} - \Gamma^2\left\{1+\frac{1}{\beta}\right\}\right]$$

(ここで$\Gamma(\cdot)$はガンマ関数)

ントが起こる確率は平均再帰期間を用いて表されるが平均以外に**中央値**を用いることも多く，これを**中央値再帰期間** $\widetilde{Y}$ と言う．

$$S(y) = \exp(-y/\overline{Y}) = 0.5 \tag{9.4}$$

から y を求めると，$y = 0.69315\,\overline{Y}$ となるから，

$$\widetilde{Y} = 0.69315\,\overline{Y} \tag{9.5}$$

という関係が得られる．例えば，平均的に100年間に1回しか起きないような風速に耐える設計であれば，$\widetilde{Y} = 0.69315 \times 100 \approx 70$ より，アンテナが70年間破損しない確率は50%になる．逆に，アンテナの平均的な強度を Y_d に1回しか起きない風速に対して設計すれば，Y_d よりも短い期間 y で破損される確率を p 以下に抑えることができる．Y_d は y と p の関数で，$S(y)$ が指数関数であることから簡単に計算できる．この時，$1-p$ を**信頼度**，y を**要求寿命**と言う．例えば，信頼度90%で20年稼働する設計は，$y = 20$，$q = 0.9$ より20年のほぼ10倍の190年が目標である（**図9.1** 右参照）．このように，アンテナの寿命を推定するには，長期に渡る時間データの蓄積，190年が必要である．

9.2 時の長さを探る時間分析

9.1節の方法では Y_d が極めて長期に及ぶ．手元に過去のデータが少ない場合は，風速がどのような分布に従うものかを知る必要がある．以下でこの問題を含めて，時間データの基本的な考え方を紹介する．

(1) 確率分布を使った表現

寿命や信頼性を表す**確率分布**は，時点 y で死亡や故障などのイベントが発生する確率密度 $f(y)$ と，それを積分した**分布関数**（**累積故障確率**）

$$F(y) = \int_0^y f(y)\,dy \quad (0 \leq y \leq \infty) \tag{9.6}$$

で表される．時間データの分析では，(9.7)式の**ハザード関数**も使われる．

$$h(y) = \frac{f(y)}{1-F(y)} = \frac{f(y)}{S(y)} \qquad (S(y) = 1 - F(y)) \tag{9.7}$$

$S(y)$ が時間を対象としているのに対して，$h(y)$ は1/時間を対象とした物差しである．また，$h(y)$ を累積した**累積ハザード関数** $H(y)$ と $S(y)$ の間には

$$H(y) = \int_0^y h(y)\,dy = -\ln S(y) \tag{9.8}$$

という関係がある。

(2) 最小値の分布

同じ母集団から得られた大きさ n の標本の**最小値**がどのような分布に従うのだろう。ここでは JMP で利用できる確率分布を紹介する。そのひとつ，**ワイブル (Weibull)** 分布は製品信頼性の評価に使われる。その確率密度と分布関数は，

$$f(y) = \beta \frac{(y-\theta)^{\beta-1}}{\alpha^\beta} \exp\left\{-\left(\frac{y-\theta}{\alpha}\right)^\beta\right\} \quad (y \geq 0,\ \alpha > 0,\ \beta > 0) \tag{9.9}$$

$$F(y) = 1 - \exp\left\{-\left(\frac{y-\theta}{\alpha}\right)^\beta\right\} \tag{9.10}$$

である。ワイブル分布は分布の姿を決める**形状母数** β，分布の 63.2% 点の時点を表す**特性寿命** α，分布の閾値を決める**閾値母数** θ（シータ）の 3 つの母数がある。通常は $\theta = 0$ を仮定する。その場合に，(9.10) 式の両辺に 2 回対数を取ると

$$\ln(-\ln S(y)) = -\beta \ln \alpha + \beta \ln y \quad (\theta = 0) \tag{9.11}$$

という関係が得られる。(9.11) 式より，$S(y)$ と y はワイブル分布の母数を使った 1 次式で表すことができる。また，図 9.2 左に示すように β の値によってワイブル分布の形状は大きく変化する。β の値と分布形状から故障のパターンを，

$\beta > 1$：**摩耗故障**，　$\beta = 1$：**偶発故障**，　$\beta < 1$：**初期故障**

と 3 分類する。2 母数のワイブル分布のハザード関数 $h(y)$，

$$h(y) = f(y)/S(y) = \beta \frac{y^{\beta-1}}{\alpha^\beta} \tag{9.12}$$

を使えば，その意味がわかりやすい。**図 9.2** 右は β の値を変えた 3 つのハザード関数を表している。初期故障では $h(y)$ が単調減少し，偶発故障であれば $h(y)$ が一定であり，さらに摩耗故障であれば $h(y)$ が増加する。

次に，**最小極値分布**と呼ばれる最小値の分布を紹介する。最小極値分布の分布関数は，

$$F(y) = 1 - \exp[-\exp\{(y-\mu)/\sigma\}] \quad \sigma > 0 \tag{9.13}$$

と表される。μ は 63.2% が故障した時間を表す**位置母数**，σ は**尺度母数**で $1/\sigma$ の値が分布の広がりを表す。(9.13)式で両辺に2回対数を取ると，

$$\ln[-\ln S(y)] = -\mu/\sigma + (1/\sigma)y \tag{9.14}$$

とワイブル分布と同様に母数を使った1次式で表すことができる。ただし，(9.14)式の右辺の寿命 y は対数ではなく実尺である。

(3) 最大値の分布

同じ母集団から得られた大きさ n の標本の**最大値**がどのような分布に従うのだろう。ここでは JMP で利用できる2つの分布を紹介する。土木では自然現象（風・波・地震など）の最大値の分布は施設の安全評価で重要になる。また，単位長における配管の錆や汚れの最大値が配管寿命に影響するので最大値の分布が使われる。最大値の分布関数は，それぞれ以下の式で表される。

$$\text{タイプ1}: F(y) = \exp[-\exp\{-(y-\mu)/\sigma\}] \quad \sigma > 0 \tag{9.15}$$
$$(-\ln(-\ln F(y))) = -\mu/\sigma + y/\sigma$$
$$\text{タイプ2}: F(y) = \exp[-\{y/\mu\}^{-\beta}]\mu, \beta > 0 \tag{9.16}$$
$$(-\ln(-\ln F(y))) = -\beta \ln \mu + \beta \ln y$$

最大値の分布も両辺に2回対数を取ると，分布関数 $F(y)$ と y の関係を1次式で表すことができる。μ は 36.8% 点を表す位置母数である。タイプ1の最大極値分布は，9.1節で扱った風速や地震の年間最大マグニチュードや金属腐食の局部調査データなどに使われ，JMP で扱う**最大極値分布**である。タイプ2の極値分布が JMP で扱う Frechet（フレシェ）分布である。

ここで，9.1節のアンテナの例に最大極値分布をあてはめよう。M市の40年間の風速のデータが『最大風速』^Uに保存されている。このデータに最大極値分布をあてはめた結果を**図9.3**に示す。M市に吹く風速の生存関数は

$$S(y) = 1 - F(y) = 1 - \exp[-\exp\{(y - 25.25)/2.04\}]$$

と推定（❶）される。このモデルで**中央値**の風速を求めると 25.99m/s（❷）である。さらに，**再帰期間** $\overline{Y}$ と $S(y)$ には(9.17)式の関係が知られている。

$$\overline{Y} = 1/S(y) \quad \Leftrightarrow \quad y = \mu - \ln\{-\ln S(y)\}\sigma \tag{9.17}$$

9.2 時の長さを探る時間分析

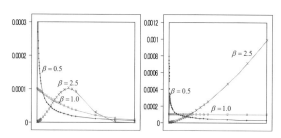

図9.2 β の異なるワイブル分布(左:確率密度 右:ハザード関数)

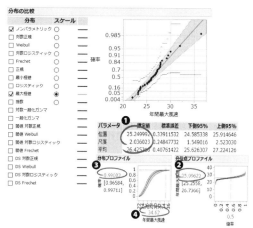

図9.3 受信用アンテナの最大極値分布(タイプ1)のあてはめ

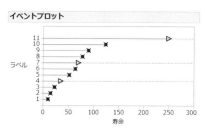

図9.4 イベントプロット($\triangleright$ が打切りデータ)

100年間で1回しか起きない風速とは$S(y)$が99%になる風速を求めることだから，(9.17)式を使い，以下のように風速を予測できる。

$$y = \mu - \ln\{-\ln S(y)\}\,\sigma = 25.25 + 4.60 \times 2.04 = 34.62\text{m/s}$$

また，分布プロファイルを使うと，$S(y)$が99%(❸)になる風速34.62m/s(❹)が求まる。

(4) 累積ハザード法

　製品やユニットなどの時間データには，寿命が観測された**完全データ**と**打切りデータ**(何かの理由で寿命が尽きる前に観測が途中で打切られた個体の観測値)が混在する場合がある。例えば，**図9.4**のイベントプロットは，複数の時点で打切りがあるデータである。普通に考えると，故障が観測された時間よりも短い打切りデータが含まれていると，故障の累積確率が計算できない。このような場合は，最尤法を使った複雑な計算が必要となる。ここでは計算が容易な**累積ハザード法**を紹介する。この方法はすべてのデータについてハザード値$h(y_i)\,(i = 1, 2, \cdots, n)$を計算し，当該故障についてのみ，$h(y_i)$を累積した累積ハザード値$H(y_i)$を求め，以下の関係から$F(y)$の母数を推定する。

$$F(y) = 1 - \exp\{-H(y)\} \tag{9.18}$$

$H(y_i)$が計算できるのは，$h(y_i)$が$h(y) = f(y)/\{S(y)\}$は期間y_iまで故障しない条件で，時点y_iで故障する比率だから，y_i以前のハザード値に影響を受けないからである。$h(y_i)$を計算するには大きさnの標本から故障時間を小さい順に並べ，

$$y_{(1)} \leq y_{(2)} \leq \cdots \leq y_{(n)} \tag{9.19}$$

とする。期間$0 \sim y_{(1)}$について考えると，この間の生存数はn，生存時間は$y_{(1)}$である。したがって，この間の総生存時間は$ny_{(1)}$となり，故障は1個であるから，平均ハザードは$1/ny_{(1)}$となる。これを$0 \sim ny_{(1)}$で積分すれば，

$$h(y_{(1)}) = \int_0^{y_{(1)}} \frac{1}{ny_{(1)}}\,dy = \frac{1}{n} \tag{9.20}$$

となる。$y_{(i-1)} \sim y_{(i)}$も同様に考えれば，

$$h(y_{(i)}) = \int_{y_{(i-1)}}^{y_{(i)}} \frac{1}{(n-i+1)(y_{(i)}-y_{(i-1)})} dt = \frac{1}{n-i+1} \tag{9.21}$$

となる．以上から $H(y_{(i)})$ は

$$H(y_{(i)}) = \sum_{j=1}^{i} \frac{1}{n-i+1} \tag{9.22}$$

と簡単な計算で求めることができる．(9.22)式の分母は，ちょうど大きい方から付けた番号（逆順位）になるので，$h(y_{(i)})$ は逆順位の逆数を計算する．データが**ワイブル分布**に従うことを調べるときは，(9.11)式の関係を使い，縦軸に $\ln H(y)$ を，横軸に $\ln y$ を取った散布図を描き，打点の直線傾向を確認する．

この時の回帰直線の切片と傾きからワイブル分布の母数が推定できる．このグラフは**累積ハザードプロット**（**2重対数プロット**）と呼ばれる．(9.14)式から縦軸に $\ln H(y)$ を，横軸に y を取った散布図は**最小極値分布の累積ハザードプロット**になる．以下に，y と $H(y)$ の関係を使った4つの累積ハザードプロットを示す．

（ⅰ）y vs $H(y)$：　$H(y) = \lambda y$　　　　　　　　（指数分布）
（ⅱ）y vs $\ln H(y)$：　$\ln H(y) = -\mu/\sigma + (1/\sigma)y$　（最小極値分布）
（ⅲ）$\ln y$ vs $H(y)$：　$H(y) = -\beta \ln \alpha + \beta \ln y$　（パレート分布）
（ⅳ）$\ln y$ vs $\ln H(y)$：　$\ln H(y) = -\beta \ln \alpha + \beta \ln y$　（ワイブル分布）

（5）カプラン・マイヤー法

累積ハザード法の他に打切りデータに対応した方法として，**カプラン・マイヤー法**がある．この方法が JMP では装備されている．カプラン・マイヤー法の説明に使う時間データを以下に示す．なお，打切りデータには＊をつけた．

　　143,　164,　188,　188,　190,　192,　206,　209,　213,　216,
　　216*,　220,　227,　230,　234,　244*,　246,　265,　305,

$0 \leq y_1 \leq y_2 \leq \cdots \leq y_r$ として，y_j は j 番目の生存時間，d_j は y_j における故障数，n_j は y_j における生存数，m_j は y_j と y_{j+1} の間の打切り数とする．ここで，n_j には d_j の数も含まれることに注意する．つまり，個体は y_j まで生存しており，時点 y_j にちょうど d_j 個壊れたと考える．ここで，$n_j = (m_j + d_j) + \cdots + (m_k$

$+d_k$) であるとする。例えば，$j=9$ の場合は

$n_9 = (1+0)+(1+1)+(1+0)+(1+0)+(1+0)+(0+1)+(1+0)+(1+0)+(1+0)+(1+0)=11$

y　　213　　216　　220　　227　　230　←234→　244　　246　　265　　305

と計算する。時点 y_j で故障が確認されたことを条件付きにし，y_j における故障確率を p_j とする。各時点で故障が起こる確率は $p_j^{d_j}(1-p_j)^{n_j-d_j}$ を使い，故障確率と生存確率の積を作れば，

$$L(p_1, p_2, \cdots, p_k) = \prod_{j=1}^{k} p_j^{d_j} \times (1-p_j)^{n_j-d_j} \tag{9.28}$$

となる。この L を**尤度関数**として**最尤推定量**を求めると $\hat{p}_j = d_j/n_j$ となる。したがって，時間 y での生存確率は y の直前の生存時間が $y_{j+1} > y$ ならば，y_j まで故障しない確率の積

$$\hat{S}(y_k) = (1-\hat{p}_1)(1-\hat{p}_2)\cdots(1-\hat{p}_j)\cdots(1-\hat{p}_k) = \prod_{j=1}^{k}(1-d_j/n_j) \tag{9.29}$$

となる。これが，生存関数 $S(y_k)$ の最尤推定である。この $\hat{S}(y_k)$ をカプラン・マイヤーの推定値と言う。本例では以下のように計算する。

$$0 \leq y_i < 143 \Rightarrow \hat{S}(y_1) = \left(1-\frac{0}{19}\right) = 1$$

$$143 \leq y_i < 164 \Rightarrow \hat{S}(y_2) = 1 \times \left(1-\frac{1}{19}\right) = 0.947$$

$$164 \leq y_i < 188 \Rightarrow \hat{S}(y_3) = 1 \times \left(1-\frac{1}{19}\right) \times \left(1-\frac{1}{18}\right) = 0.947 \times 0.944 = 0.895$$

|操作| **9.1**：確率プロット

①『最大風速』[U] を読込む。

②＜分析＞⇒＜信頼性／生存時間…＞⇒＜寿命の一変量＞を選ぶ。

③ダイアログの＜列の選択＞で年間最大風速を選び＜Y，イベント…＞を押し，＜OK＞を押す。

　（タブは＜寿命の一変量＞であることを確認する）

④出力ウィンドウの＜分布の比較＞で＜最大極値＞にチェックを入れる。

⑤＜分布の比較＞で＜スケール＞に＜最大極値＞を選ぶ。

9.2 時の長さを探る時間分析

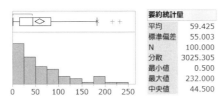

図9.5　寿命のヒストグラム

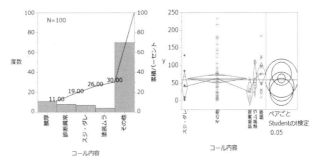

図9.6　コール内容のパレート図(左)と寿命とコール内容のひし形グラフ(右)

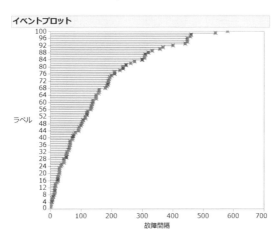

図9.7　イベントプロット

9.3 時間分析の手順

『塗装機』[U] を使い寿命分布の推定手順を示す。9.3節では寿命が**ワイブル分布**に従う例を用いて時間分析の手順を紹介する。

手順1：分析データの準備

ワイブル確率プロットに使うデータを用意する。特性には時間データや最小値のデータを使う。また，打切りの有無を示す**ダミー変数**や，**イベント**が発生した原因や現象を記載した**名義尺度**の変数を用意する。さらに，比較したい**層別因子**，例えば地域や機種やロットの違いなどを用意しておく。本例には**打切りデータ**はないが，サービスコールされた内容がコール内容として追記されている。図9.5は『塗装機』の寿命の**ヒストグラム**である。寿命の長い側に裾を引いた左右非対称の分布である。図9.6左にコール内容の**パレート図**を示す。ユーザーの操作ミスなどで機械が止まり，コールが起きたものがその他の内容に含まれており，全体の70％に相当する。また，コール内容について寿命が異なるかどうかを**ひし形グラフ**で図9.6右に示す。図9.6からはコール内容によって寿命のばらつきが異なるように見える。しかし，時間データに対して，このような**分散分析**を行うのは誤用である。コール内容は原因ではなく結果（現象）であるから結果を使って時間データを層別すべきではない。

手順2：変数の役割設定

ワイブル確率プロットを利用するために変数の役割を決める。本例では y が時間データである。y は100台の塗装機が納品されて，はじめてサービスマンがメンテナンスに呼ばれるまでの日数である。個体は寿命が短い順に並べ替えてある。なお，データ番号1は納入当日にサービスマンが呼ばれたケースであり，平均的な値0.5日が入力されている。

手順3：寿命分布の確認

過去の経験から，寿命分布がわかっている場合は確証的に想定した分布の**確率プロット**を行うが，探索的に寿命分布を調べたい場合もある。JMPでは，様々な寿命分布の確率プロットを試すことができる。図9.7は**イベントプロット**と呼ばれ，寿命を昇順に並べた時間データのグラフである。データの全体的な傾

9.3 時間分布の手順

向を読み取るために使われる。図**9.8**は分布の比較画面である。分布のチェックリスト(❶)から色々な寿命分布を試してみる。直線的傾向を調べるにはグラフのスケール(❷)を変えてみると、ビジュアルにあてはめの比較ができる。ワイブル確率プロット(❸)により、本例の寿命はワイブル分布によくあてはまっているように見える。ワイブル分布の母数推定を最尤法で行うと、$\hat{\alpha}=59.9$, $\hat{\beta}=1.02$ となる(❹)。一方、**累積ハザード法**を使った推定では、図**9.9**の累積ハザードプロットで示したように打点はきれいに回帰直線に沿っている。この直線の傾きがβの推定値で、$\hat{\beta}=0.95$ と求まる。また、切片 -3.887 から、$\hat{\alpha}=\exp(3.887/0.95)=59.83$ と推定する。本例では最尤法でも累積ハザード法でも推定値は大差ない結果が得られる。

手順4：分布結果の検討

本例の寿命はワイブル分布に従い、形状母数βの推定値から$\hat{\beta}=1$の偶発故障と考えられ、コールは稼働時間に無関係にランダムで発生していると判断する。**平均故障間隔**は$\hat{\alpha}$日≒60日になり、故障率は$\hat{\lambda}=1/60=0.017$(/日)と推定される。また、図**9.10**の分布プロファイルから設置後1月以内に約40%の確率でコールが発生している。この塗布機は、ユーザーやサービスマンに負荷がかかっている。コール内容を吟味して、初回訪問までの故障率の低減が求められる。

操作 **9.2：塗装機のワイブル確率プロット**

①『塗装機』^Uを読込み＜分析＞⇒＜信頼性/生存時間…＞⇒＜寿命の一変量＞を選ぶ。
②ダイアログの＜列の選択＞でyを選び＜Y, イベント…＞を押し＜OK＞を押す。
③出力ウィンドウの＜イベントプロット＞左の▷を押す。
④＜分布の比較＞⇒＜分布＞⇒＜Weibull＞を選ぶ。
⑤＜分布の比較＞⇒＜スケール＞⇒＜Weibull＞を選ぶ。

操作 **9.3：塗装機の2重対数プロット**

①データテーブルをアクティブにする。
②＜分析＞⇒＜二変量の関係＞を選ぶ。

③ダイアログの＜列の選択＞で H(t) を選び＜Y, 目的変数＞を押す.
④＜列の選択＞で y を選び＜X, 説明変数＞を押し＜OK＞を押す.
⑤縦軸をダブルクリックし, ＜Y 軸の設定＞のダイアログで, ＜スケール＞ブロックの＜線形＞を押し, メニューの＜対数＞を選び＜OK＞を押す.
⑥横軸をダブルクリックし, ＜X 軸の設定＞のダイアログで, ＜スケール＞ブロックの＜線形＞を押し, メニューから＜対数＞を選び＜OK＞を押す.

9.4 競合リスクモデルの事例

競合リスクモデルは臨床医学で考えられたモデルである.例えばある種の癌の術後の平均余命を調べたいときに, 患者が癌以外のリスク (心臓発作や肺炎など) で死亡したり, 来院しなくなり追跡不能となったりすることは事前に考えられる.そこで, いくつかのリスクが患者の寿命に対して競合して働くと考えて分析する方法が考えられた.分析を簡単にするために, 競合モデルではリスクは互いに独立で他のリスクによる寿命に影響を与えないと仮定する.したがって, リスク $R_i(1, 2, \cdots, I)$ による寿命を $y_i(i = 1, 2, \cdots, I)$ とすると,

$$y = \min\{y_1, y_2, \cdots, y_i, \cdots, y_I\} \tag{9.31}$$

となる.ここでは, I 種類のリスクが働くとする.複数のリスクが競合して働くと複数の故障形態が現れる.したがって, 故障形態により故障後に層別する方法は観測中断データを無視することになる.このようなバイアスを防ぐ方法が**競合リスクモデル**であり, 対象の故障以外で起きた故障は**打切りデータ**として処理する.

ところで, 『塗装機』のサービスコールは, 大きく 5 つの原因に分けられていた.このデータを競合リスクモデルで分析する.**図 9.11** は競合リスクモデルの分析結果である.**図 9.11** 上の指数関数的に減少している曲線 (❷) が塗装機全体の生存関数であり, $\hat{\beta} = 1$ より全体の分布は**指数分布**と想定される.この曲線の上下にハッチングされた部分が指数分布の**信頼率** 95% の**両側信頼区間**である.また, 図 9.11 の下側にある表がコール原因別のワイブル分布の母数の推定値である.α と β の推定値から分布は 3 つに大別できる.最初のグルー

9.4 競合リスクモデルの事例

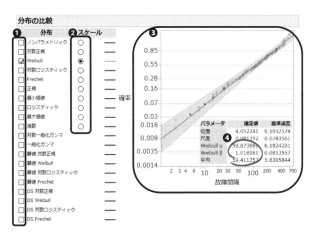

図9.8 ワイブル分布のあてはめ

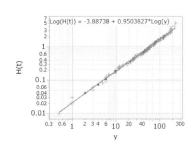

図9.9 累積ハザードプロットのあてはめ

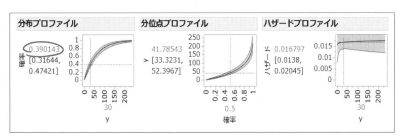

図9.10 分位点プロファイル等

プが塗装ムラと膜厚で $\beta > 1$ の**摩耗故障**で全体の 15% を占めており，部品の摩耗によるものであれば顧客の使用条件を調査して設計にフィードバックする必要がある。また，顧客の使い方やメンテナンスに問題があれば，塗装機の使用方法のアドバイスを行うことでコール間隔を延ばすことができるかもしれない。**図 9.11** 上の**生存分析プロット**の破線(❶)が，スジ・ダレ，診断異常，その他の原因を除去した時(❸)の塗装ムラと膜厚不良が原因でコールされるまでの日数の生存関数である。**摩耗故障**の**生存関数**になっていることがわかる。次のグループがスジ・ダレ及び診断異常のグループで $\beta < 1$ の**初期故障**である(**図 9.12** 参照)。これらのコールはサービスマンが塗装機設置時にきめ細かい顧客指導を行えば防げるだろう。最後のグループは $\beta = 1$ の**偶発故障**であり，その他の原因によるコールである(**図 9.13** 参照)。その他項目を掘り下げて分解する必要があるのかもしれない。

|操作| **9.4：競合リスクモデル**

① 『塗装機』^{U} を読込み，＜分析＞⇒＜信頼性／生存時間…＞⇒＜生存時間分析＞を選ぶ。

② ダイアログの＜列の選択＞で y を選び＜Y，イベント …＞を押し＜OK＞を押す。

④ 出力ウィンドウの＜Kaplan-Meier 法…＞左赤▼を押し＜競合する原因…＞を選ぶ。

⑤ リストから＜コール内容＞を選び＜OK＞を押す。

⑥ ＜競合する原因＞左赤▼を押し＜原因の削除…＞を選ぶ。

⑦ Ctrl を押しながらリストでスジ・ダレ，その他，診断異常を選び＜OK＞を押す。

⑧ ＜Kaplan-Meier 法…＞左赤▼を押し＜プロットのオプション＞⇒＜信頼区間の表示＞を選ぶ。同様に，＜プロットのオプション＞⇒＜信頼区間を塗る＞を選ぶ。

9.4 競合リスクモデルの事例

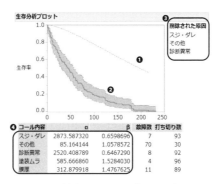

図9.11 競合リスクモデルの分析結果

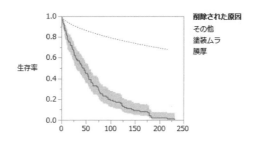

図9.12 初期故障(スジ・タレ, 診断異常)の生存率

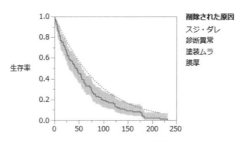

図9.13 偶発故障(その他)の生存率

第10章 時のモデル化

■手法の使いこなし

☞ 時間データでは，ワイブル分布を使ってイベントを予測する。
☞ 温度加速試験では，アレニウス則による外挿で実環境の寿命を予測する。
☞ 時間データの要因分析にはワイブル回帰分析が役に立つ。

10.1 PCB（プリント配線板）

X社は計測器で使うPCB（プリント配線板）を製造する会社である。開発中のPCBの信頼性を評価するために，温度条件を80℃・100℃・120℃の3水準を取り上げた試験を行った。打切りがあった観測値に*印が付いている。試験の結果を**表10.1**に示す。このデータは『PCB寿命』^{U}に保存されている。

《質問10：加速性》
　実環境（60℃）の予測をしたいが打切りデータがある場合にはどうすべきか？

PCBの寿命は**ワイブル分布**に従うことが多い。本例も寿命がワイブル分布に従うことを調べる。**図10.1**に示す**ワイブル確率プロット**から温度の各水準で打点は直線に沿っているので，各水準の寿命はワイブル分布に従うと判断する。特性寿命 α の推定値はそれぞれ，$\hat{\alpha}_{90} = 633$, $\hat{\alpha}_{100} = 333$, $\hat{\alpha}_{120} = 103$（日）である。形状母数 β は回帰直線がほぼ平行なので共通の母数を持つと考える。つまり，温度加速性が成り立つと考える。そこで，温度と位置母数 α の推定値を使って実環境（60℃）の寿命を予測することを考える。信頼性では温度加速性をアレニウス則で表すことが定石で，温度 t と寿命 y との関係に

$$y = A\exp(E_a / k_B T) \tag{10.1}$$

　　A：定数，E_a：活性化エネルギー

　　k_B：ボルツマン定数（$8.617 \times 10^{-5} \mathrm{eVK}^{-1}$），$T = (273.15 + t)$：絶対温度

が成り立つと考えている。（10.1）式の両辺に対数を取ると，（10.2）式に示す1

10.1 PCB(プリント配線板)

表10.1　PCB寿命のデータ

温度(℃)	寿命(日)									
90	180	270	370	430	500	570	620	700*	700*	700*
100	120	170	210	220	270	310	320	360	430	540
120	40	50	60	70	90	100	110	120	130	150

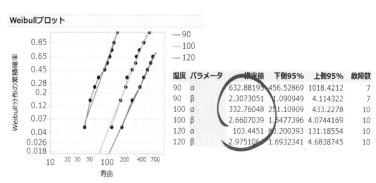

図10.1　PCBの温度水準別のワイブル確率プロット

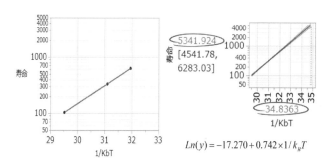

$$Ln(y) = -17.270 + 0.742 \times 1/k_B T$$

図10.2　PCB寿命のアレニウスプロット

モデル比較の検定

説明	尤度比カイ2乗	自由度	p値(Prob>ChiSq)
効果なし vs. 回帰	40.77633	1	<.0001*
回帰 vs. 別々の位置	0.000324	1	0.9856
別々の位置 vs. 別々の位置と尺度	0.377014	2	0.8282

図10.3　PCB寿命の包括モデル検定

次式で表せるから，A と E_a を単回帰分析を使って推定するのである．

$$\ln y = \ln A + E_a / (k_B T) \tag{10.2}$$

図10.2 左は(10.2)式に基づき，温度の水準値をアレニウス変換した $1/k_B T$ と水準ごとの特性寿命の推定値 $\hat{\alpha}$ の対数で散布図を作り，回帰直線を引いたものである．得られた単回帰式から，実環境(60℃ ⇒ $1/(k_B T)$ = 34.84)の寿命を予測する．**図10.2** 右に示すように，外挿になるが実環境 $\hat{\alpha}_{60}$ の点推定は5342日になる．本書ではJMPが出力する信頼率95%を使い，実環境の境 $\hat{\alpha}_{60}$ の区間推定は(4541, 6283)と求める．

10.2　試験データから実寿命を予測するワイブル回帰

10.1節で示した寿命予測は簡便法である．寿命がワイブル分布に従うことがわかっている場合は**ワイブル回帰**を使う．加速性を検証するには**図10.3**に示すようにJMPが計算する共通の形状母数 β で推定した場合と別々に形状母数 $\beta_k (k=1, 2, \cdots, K)$ を推定した場合の適合度を比較する．**図10.3** の読み方は10.3節の手順2で示す．

(1) リンク関数

単回帰を例に**リンク関数**の概念を説明する．単回帰を別な視点で，

Ⓐ確率的に発生する成分：平均 μ_i，分散 σ^2 を持つ正規分布

Ⓑ系統的成分(予測式)：$\eta_i = \varpi_0 + \varpi_1 x_i$

に分解する．ここでは，ワイブル分布の形状母数 β と区別するために回帰係数の母数を ϖ (オメガ)で表す．このとき，単回帰は，

Ⓒ平均 μ_i の変化は予測式 $\mu_i = \eta_i$ で説明できる

と考える．予測式と残差はある確率分布でリンク(連結)しているという考えに基づけば，Ⓐで正規分布から他の確率分布に拡張できる．例えば，ワイブル回帰ではリンク関数にワイブル分布を用いる．リンク関数に正規分布以外の分布を使う場合は注意が必要である．リンク関数が正規分布の場合はⒶとⒷは互い独立(無相関)であるが，他の分布ではⒶとⒷに相関が生じる．母数の推定には最尤法を使う．参考までにワイブル回帰の対数尤度を以下に示す．

$$\log L(\beta, \varpi_0, \varpi_1) = \Sigma \{d_i \log f(y_i|x_i, \beta, w_0, \varpi_1) + (1-d_i) \log S(y_i|x_i, \beta, w_0, \varpi_1)\}$$
$$= \Sigma [d_i \{\log \beta + (\beta-1) \log y_i + \varpi_0 + \varpi_1 x_i\} - y_i^\beta \exp(\varpi_0 + w_1 x_i)]$$
(10.3)

ワイブル回帰では，(10.3)式を2階微分してニュートン・ラフソン法で母数を推定する．このとき，(10.3)式の d_i は打切りがある場合は値0を与え，寿命が尽きた場合は値1を与えるダミー変数である．

(2) 加速性

信頼性では**加速性**に着目する．加速性は基準となる寿命 y_0 に対して，対象の寿命 y を与え，要因が x の1つの場合は，

$$y = \exp\{\varpi_1 x\} y_0 \quad (\log y = \varpi_1 x + \log y_0) \tag{10.4}$$

を考える．要因が複数ある場合は(10.4)式の指数内が要因の線形結合で表される．ϖ_1 が正値の場合は x の値が大きいほど寿命は長くなる．加速モデルで基準となる生存関数を $S_0(y, x) = 1 - F_0(y, x)$ とすれば，

$$S(y, x) = \Pr(Y > y|x) = \Pr(y_0 > \exp(-\varpi_1 x_i) y) = S_0\{\exp(-\varpi_1 x_i) y\} \tag{10.5}$$

となる．基準の生存関数 $S_0(y, x)$ がワイブル分布の場合は，

$$\varpi_1 / (1/\beta) \approx -\varpi_1^* \text{（比例ハザードモデルの回帰係数）} \tag{10.6}$$

となる．(10.6)式に示すようにハザード関数の比も一定になる．**図10.1**左のワイブル確率プロットには温度水準ごとに3本の直線が引かれている．3本の直線がほぼ平行であることから，加速性が成り立つ．

10.3　ワイブル回帰の手順

『PCB寿命』を使ってワイブル回帰を行う．JMPではワイブル回帰を行うメニューは3種類ある．Ⓐ<信頼性／生存時間分析>⇒<寿命の二変量>，Ⓑ<信頼性／生存時間分析>⇒<生存時間（パラメトリック）のあてはめ>，Ⓒ<モデルのあてはめ>で手法に<生存時間（パラメトリック）>を選択する方法である．Ⓐは要因が1つの場合に利用し，ⒷとⒸは分析目的によって入口が異なるが同じ方法である．

手順1：変数の役割設定

ワイブル回帰に使うデータを用意する。特性 y には寿命(あるいは生存時間)を選ぶ。本例では要因に温度を，特性 y に寿命を選ぶ。また，打切りはデータで示された時点で観測が打切られた場合は値1，寿命が尽きた場合は値0を与えたダミー変数である。打切り情報に打切りを使う。

手順2：アレニウス則の確認

分析対象に温度加速性が成り立ち，それがアレニウス則で説明できることを，以下の統計仮説で検証する。対立仮説 H_1 にはいくつかのモデルが想定できる。

帰無仮説 H_0：絶対温度の逆数は寿命に影響を与えない

対立仮説 H_1：絶対温度の逆数は寿命に影響を与える

モデルの**効果なし**は帰無仮説 H_0 で単回帰分析の $y=\bar{y}$ の仮説に相当する。モデルの**回帰**は対立仮説 H_1 の1つで，「共通の尺度 $\sigma (=1/\beta)$ を持ち，対数寿命は絶対温度の逆数の1次式で表せる」というものである。検定結果は図10.3 に示した＜効果なし VS 回帰＞の行で確認する。**効果なし**モデルからの乖離の物差しが尤度比カイ2乗で，回帰分析の F 値に相当する。**効果なし**モデルではワイブル分布の2つの母数だけを推定するが，**回帰モデル**はそれに回帰の傾きを加えた3つの母数を推定する。したがって，2つのモデルの自由度の差は1である。p 値は帰無仮説 H_0 が正しいとする根拠を示すものである。本例の確率は 0.0001 以下だから，対立仮説 H_1 を採択する。

その下の行に続く＜回帰 vs. 別々の位置＞および＜別々の位置 VS. 別々の位置と尺度＞は，モデルの改善のためにさらに母数を追加した対立仮説 H_1 の比較である。**別々の位置**のモデルは水準ごとに $a_k (k=1, 2, \cdots, K)$ の推定を行うから自由度の差は(水準数 $K-1$)=2 より1である。p 値=0.9856 より改善効果はわずかである。**別々の位置と尺度**のモデルは別々の位置に加えて別々の尺度を持つモデルだから自由度の差は2になる。こちらも p 値=0.8282 だから改善効果は小さい。したがって，**回帰モデル**を改善する意味がないから，アレニウス則に従うと考える。

また，図10.4 に示すような確率プロットを眺めればモデルの改善度を確認できる。図10.4 からもモデルの母数を増やしても改善効果は期待できないか

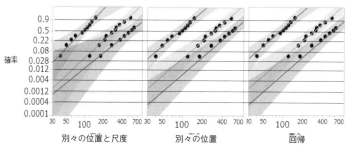

図10.4　3つのモデルのワイブル確率プロット

推定値

パラメータ	推定値	標準誤差	下側95%	上側95%
β0	-17.42013	2.2474514	-21.82506	-13.01521
β1	0.74683	0.0730292	0.60370	0.88997
σ	0.37433	0.0576717	0.26130	0.48736

$$\mu = -17.42013 + \frac{(0.7468349 \cdot 11605)}{(\text{温度} + 273.15)}$$

図10.5　温度加速の検討

生存時間のあてはめ(パラメトリック)

イベントまでの時間: 寿命	AICc	330.9874	使用されたオブザベーション	30
分布: Weibull	BIC	334.2679	非打ち切りの個数	27
打ち切り変数: 打切り	(-2)*対数尤度	324.0643	右側打ち切りの個数	3

モデル全体の検定

カイ2乗	自由度	p値(Prob>ChiSq)
40.7763	1	<.0001*

パラメータ推定値

項	推定値	標準誤差	下側95%	上側95%
切片	-17.420133	2.2474514	-21.82506	-13.01521
Arrhenius(温度)	0.74683488	0.0730292	0.6037003	0.8899695
δ	0.37433015	0.0576717	0.2612957	0.4873646

信頼区間はWald法による

代替パラメトリック化

項	Exp(推定値)	β=1/δ
切片	2.71977e-8	2.67143856
Arrhenius(温度)	2.11031006	

図10.6　ワイブル回帰分析の結果

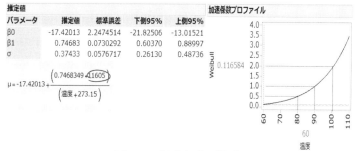

ら，回帰モデルの選択が好ましいことがわかる。

<u>手順3</u>：温度加速の検討

採択したワイブル回帰で温度加速性を調べる。図**10.5** 左に対数尺上の回帰直線 b_0, b_1 とその残差の大きさを示す。σ の逆数が**形状母数**の推定値で $\hat{\beta} = 1/0.37433 = 2.67 > 1$ である。**特性寿命** α の推定は，

$$\hat{\alpha} = \ln \hat{y} = -17.420 + 0.7468/(k_B T) \tag{10.7}$$

と絶対温度の逆数に従属する 1 次式で表せる。なお，図**10.5** 左の μ の推定式の分子の数値 11605 はボルツマン定数 k_B の逆数である。また，**分布関数**（**累積故障確率**）は**ワイブル分布**と (10.7) 式を併せて，

$$\hat{F}(y) = 1 - \exp\left\{-\left(\frac{y}{\exp(-17.420 + 0.7468/(k_B T))}\right)^{2.67}\right\} \tag{10.8}$$

と表すことができるから，本例の活性化エネルギーの推定値は 0.7468 である。図**10.5** 右は<u>温度</u>が 90℃ を基準とした温度加速の予測である。実使用温度を 60℃ とした場合は 0.12 倍になるから，リスクは約 8 倍軽減される。

<u>手順4</u>：ワイブル回帰の検討

得られたワイブル回帰を考察する。図**10.6** はワイブル回帰の主要な結果である。ワイブル分布の形状母数の推定値は 2.67 だから，故障のタイプは摩耗故障にあたる。なお，図**10.6** の δ と図**10.5** の σ は記号が異なるだけで同じ意味の母数である。図**10.7** 左は寿命の**分位点プロット**で，図中の 3 本の曲線は，それぞれ信頼度 90%，50%，10% の曲線である。また，図**10.7** 右は**標準化残差プロット**である。プロットはほぼ一直線上に並んでいるのでモデルに構造的な問題はないと判断する。標準化残差は (10.9) 式で計算された値で，正規分布の標準化スコアに相当する。

$$標準化残差 = \exp\left(\frac{\ln(実生存時間) - \ln(予測値)}{1/\hat{\beta}}\right) \tag{10.9}$$

標準化残差はモデルに構造上の問題がないと，指数分布に従うことが知られている。さらに，図**10.8** が分位点プロットで，本例では周辺温度が 60℃ で分

10.3 ワイブル回帰の手順

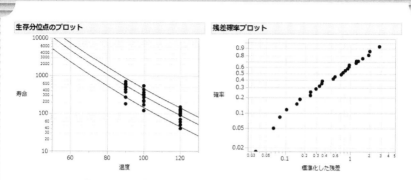

図10.7 生存分位点プロット(左)と標準化した残差確率プロット(右)

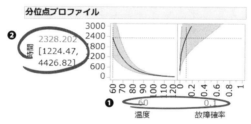

図10.8 PCB寿命の分位点プロファイル

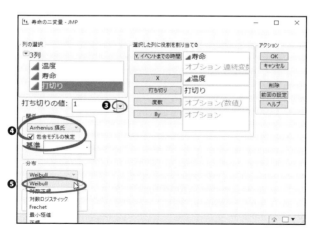

図10.9 寿命の二変量でアレニウスプロットを行うダイアログ

布関数(累積故障確率)が10%のとき(❶)の寿命予測を示している。点推定値は2328日で,信頼率95%の下限値は1224日(❷)である。

このPCBが使われる機器の稼働日は200日/年と言われている。このPCBを計測器に組込んで使うのであれば,寿命のタイプが摩耗故障であることから安全側に見立て,6年(1224/200＝6.12)を目安にしたメンテナンス部品としての利用が望ましい。使い続けると計測器の故障リスクが高まるのである。

操作 **10.1：PCB寿命のアレニウスプロット**

① 『PCB寿命』^{U} を読込む。
② ＜分析＞⇒＜信頼性/生存時間分析＞⇒＜寿命の二変量＞を選ぶ。
③ ダイアログの＜列の選択＞で寿命を選び＜Y, …＞を押す(図10.9参照)。
④ ＜列の選択＞で温度を選び＜X＞を押す。
⑤ ＜列の選択＞で打切りを選び＜打ち切り＞を押す。
　(打ち切りの値が＜1＞以外の表示のときは右赤▼を押し＜1＞を選ぶ(❸))
⑥ ＜関係＞ブロックのボタンを押し＜Arrhenius摂氏＞を選ぶ(❹)。
⑦ ＜包含モデルの検定＞をチェックする(❹)。
⑧ ＜分布＞ブロックのボタンを押し＜Weibull＞を選び(❺)＜OK＞を押す。
⑨ 出力ウィンドウの＜包含モデルの検定＞の＜モデル＞ブロックで診断したいモデルにチェックを入れる。
⑩ ＜比較＞ブロックの下のタブで＜加速係数＞を選ぶ。
　(＜加速係数プロファイル＞が表示される)

操作 **10.2：PCB寿命のワイブル回帰**

① ＜分析＞⇒＜信頼性/生存時間…＞⇒＜生存時間(パラメトリック)…＞を選ぶ。
② ダイアログの＜列の選択＞で寿命を選び＜イベントまでの時間＞を押す。
③ ＜列の選択＞で温度を選び＜モデル効果の構成＞ブロックの＜追加＞を押す。(タブは＜位置の効果＞になっていることを確認する)
④ ＜モデル効果の構成＞リストから温度を選ぶ。

⑤ <変換> 右赤▼を押し <Arrhenius> を選ぶ.
⑥ <列の選択> で打切りを選び <打ち切り> を押し <実行> を押す.
（打ち切りの値が <1> 以外の値のときは右赤▼を押し <1> を選ぶ）
⑦ 出力ウィンドウの <代替パラメトリック化> 左▷を押し推定値を示す.
⑧ <生存時間のあてはめ…> 左赤▼を押し, <残差確率プロット> や <分位点プロファイル> を選ぶ.

10.4　ワイブル回帰の事例

　Z 社では開発中の電子回路の信頼性を評価するために温度サイクル試験を行った. 試験前の抵抗値は 20～50 Ω であったが, 環境ストレスによって徐々に抵抗値が大きくなり, やがて回路が断線する. 試験では抵抗値をモニタリングし, その値が 100 Ω を超えたら故障と判断した. 寿命に影響を与える要因は, 温度環境（高温, 温度差）と高温時の電流値である. 試験の結果は『電子回路』^{U} に保存されている. Z 社では過去の知見や故障メカニズムにより, 加速モデルを

$$y = A \times \exp\left(\frac{E_a}{k_B T}\right) \times (\Delta T)^n \times (I)^k \tag{10.10}$$

$$(\ln(y) = \ln A + E_a/k_B T + n \times \ln(\Delta T) + k \times \ln(I))$$

　　A, n, k：定数, E_a：活性化エネルギー, k_B：ボルツマン定数

と考えた. また, 温度サイクルは 1 日に相当し, 寿命にワイブル分布を仮定した. 事前分析として, 決定木を使って寿命に影響する条件を分類する. 結果を図 10.10 に示す. 温度差が 110deg 以上の場合は寿命が短くなる. 一方, 温度差が 60deg の場合は, さらに分岐され電流や温度の情報が必要となる. 事前分析より温度差と電流との交互作用を考慮する. 温度差と電流と温度の交互作用も考慮したほうがよさそうである. しかし, この試験計画はアンバランスで, かつ標本数 $n=54$ と少ない. 打切りデータもあるので, 交互作用は温度差と電流に留める. 図 10.11 はワイブル回帰の出力である. <Wald 検定> の結果から 3 つの主効果と 1 つの交互作用は高度に有意（❶）である. <代替パラメトリック化> の推定値 2.36（❷）から, この故障モードは磨耗故障であると

推定する.母数の値からアレニウスタイプの加速モデルは,

$$\hat{\alpha} = \exp\left\{\begin{array}{l}128.710 - 27.235\ln(\Delta T) + 0.179/k_B T - 24.870\ln(I) \\ + 5.234\ln(\Delta T) \times \ln(I)\end{array}\right\} \quad (10.11)$$

と求める.また,時点 y における生存確率はワイブル分布を使って,

$$S(\hat{y}) = \exp\{-(y/\hat{\alpha})^{2.36}\} \quad (10.12)$$

と推定する.図 **10.12** に示すように,温度差 $\Delta T = 50$ deg,温度 = 60℃,電流 I = 80 mA の故障確率 0.1 (❸) の寿命は 3566 日 (❹),信頼率 95% の信頼区間は (1388, 9161) となる.この回路を持つ製品の年間稼働日を 200 日として,信頼区間の下限を基準にすれば約 7 年が寿命の目安になる.

操作 10.3:『電子回路』の信頼性

① 『電子回路』^{U} を読込む.

② <分析> ⇒ <信頼性/生存時間…> ⇒ <生存時間(パラメトリック)…> を選ぶ.

③ ダイアログの<列の選択>で打ち切りを選び<打ち切り>を押す.

④ <列の選択>で温度サイクルを選び<イベントまでの時間>を押す.

⑤ Ctrl を押しながら<列の選択>の温度差・温度・電流を選び<追加>を押す.

⑥ <モデル効果の構成>の温度を選び<変換>右赤▼を押し<Arrhenius>を選ぶ.

⑦ ⑥と同様な操作で温度差と電流は<対数>を選ぶ.

⑧ <モデル効果の構成>から Log(温度差) を選び,その状態で<列の選択>から電流を選び<交差>を押し交互作用項を追加する.

⑨ <手法>に<生存時間(パラメトリック)>,<分布>に<Weibull>を設定し<実行>を押す.

⑩ 出力ウィンドウの<生存時間のあてはめ…>左赤▼を押し<残差確率プロット>や<分位点プロファイル>を選ぶ.

⑪ <代替パラメトリック化>の左の▷を押し,値を表示させる.

10.4 ワイブル回帰の事例

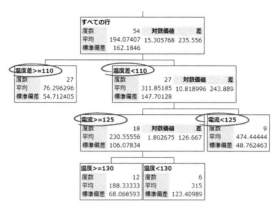

図10.10　決定木で分類した結果

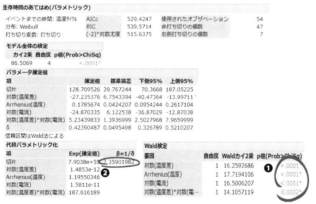

図10.11　ワイブル回帰分析の結果

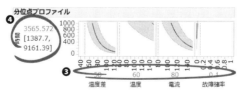

図10.12　分位点プロファイル

第11章 ハザード比の予測

■手法の使いこなし
☞ 寿命分布が不明な場合は要因の効果を比例ハザード法で表す。
☞ 比例ハザード法はハザード関数の比に着目した1/時間のモデルである。
☞ ベースラインの生存関数$S(t)$を加工して残差診断や閾値を確認する。

11.1 樹脂の信頼性

Y社が製造販売している事務機のカバーに使われているヒンジ(蝶番)は金属部分と樹脂部分でできている。Y社では新しい樹脂をヒンジに使えるかどうかを試験した。試験では温度条件を65℃, 75℃, 85℃に設定し, 一定応力を加えたときの樹脂の寿命を観測した。その結果を**表11.1**に示す。データに＊印が付いている個体は, 何らかの理由で試験が打切られたものである。一般に, 樹脂が繰返し使用されて組織が破壊される(クリープ破壊)までの時間は, **ラルソン・ミラー則**に従うと言われる。ラルソン・ミラー則は,

$$T(C + \ln y) = Q \qquad (\ln y = -C + Q/T) \tag{11.1}$$

ここに, T は絶対温度, Q, C は定数, y は生存時間

で与えられるが, これは**アレニウス則**の変形である。11.1節では『クリープ破壊』[U]に定石である**アレニウスプロット**を使った分析例を示す。**図11.1**左は寿命に対して温度水準別に**ワイブル確率プロット**を行った結果である。打点の傾向は曲線的で, **図11.1**右下の<Cox-Snell 残差 P-P プロット>(❶)からも寿命が**ワイブル分布**に従うとは言いがたい。

《質問11：セミパラメトリック》
寿命がワイブル分布などにあてはまらず, 分布によらない予測は可能か？

図11.1左のグラフ(❷)を眺めよう。打点は直線的ではないが, 水準間の打点の動きは平行に見える。平行性を根拠に, **図11.1**右上に示す＜分位点プロ

11.1 樹脂の信頼性

表 11.1 樹脂の寿命試験の結果

温度条件 (℃)	面積 $S(mm^2)$	温度サイクル(×10回)							
		25	50	75	100	125	150	175	200
110 0	0.6 0.8 0.9	0,0,0	1,1,1	0,1,1	0,1,1	2,2,2	2,2,2	1,1,1	4,2,2
	1.1 1.4 1.6	0,0,0	1,2,1	2,2,5	1,2,4	2,2,0	1,1,0	3,1,0	0,0,0

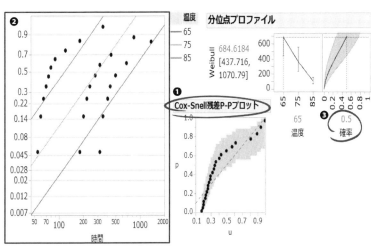

図 11.1 温度水準ごとのワイブル確率プロット

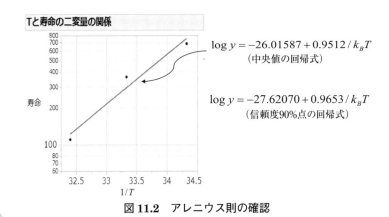

$\log y = -26.01587 + 0.9512 / k_B T$
（中央値の回帰式）

$\log y = -27.62070 + 0.9653 / k_B T$
（信頼度90%点の回帰式）

図 11.2 アレニウス則の確認

ファイル>(❸)を使い,各水準の**中央値**と信頼度 90% 点(10% 分位点)を推定する。絶対温度の逆数 $1/T$ と推定値を使い,温度加速性を調べた結果が**図 11.2** のアレニウスプロットである。**図 11.2** 右で示した回帰直線の傾きがアレニウス則の活性化エネルギーの推定値になる。回帰式で実環境(40℃)の寿命の中央値を推定すると 10247 日で,信頼度 90% 点の推定値は 3470 日である。

11.2　故障リスクを表現する比例ハザード法

11.1 節で示した寿命予測は簡便法である。この分析は寿命分布が特定できていない状況でアレニウス則をあてはめている点と,寿命分布とアレニウス則の母数の間に生じる相関を無視している。寿命分布が特定できない状況で寿命予測を行う場合は**比例ハザード法**を活用しよう。

(1) 比例ハザード性

比例ハザード法の考え方を説明するために以下の小さなデータを使う。データは新材と現行材を使って信頼性が向上したのかを調べた試験結果である。

現行材($x=0$):150,170,220,280　新材($x=1$):230,290,340,390

このデータの要因は材の違いである。名義尺度の要因で水準数が 2 の場合は,(11.2)式のように一方に値 -1 を与え,他方に値 1 を与えた**ダミー変数**を作る。

$$\beta x_i \begin{cases} x_i = 1 & \text{現行材の場合} \\ x_i = -1 & \text{新材の場合} \end{cases} \tag{11.2}$$

8 つの個体 i ($i=1, 2, \cdots, 8$) に対して**ハザード関数**を考えよう。現行材のハザード関数を基準関数として記号で $h_0(y)$ とする。新材のハザード関数は,

$$h(\beta x_i, y) = h_0(y) \exp(\beta x_i) \tag{11.3}$$

で表される。この時,各個体のハザード比を考えると,

$$\frac{h(\beta x_i, y)}{h(\beta x_j, y)} = \frac{h_0(y) \exp(\beta x_i)}{h_0(y) \exp(\beta x_j)} = \frac{\exp(\beta x_i)}{\exp(\beta x_j)} = \exp\{\beta(x_i - x_j)\} \tag{11.4}$$

となりハザード関数が相殺される。

これにより,寿命分布を想定しなくても要因効果の大きさはハザード比とし

11.2 故障リスクを表現する比例ハザード法

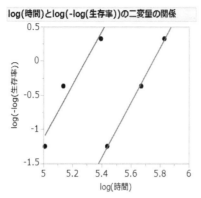

図11.3　2重対数プロット

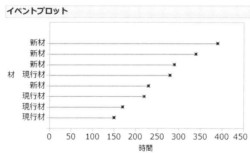

図11.4　イベントプロット

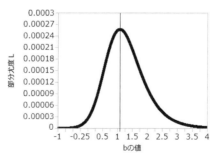

図11.5　部分尤度関数の変化の様子

(2) 比例ハザード性の確認

データから比例ハザード性の仮定が成り立つかどうかを調べるには，**2重対数プロット**で確認する。2重対数プロットは，縦軸に $\log\{-\log S(y)\} = \log H(y)$，横軸に $\log y$ を取ったグラフである。ここで，$H(y)$ は累積ハザード関数である。2重対数プロットを使う目的は，打点の直線性の確認よりも水準間の打点の平行性である。**図11.3** は寿命の推定値を2重対数プロットで表したものである。2つの水準の寿命は平行でかつ，直線的である。傾きの微妙な差異を無視すれば，切片の差 2.45 がハザード比となる。以上から比例ハザード性の確認とその値を求めることができた。また，2重対数プロットは**ワイブル確率プロット**でもある。直線性が確認できれば寿命は**ワイブル分布**に従うと言える。

(3) 比例ハザードの計算

データから**イベントプロット**を作ると**図11.4**が得られ，#1，#2，#3，…，#8 の順で故障が発生したことが視覚的にわかる。このような故障のパターンが得られる確率を考えてみよう。150時間で#1に**イベント**（故障）が発生しているが，イベントが起きる確率を時点に関する情報と個体に関する情報に分けて考える。ここで $y_1 = 150$ とする。｜y_1 で#1が故障する確率｜とは｜y_1 で故障が1件起きる確率｜ × ｜y_1 で故障が起きた条件でそれが#1である確率｜である。｜y_1 で故障が1件起きる確率｜を求めるためには寿命分布が明確なモデルを考える必要がある。しかし，各個体のどれかに故障が起きたという条件で，それが#1であるという確率を求めるのであれば，#i のハザード関数を h_i とすると

$$y_1 \text{の条件付確率} = \frac{h_1}{h_1 + h_2 + \cdots + h_8} = \frac{\exp(\beta x_1)}{\exp(\beta x_1) + \exp(\beta x_2) + \cdots + \exp(\beta x_8)} \tag{11.5}$$

でよい。y_1 ではすべての個体についても故障する可能性があるので分母は，

$$h_1 + h_2 + \cdots + h_8 = \Sigma h_1 \tag{11.6}$$

となる。比例ハザードモデルでは，ハザード関数は分子分母で相殺されるから，条件付確率は要因の関数のみで表すことができる。y_2 も同様に表現できるが，

#1がすでに故障しているので#1は分母から除かれることが重要である。

$$y_2 \text{の条件付確率} = \frac{h_2}{h_2 + \cdots + h_8} = \frac{\exp(\beta x_2)}{\exp(\beta x_2) + \exp(\beta x_3) + \cdots + \exp(\beta x_8)} \quad (11.7)$$

以下同様に考えて,確率を時点に関する部分と時点が与えられた下での条件付確率に分解して,条件付確率のみをかけ合わせると,全体の**尤度**から時点に関する尤度を取り除いた**部分尤度** L が計算できる。

$$L = \frac{\exp(\beta x_1)}{\exp(\beta x_1) + \cdots + \exp(\beta x_8)} \times \frac{\exp(\beta x_2)}{\exp(\beta x_2) + \cdots + \exp(\beta x_8)} \times \cdots \times \frac{\exp(\beta x_8)}{\exp(\beta x_8)} \quad (11.8)$$

このとき $b(=\hat{\beta})$ の値を色々変えて L が最大となる b を求め,それを回帰係数 β の推定値とする。**図11.5** はそのときの様子を示したものである。$L(b)$ は,b により変化するので部分尤度関数と呼ばれる。$L(b)$ が最大となる $=1.0779$ を推定値と考えるのは,**図11.5** からわかるように出現確率が最大となるからである。このような b を**最尤推定値**と言う。現実の問題では,複数の要因を使う分析や個体数の増加,打切りデータへの対応,同時点の故障への対応など計算が複雑になるが,JMPを使うとそれを解決してくれる。

(4)リスク比

　図11.6 はJMPの出力である。<反復の履歴>(❶)では最尤法による反復計算の過程が示されている。4回の反復計算で解が求まっている。<モデル全体>のブロックではモデルの適合度が表示される。帰無仮説の下で対数尤度が近似的にカイ2乗分布に従うことを利用したもので,結果は5%有意(❷)である。つまり,現行材から新材に変更すると信頼性が向上することが統計的に証明できたのである。また,推定値は**図11.5** に示す結果と一致している。全体平均からの差を推定値としているので,水準間の差の半分である 1.0779 が表示される(❸)。<パラメータ推定値>の上下限の符号が同じなので推定値は統計的に意味がある。

　ところで,材の変更により寿命は何倍改善されるのであろうか。その答えが,表示の最下段のブロックに表示されている**リスク比**(❹)である。リスク比は

推定値にマイナスをつけた-1.0779の2倍を使って，

$$\frac{h_{新材}(y)}{h_{現行材}(y)} = \exp(-1.0779 \times 2) = 0.1158 \tag{11.9}$$

と求める．以上から現行の信頼度を使って新材の生存関数は，

$$S_{新材}(y) = S_{現行材}(y)^{0.1158} \tag{11.10}$$

と計算できる．また，＜効果に対する尤度比検定＞は選ばれた要因が有意であるかどうかを示したもので，例では要因は1つだからモデル全体の結果と一致（❺）する．ベースライン生存曲線は平均寿命の推定値をプロットしたものである．さらに，**図11.6**右下の表（❻）は観測時間y_iの推定生存率の一覧である．表の値から新材の生存率を推定するには，

$$\exp\{-1.0779\} = 0.3402994 \tag{11.11}$$

を定数として表の生存率をべき乗するだけである．

（5）複数の説明変数がある場合のリスク計算

要因が複数あり，かつ質的な要因と量的な要因が混在している場合も，要因が1つの場合と同様に分析できる．得られた母数の推定値からリスク比を計算するには，以下のような線形結合を使う．

$$\frac{h_j(y)}{h_i(y)} = \exp[b_1(y_{1j} - y_{1i}) + b_2(y_{2j} - y_{2i}) + \cdots + b_a(y_{aj} - y_{ai})] \tag{11.12}$$

|操作| **11.1：カプラン・マイヤー法と表の作成**

①＜ファイル＞⇒＜新規作成＞⇒＜データテーブル＞を選ぶ．
②新規のデータテーブルに例題のデータを入力する（**図11.7**参照）．
③＜分析＞⇒＜信頼性／生存時間分析＞⇒＜生存時間分析＞を選ぶ．
④ダイアログで＜列の選択＞で材を選び＜グループ変数＞を押す．
⑤＜列の選択＞で時間を選び＜Y，イベントまで…＞を押し＜OK＞を押す．
⑥出力ウィンドウ＜Kaplan-Meier法＞左赤▼を押し＜推定値の保存＞を選ぶ．
⑦新しいデータテーブル＜無題 生存率＞で11行～19行に対してメニュー

11.2 故障リスクを表現する比例ハザード法

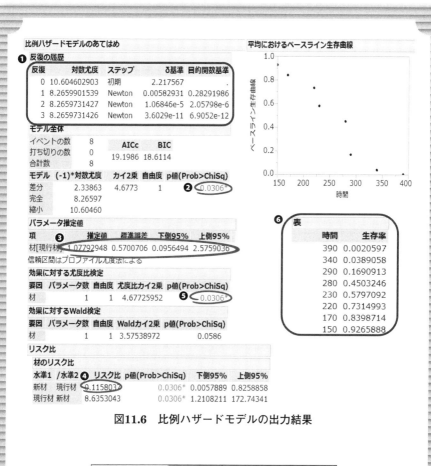

図11.6 比例ハザードモデルの出力結果

図11.7 データテーブルの作成

の<行>⇒<非表示かつ除外>に設定する(11行〜19行は材の列の水準名は<組み合わせ>である)。

|操作| **11.2：2重対数プロット**

①操作11.1で作成した『無題 生存率』をアクティブにする。
②<分析>⇒<二変量の関係>を選ぶ。
③ダイアログの<列の選択>で log(−log(生存率)) を選び<Y, 目的変数>を押す。
④<列の選択>で log(時間) を選び<X, 説明変数>を押し<OK>を押す。
⑤出力ウィンドウの<log(時間)と log(−log(生存率))…>左赤▼を押し<グループ別>を選ぶ。
⑥リストから材を選び<OK>を押す。
⑦<log(時間)と log(−log(生存率))…>左赤▼を押し<直線のあてはめ>を選ぶ。

|操作| **11.3：比例ハザード法**

①図**11.7**のデータテーブルをアクティブにする。
②<分析>⇒<信頼性/生存時間分析>⇒<比例ハザードのあてはめ>を選ぶ。
③ダイアログの<列の選択>で材を選び<追加>を押す。
④<列の選択>で時間を選び<イベントまでの時間>を押し<実行>を押す。
⑤出力ウィンドウの<比例ハザードモデルのあてはめ>左赤▼を押し<リスク比>を選ぶ(図**11.6**が表示される)。

11.3　比例ハザード法の手順

『クリープ破壊』[U]を使い比例ハザードモデルを求める。JMPの比例ハザード法のメニューは2つある。Ⓐ<分析>⇒<信頼性/生存時間分析>⇒<比例ハザードのあてはめ>を使う。Ⓑ>⇒<分析>⇒<モデルのあてはめ>で手法に<比例ハザード>を使う。両者は分析目的によりメニューの入口が異なるが，同じ分析ができる。

11.3　比例ハザード法の手順

手順1：変数の役割設定

比例ハザードモデルに使うデータを用意する。特性 y に寿命（あるいは生存時間）を選ぶ。『クリープ破壊』では特性に時間を選ぶ。打切りは，データで示された時点で観測が打切られた場合は値1，寿命が尽きた場合は値0を与えた**ダミー変数**である。温度の水準（あるいは水準値）が要因となる。

手順2：アレニウス則の確認

クリープ破壊はアレニウス則で説明できることを確認する。<分析>⇒<信頼性/生存時間分析>⇒<比例ハザードのあてはめ>を選ぶ。このとき，2つのモデルを考える。1つはハザード比が温度で説明できると考え，温度を連続尺度にして回帰式を求めるものである。もう1つは温度を順序尺度にして水準ごとにリスク比を計算するものである。尤度比検定の結果を**図11.8**に示す。カイ2乗値の差は $1.14(21.051 - 19.916)$ であり，自由度の差は1である。このときの p 値は0.286であるから，水準ごとにリスク比を求める必要はない。すなわち，アレニウス則が成り立つと考える。

ところで，**図11.9**は上から順番に温度を連続尺度・順序尺度・名義尺度に変えたときの推定値の違いである。順序尺度の場合の推定は，75℃と65℃の差と85℃と75℃の差が効果として表現される。水準に順序がつかない名義尺度の場合の推定は，同じ効果でも推定値の表記が異なる。名義尺度の表記を順序尺度の表記に合わせてみよう。名義尺度の場合の推定値は65℃と75℃の効果が表示されている。その差を取ると0.8915となり，順序尺度の推定値 [75 - 65] の値と同じになる。温度 [85 - 75] の値を名義尺度の推定値から求めるには，推定値の総和が0であることを利用し，$-(-1.2064 - 0.3149) - (-0.3149) = 1.8362$ と求めるのである。

手順3：モデル診断

得られたモデルに問題がないかを**残差分析**で確認する。比例ハザード法では**Cox-Snell 残差** r_{cs} で調べよう。Cox-Snell 残差 r_{cs} は，生存関数 $S(y)$ の推定値であるベースラインの生存率の対数にマイナスをつけた値，

$$r_{cs} = -\ln \hat{S}(y) \tag{11.13}$$

である。この r_{cs} は母数1の**指数分布**に近似的に従い，取り得る値は，$0\sim\infty$ である。**図11.10**左は本例の**指数確率プロット**で，残差が大きい側に外れ値が1つ存在している。**図11.10**右は Cox–Snell 残差 r_{cs} の**ヒストグラム**で，指数分布の母数の推定値が 1.097 でほぼ1だから，分布全体は $\lambda=1$ の指数分布に従っていると考えてよい。

手順4：リスク比

機器の電源が ON にされた状態の場合は，ヒンジの周辺温度は平均で 40℃ である。また，電源が OFF の場合のヒンジの周辺温度は平均で 20℃ である。この使用環境でのリスクを計算しよう。まず，**図11.9**に表示された母数の推定値 0.137788 の指数を取ると，$\exp(0.137788)=1.1477$ が得られる。同じ値が**図11.11**に示した＜単位リスク比＞に表示されている。この値は温度1単位の変化ではなく，アレニウス変換後の1単位あたりのリスク比であることに注意する。

次に，ベースラインの温度を計算する。

$$\bar{x}_{絶対温度}=\left\{\frac{1}{273.15+65}+\frac{1}{273.15+75}+\frac{1}{273.15+85}\right\}\bigg/3\Rightarrow \bar{x}_{摂氏}=74.8$$

より，ベースラインの温度は 74.8℃ である。ベースラインに対する 20℃ と 40℃ のリスク比は，

$$\begin{cases}\dfrac{h_{20}(y)}{h_{74.8}(y)}=\exp\left[-1.4319784\times 11605\left(\dfrac{1}{347.95}-\dfrac{1}{293.15}\right)\right]=\exp(8.9291)=7548.5\\[2mm] \dfrac{h_{40}(y)}{h_{74.8}(y)}=\exp\left[-1.4319784\times 11605\left(\dfrac{1}{347.95}-\dfrac{1}{313.15}\right)\right]=\exp(5.3082)=202.00\end{cases}$$

と求める。

手順5：分布の想定と寿命予測

ベースラインの分布を調べるために**2重対数プロット**を行う。**図11.12**左に示すように時間の短い側で打点の直線性が認められない。特に 100 時間あたりから 50 時間に向けて急激に打点の傾斜が急である。このような場合は，**ワイブル分布**に**閾値母数**を推定すると2重対数プロットの打点が直線化できることがある。そこで，**図11.12**左のプロットが横軸と交わる時点を閾値 $\theta=50$

11.3 比例ハザード法の手順

図 11.8 2つのモデルの比較

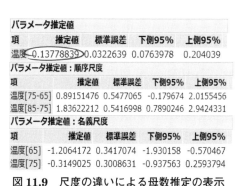

図 11.9 尺度の違いによる母数推定の表示

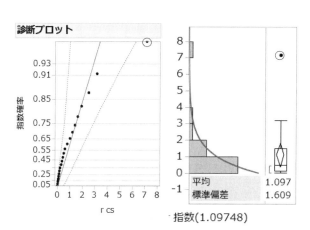

図 11.10 Cox-Snell 残差の検討

として，3母数のワイブル分布を仮定してみよう。**図11.12**右は時間から閾値 $\theta = 50$ を引いた値を使い，2重指数プロットしたものである。打点の傾向は直線的になった。そこで，2重指数プロット上で比例ハザード性を切片に取り入れて，モデルを方程式で表すと，

$$\log(-\log(\text{生存率}_{20℃})) = (-5.5001 - 8.9291) + 0.9769 \log(y - 50)$$

$$\log(-\log(\text{生存率}_{40℃})) = (-5.5001 - 5.3082) + 0.9769 \log(y - 50)$$

となる。この方程式を使い 40℃ と 20℃ の寿命予測ができる。**図11.13** を使い，方程式の考え方を図解しよう。まず，B10（全体の 10% が壊れる時間）に相当する水平線を引く。$\ln(-\ln S(y)) = \ln(-\ln(0.9)) = -2.25$ であるから，この値を使って**図11.13** の①の水平線を引く。次に，ベースラインの回帰線と①の水平線の交わる点から垂線を下す。それが②である。さらに，40℃の場合の対数リスク比 5.3117 にマイナスをつけて，その値で水平線を引いたものが③である。②と③が交差した点を通るように，ベースラインの回帰直線と平行な直線を引く。この直線が④で，40℃の寿命予測線である。④と①が交わる点から垂線を下したものが⑤であり，その時の時間を読み取り，50 時間を加えたものが 40℃ の B10 = 6376.0 時間である。同様に，⑥〜⑧の直線を引けば，20℃ の B10 = 259578.9 時間が求まる。

手順6：**マイナー則による実環境での寿命予測**

得られた予測値を使って**マイナー則**で寿命予測を行う。信頼度 90% の予測は

$$\left(\sum_{i=1}^{n} n_i / N_i\right) B_{10} = 1 \tag{11.14}$$

で計算する。この機械の平均的な 1ヶ月の稼働日数は 20 日である。また，稼働日の電源 ON 時間は 12 時間 × 20 日 = 240 時間である。次に，OFF 時間は 12 時間 × 20 日と稼働日以外の 24 時間 × 10 日で合計 480 時間である。つまり，ストレスは 20℃（OFF 状態）と 40℃（ON 状態）の 2 つであるから，マイナー則を使った信頼度 90% 予測（B10 寿命）は

$$\left(\sum_{i=1}^{2} n_i / N_i\right) B_{10} = 1$$

11.3 比例ハザード法の手順

単位リスク比
連続変数が1単位だけ変化した場合

項	リスク比	下側95%	上側95%	逆数
温度	1.147733	1.079392	1.226346	0.871283

範囲リスク比
連続変数が範囲全体で変化した場合

項	リスク比	下側95%	上側95%	逆数
温度	15.73312	4.608749	59.19157	0.0635602

図 11.11 リスク比の表示

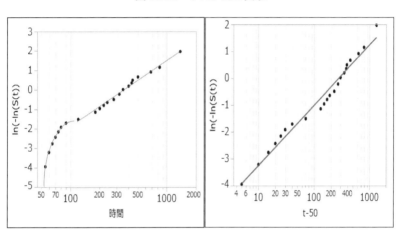

図 11.12 ワイブル分布の位置母数の推定

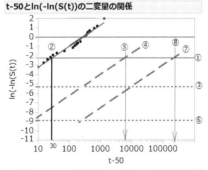

図 11.13 実環境での寿命予測の手順

$$B_{10} = 1 \Big/ \left(\frac{240}{6376.0} + \frac{480}{259578.9} \right) = (25.3 ヶ月)$$

と計算する．ほぼ2年で10%の破損が予想されるから，残念ながら実用に耐えない．

|操作| **11.4：比例ハザード法**

① 『クリープ破壊』^{U} を読込む．

② <分析> ⇒ <信頼性/生存時間分析> ⇒ <比例ハザードのあてはめ> を選ぶ．

③ ダイアログの<列の選択>で時間を選び<イベントまでの時間>を押す．

④ <列の選択>で温度を選び<追加>を押す．<モデル効果の構成>のリストから温度を選び，その状態で<変換>の右赤▼を押し<Arrhenius>を選ぶ．

⑤ <列の選択>で打切りを選び<打ち切り>を押し，打ち切りの値が<1>であることを確認したら<実行>を押す．

|操作| **11.5：比例ハザードモデルの比較**

① 操作11.4のダイアログで<列の選択>の温度を順序尺度や名義尺度に変え，比例ハザードモデルを求める．

② 出力ウィンドウで<効果に対する尤度比検定>の尤度比カイ2乗の値やp値を比較する．

③ <比例ハザードモデルのあてはめ>左赤▼を押し<リスク比>を選ぶ．

④ それぞれのモデルで表示された<リスク比>を比較する．

|操作| **11.6：ベースラインの2重対数プロット(図11.14参照)**

① 出力ウィンドウの<表>左の▷をクリックして，ベースラインの時間と生存率を表示させる．

② <表>の適用な場所で右クリックし<データテーブルに出力>を選ぶ．

③ 表示されたデータテーブルに2列追加をする．

④ 新しい列名に打切りを与え，生存率が空欄の行に値<1>を，そうでない行に値<0>を入力する．

11.3 比例ハザード法の手順

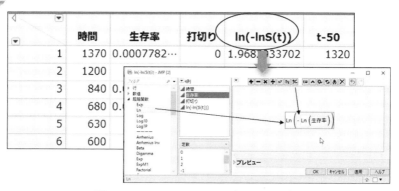

図11.14 ベースラインのデータテーブル

モデルの比較

分布	AICc	(-2)*対数尤度	BIC
閾値 Weibull	272.5527	245.5527	276.1635

パラメータ推定値

パラメトリック推定 – 閾値 Weibull

グループ	位置	尺度	閾値	閾値 信頼区間下側	閾値 信頼区間上側
温度=65	6.093956	1.953802	320	320	320
温度=75	5.286124	1.756349	180	180	180
温度=85	3.72058	1.696543	55	55	55

図11.15 閾値ワイブル分布の母数推定

表11.2 表示機器の気泡消滅までの時間

温度(℃)	1分			25分			50分			100分			200分		
40	54	47	51	107	73	63	73	62	62	74	128	104	100	95	84
60	48	53	55	120	129	215	198	148	122	171	112	80	187	202	204
80				103	232	234				243	144	293	500*	500*	299
温度(℃)	300分			500分			750分			1000分			1500分		
40	116	114	84	192	185	132	175	102	124	157	146	166			
60	157	135	130	282	270	185	182	404	500*	388	315	324	388	365	500*

⑤新しい列名に $\ln(-\ln S(y))$ を与え，計算式に $\ln(-\ln(生存率))$ を埋込む（図11.14の計算式を参照）。

⑥<分析>⇒<二変量の関係>を選び2重対数プロットを作る。このとき，縦軸には $\ln(-\ln S(y))$ を取り，横軸には時間を取る。

⑦表示された散布図の横軸をダブルクリックしてダイアログを表示させる。

⑧種類の<線形>を押し<線形>を<対数>に変更して<OK>を押す。

|操作| **11.7：y−50 の2重対数プロット**

①操作11.6で作ったデータテーブルに1列追加し，y−50という列名にする。

② y−50 に計算式で<時間−50>を埋込む。

③ y−50と $\ln(-\ln S(y))$ で2重対数プロットを描く。

|操作| **11.8：Cox-Snell 残差プロット**

①操作11.6で作ったデータテーブルに1列追加し列名に残差を設定する。

②残差に計算式で<−ln(生存率)>を埋込む。

③<分析>⇒<一変量の分布>のダイアログで残差を選び，<Y，列>に指定する。

④レポートウィンドウの<残差>左赤▼を押し<連続分布のあてはめ>のリストから<指数>を選ぶ。

⑤表示された<指数のあてはめ>左赤▼を押し<診断プロット>を選ぶ。

|操作| **11.9：閾値 θ の探索**

①『クリープ破壊』のデータテーブルで<分析>⇒<信頼性／生存時間分析>⇒<寿命の一変量>を選ぶ。

②ダイアログのタブ<グループの比較>を選ぶ。

③<列の選択>から時間を選び<Y，イベントまでの時間>を押す。

④<列の選択>から温度を選び<グループ変数>を押す。

⑤<列の選択>から打切りを選び<打ち切り>を押し<OK>を押す。

⑥出力ウィンドウの<分布>で<ノンパラメトリック>のチェックを外し，<閾値 Weibull>にチェックを入れる。

⑦<スケール>で<Weibull>にチェックを入れると，3母数のワイブル分

11.3 比例ハザード法の手順

比例ハザードモデルのあてはめ

打ち切り変数: 打切り

パラメータ推定値

項	推定値	標準誤差	下側95%	上側95%
Arrhenius(温度)	0.9666362	0.1369342	0.7082887	1.2467099
対数(試験時間)	-0.8927501	0.1136176	-1.123421	-0.67679

信頼区間はプロファイル尤度法による

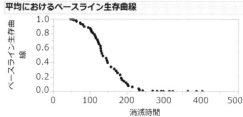

平均におけるベースライン生存曲線

効果に対する尤度比検定

要因	パラメータ数	自由度	尤度比カイ2乗	p値(Prob>ChiSq)
Arrhenius(温度)	1	1	63.9812074	<.0001*
対数(試験時間)	1	1	71.5536908	<.0001*

リスク比

単位リスク比

連続変数が1単位だけ変化した場合

項	リスク比	下側95%	上側95%	逆数
Arrhenius(温度)	2.629086	2.030513	3.478878	0.3803603
対数(試験時間)	0.409528	0.325165	0.508246	2.4418358

図11.16 気泡消滅時間の比例ハザードモデル

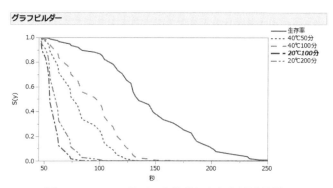

図11.17 ベースラインと比較した気泡消滅予測

布の推定値(**図11.15**)や散布図が表示される。

11.4　比例ハザードモデルの事例

　W社は薄型フィルムを使った表示器を開発している。機能が満足できるレベルまで達したのでフィルムに対するストレス試験を行った。このフィルムが装置に組込まれる工程でフィルムに圧力が加わることがわかった。そこで，試験は，試料に複数の棒状の器具を押し付けた状態で試験温度と試験時間の水準を変えて行われた。試験直後の試料の表面には複数の気泡による斑点が発生するが多くはすぐに消滅する。しかし，中には消滅までに時間がかかるものがある。**表11.2**は，気泡が消滅するまでの最大時間(単位は秒)を観測したデータをまとめたものである。

　気泡消滅までの時間は各試料の最大値であるから，最小値の分布であるワイブル分布をあてはめるのは妥当ではない。要因の温度にはアレニウス変換を，試験時間には対数変換を行い，比例ハザードモデルを利用する。その結果を**図11.16**に示す。分析結果からベースライン(試験時間の対数の平均4.79，絶対温度の逆数の平均0.00306)に対するリスク比は**図11.16**の推定値を使って，

$$\frac{h_j(y)}{h_i(y)} = \exp[-0.8928(\ln x_{時間j} - 4.79) \\ + 0.9666 \times 11605\{1/(273.15 + x_{温度j}) - 0.00306\}] \quad (11.15)$$

と計算する。リスク比を使って，試験温度や試験時間の条件を変えた斑点の消滅時間を予測した例を**図11.17**に示す。**図11.17**から20℃では試験時間が100分でも200分でも大差がなく，気泡は100秒で消滅することがわかる。

|操作| **11.10**：表示装置の比例ハザードモデル

　①『表示装置』[U]を読込む。
　②＜分析＞⇒＜信頼性/生存時間分析＞⇒＜比例ハザードのあてはめ＞を選ぶ。

11.4　比例ハザードモデルの事例

③ダイアログの<列の選択>で消滅時間を選び<イベントまでの時間>を押す。

④<列の選択>で温度を選び<追加>を押す。

⑤<モデル効果…>リストで温度を選び<変換>右赤▼を押し<Arrhenius>を選ぶ。

⑥<列の選択>で試験時間を選び<追加>を押す。

⑦<モデル効果…>リストで試験時間を選び<変換>右赤▼を押し<対数>を選ぶ。

⑧<列の選択>で打切りを選び<打ち切り>を押し<実行>を押す(打切りの値を<1>にする)。

操作　11.11：リスク比を使った予測グラフ

①出力ウィンドウの<表>左の▷を押す。

②<表>の適用な場所を右クリックし，<データテーブルに出力>を選ぶ。

③表示されたデータグリッドに新たに4列追加をする。

④新しい列名に 40℃ 50 分，40℃ 100 分，20℃ 100 分，20℃ 200 分と名前をつけ，計算式に(11.18)式を埋込む。

例) 40℃ 50 時間の予測は列名に 40℃ 50 分の名前をつけ以下の式を埋込む。

$$\text{生存率} = \text{Exp}\left(-0.898 \cdot \left(\text{Ln}(50) - 4.79\right) + 0.9666 \cdot 11605 \cdot \left(\frac{1}{(273.15 + 40)} - 0.00306\right)\right)$$

⑤<グラフ>⇒<グラフビルダー>を選ぶ。

⑥時間列を<変数>リストからドラッグし<X>ゾーンにドロップする。

⑦<変数>リストで生存率から 20℃ 200 分までの列をすべて選択し，<Y>ゾーンにドロップする。

⑧グラフ上の折れ線グラフのアイコンをクリックする。

⑨横軸と縦軸の名前を<秒>と<S(y)>に変更する。また，横軸と縦軸のスケールの範囲を変える。

第12章　発生確率の予測

> ■手法の使いこなし
> ☞{故障・稼働}などの名義尺度の特性の予測にロジスティック回帰分析を使う。
> ☞順序尺度の特性の予測に累積ロジスティック回帰分析を使う。
> ☞ロジットをリンク関数に使い，ロジットに対する要因の線形結合でモデルを作る。

12.1 接着剤強度

　Z社では新しい接着剤の能力を調べるために，材質の異なる2種類の試料を用意して，環境条件に温度と湿度をそれぞれ3水準取り上げた**3元配置**の試験を行った。試験は①試料側に接着剤を塗り金属面に貼りつける。②試料に一定重量を加える。③加重された試料が規定時間まで剥がれないことを調べる，というものである。試験結果は，試料が剥がれた場合は**イベント**が発生したとして値1を，イベントが発生しなかった場合は値0を与えて数値化した。その結果をまとめたものが『接着剤強度』[U]に保存されている。このデータを簡便に分析する。特性に**応答**(水準値は0と1の2値)をそのまま使い，要因を**名義尺度**に変更して，温度・湿度・試料ごとに**分散分析**するのである。＜分析＞⇒＜二変量の関係＞を使い，分散分析を行った結果を図**12.1**に示す。統計的に5%有意なのは湿度だけである。

> 《質問12：改善効果》
> 　分散分析で5%有意ではない試料または温度は，改善効果(試験結果)が期待できない要因だと決めつけてよいか？

　5%有意ではない試料(または温度)の残差には湿度と温度(または試料)の効果も含まれている。分散分析から直ちに試料と温度は接着剤強度に影響がないとは言い切れない。試験は3元配置で行われたのだから，**完全実施要因計画**による**重回帰分析**を使ってみよう。

12.1 接着剤強度

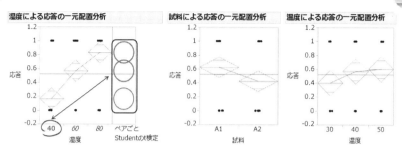

図12.1 各要因のひし形グラフ(分散分析結果)

応答のステップワイズ

度数: 頻度

SSE	DFE	RMSE	R2乗	自由度調整R2乗	Cp	p	AICc	BIC
14.288889	86	0.4076149	0.3637	0.3415	1.0657739	4	100.4938	112.2785

現在の推定値

ロック	追加	パラメータ	推定値	自由度	平方和	"F値"	"p値(Prob>F)"
☑	☑	切片	-0.8777778	1	0	0.000	1
☐	☑	試料{A2-A1}	-0.1	1	0.9	5.417	0.02229
☐	☑	湿度	0.01666667	1	6.666667	40.124	1.05e-8
☐	☐	試料{A2-A1}*(湿度-60)	0	1	0.066667	0.398	0.52959
☐	☑	温度	0.01	1	0.6	3.611	0.06074
☐	☐	試料{A2-A1}*(温度-40)	0	1	0.066667	0.398	0.52959
☐	☐	(湿度-60)*(温度-40)	0	1	0.025	0.149	0.70048
☐	☐	試料{A2-A1}*(湿度-60)*(温度-40)	0	4	0.183333	0.266	0.89873

図12.2 接着剤強度の変数選択

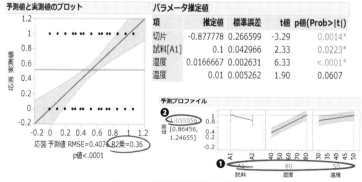

図12.3 重回帰分析の結果

重回帰では，温度と湿度は水準値を使い連続尺度の要因とする．F値＝2.0 基準で**変数選択**すると，**図12.2**に示すように，すべての主効果がモデルに取り込まれる．**図12.3**右の＜推定値＞の符号から，湿度や温度の値が大きくなるほど試料は剥がれやすい．モデルの**R2乗**が0.4以下になるのは，**図12.3**左に示す**予測値と実測値の散布図**からわかるように，0と1の値しか取らない特性に対して線形式を使ったからである．**図12.3**の**予測プロファイル**を使って接着に一番強いストレス条件 S_1(A_1，湿度80％，温度50℃)(❶)でイベントが発生する確率を予測する．結果は1.056(❷)で，1よりも大きな値になる．逆に，一番弱いストレス条件 S_2(A_2，湿度40％，温度30℃)の確率を予測すると−0.011となり，0より小さい値になる．S_1(あるいは S_2)の予測が0〜1を超えるから，S_1(あるいは S_2)の発生確率の予測ができない．このように**確率の予測には重回帰は不向きである**．

12.2　確率の変化を測るロジスティック回帰

『接着剤強度』の分析目的は，ストレスに対するイベント(剥がれ)の母発生率の予測である．確率を予測する方法に**ロジスティック回帰**がある．以下ではロジスティック回帰の考え方を説明する．

(1) オッズ比

ロジスティック回帰では，イベントAが発生する確率 $\Pr(A)$ は p 個の要因の値によって変化するものと考える．確率 $\Pr(A)$ とイベントAが起きない確率 $1-\Pr(A)$ との比を**オッズ比**と呼び，

$$odds = \frac{\Pr(A)}{1-\Pr(A)} \tag{12.1}$$

で表す．p 個の要因で個の標本が観測されたとき，イベントAについての条件付き確率 $\Pr(A|x)$ からオッズ比，$odds = \dfrac{\Pr(A|x)}{1-\Pr(A|x)}$ を計算する．オッズ比の対数を取ったものを**ロジット**あるいは対数オッズ比と呼ぶ．オッズ比は正数であるが，オッズ比に対数を取ると，すべての実数を取るのでモデルの解釈が容

易になる.ロジットは要因の線形結合として,(12.2)式で表すことができる.

$$\ln \frac{\Pr(A|x)}{1-\Pr(A|x)} = \beta_0 + \beta_1 x_1 + \cdots + \beta_p x_p \tag{12.2}$$

(12.2)式において,ロジットは剥がれの発生確率と要因の線形結合を橋渡しする関数(**リンク関数**)になっている.また,(12.2)式では$\beta_j (j=1, 2, \cdots, p)$が正のときは$x_j$の増加によりイベントAの発生確率が増加し,$\beta_j$が負のときは$x_j$の増加によりイベントAの発生確率が減少する.(12.2)式を$\Pr(A|x)$について解くと

$$\Pr(A|x) = \frac{1}{1+\exp(-\Sigma \beta_i x_i)} = \frac{\exp - \Sigma \beta_i x_i}{1+\exp \Sigma \beta_i x_i} \tag{12.3}$$

となる.ここで,i番目の個体において,イベントAが発生したときに$y_i=1$,起きなかったときに$y_i=0$とする.この場合の対数尤度を作ると,

$$\begin{aligned}
\ln L(\beta) &= \ln\left[\Pi\{\Pr(A|x_i)\}^{y_i}\{1-\Pr(A|x_i)\}^{1-y_i}\right] \\
&= \Sigma\left[y_i \ln \Pr(A|x_i) + (1-y_i)\ln\{1-\Pr(A|x_i)\}\right] \\
&= -\Sigma\left[\ln\{1+\exp(-\Sigma \beta_i x_i)\} + (1-y_i)\Sigma \beta_i x_i\right]
\end{aligned} \tag{12.4}$$

となる.βの推定は(12.4)式の1階微分と2階微分を計算し,ニュートン・ラフソン法を使って求めることができる.

(2)ロジットと改善効果

図**12.4**を使って,ロジットの意味を分布の観点から説明する.図**12.4**左は,それぞれ大きさ$n=100$の2つの標本で,時間の経過ごとに発生した故障頻度を棒グラフにしたものである.このとき,時点t(例えば$t=60$)におけるロジットとは,対数尺上での**分布関数**$F(t)$(❶)と**生存関数**$S(t)=1-F(t)$(❷)の差である.この差を要因の線形結合で表わすことができれば,図**12.4**右に示す実線と破線の曲線の差のように,要因の影響で$S(t)$の値が大きくなったり,小さくなったりすることを示せる.つまり,時点t(例えば$t=80$)における生存確率$S(t)$の変化(❸)は要因の水準値の変化で説明できるのである.また,$F(t)$と$S(t)$の差が一番小さくなるのは,ちょうどイベントの発生数と生存数が同じ値,すなわち分布の**中央値**のときで,そのときのロジットは0となる.

ところで，**相対危険度**とは第 j 要因の改善効果を表し，

$$\text{相対危険度} = \exp\{b(x_{*j} - x_{0j})\} \text{（水準値）} \tag{12.5}$$

$$= \exp(b_{*j} - b_{0j}) \text{（水準）} \tag{12.6}$$

を計算したものである。ここで，添字 $*$ は新材，添字 0 は現行を意味するものとしよう。相対危険度は現行に比べて新材は改善により，生存確率 $S(t)$ が何倍大きくなったかを表す指標，つまり改善効果になる。『接着剤強度』では，剥がれの確率が現行から新材に変更することで小さくなれば，改善効果があったということである。また，接着にストレスを与える温度や湿度に水準値を与え，剥がれの確率の変化から加速係数を推定し，温度や湿度のリスクを計算するのである。ロジスティック回帰は試験終了までに故障した確率を予測するモデルだから，試料がどの時点で剥がれたかを気にする必要はない。

12.3　ロジスティック回帰の手順

　『接着剤強度』のデータを使い，**ロジスティック回帰**の手順を示す。JMP ではロジスティック回帰の入り口が複数ある。Ⓐメニューの＜分析＞⇒＜信頼性/生存時間分析＞⇒＜生存時間（パラメトリック）のあてはめ＞あるいは，＜比例ハザードのあてはめ＞を利用する。Ⓑメニューの＜分析＞⇒＜モデルのあてはめ＞を利用する。Ⓒメニューの＜分析＞⇒＜モデルのあてはめ＞を選び，手法で＜一般化線形モデル＞を利用する，というものである。ⒶとⒷは入り口が異なるだけで同じ方法で，Ⓒは残差の計算や予測プロファイルに信頼区間を追加した出力が可能である。

> **手順1**：分析データの準備

　ロジスティック回帰に使うデータを用意する。特性 y_i には，｛成功・失敗｝・｛稼働・故障｝・｛生存・死亡｝といった名義尺度の変数を使う。分析では，違いを表す水準（カテゴリ）は数字でも文字でもよい。特性 y_i は個々の値で指定してもよいし，グループを指定してもよい。グループの分析ではグループの大きさを表す変数が必要である。『接着剤強度』では特性に応答を指定する。頻度はグループの大きさを表し，その値は応答が 0（あるいは1）となる度数である。

12.3 ロジスティック回帰の手順

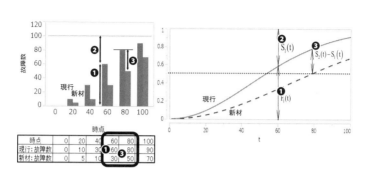

図12.4 分布関数$F(t)$と生存関数$S(t)$の関係

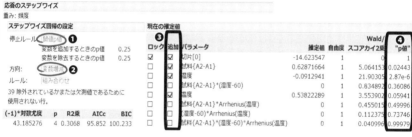

図12.5 ロジスティック回帰分析の変数選択

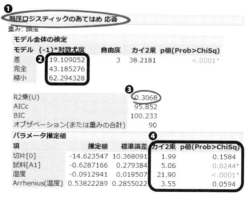

図12.6 分析結果の一部

手順2：変数の役割

ロジスティック回帰を利用するために変数の役割を決める。試験は3元配置で行われたから交互作用の効果を調べることができる。また，温度ストレスは定石としてアレニウス則が使われる。本例も温度にアレニウス変換を行う。

手順3：変数選択

ステップワイズ法を利用して要因の**変数選択**を行う。本例では**図12.5**に示すように変数選択の停止ルールは**変数増減法**(❷)によるp**値基準**(❶)を使う。

手順4：モデルの寄与度の確認

あてはめたモデルの**R2乗**を確認する。**図12.6**に分析結果を示す。**図12.6**の表題が＜順序ロジスティック…＞(❶)になるが，これはJMPの変数選択は順序ロジスティック回帰のアルゴリズムを使うためである。ロジスティック回帰のR2乗(U)は観測された発生確率ではなく，各個体でイベントが発生した(y_i=1)かしない(y_i=0)かに対し，予測確率との乖離を計算したものである。ロジスティック回帰では重回帰の平方和に代わり対数尤度を使う。総平方和に相当する**対数尤度**は全体のイベント発生率$p=47/90=0.52$から$L=p^r(1-p)^{n-r}$を使い，$-\ln L = -2\{47\ln p + (90-47)\ln(1-p)\} = 62.29$と計算する。この値が**図12.6**の＜モデル全体の検定＞のブロックにある＜縮小＞の値(❷)である。回帰平方和に相当する対数尤度は同じブロックにある＜差＞の19.11である。R2乗は上の2つの値の比として求められる。このため，＜モデル全体の検定＞のブロックの＜R2乗(U)＞の値は$R^2=19.11/62.29=0.307$(❸)と小さな値になる。ここで，予測確率と実確率の散布図を作り，R2乗を再検証しよう。その結果を**図12.7**に示す。グループの確率を予測したときのR2乗は90%超であり，試験結果はモデルで十分説明できると考える。

手順5：残差の検討

残差を検討する場合は，一般化線形モデルのコマンドを使う。残差e_iは重回帰と同様に考えれば，実測値−予測値$z_i - \hat{z}$（または$p_i - \hat{p}$）である。しかし，e_iの分散はiにより異なるから，e_iの絶対値の大小で判断するわけにはいかない。そこで，ロジスティック回帰の残差をχ_iとすると，

12.3 ロジスティック回帰の手順

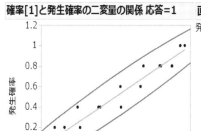

図12.7 モデルのあてはめの確認

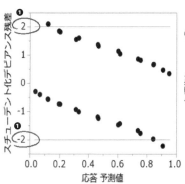
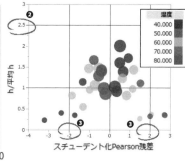

図12.8 残差の検討グラフ

パラメータ推定値

項	推定値	標準誤差	カイ2乗	p値(Prob>ChiSq)	下側95%	上側95%
切片	-14.623547	10.368091	1.99	0.1584	-35.71337	5.36063463
試料[A1]	-0.6287166	0.279384	5.06	0.0244*	-1.2084183	-0.1008723
温度	-0.0912941	0.019507	21.90	<.0001*	-0.1333712	-0.0560428
Arrhenius(温度)	0.53822289	0.2855022	3.55	0.0594	-0.0046026	1.1266338

図12.9 母数推定値と信頼率95%の信頼区間

$$\chi_i = (r_i - n_i \hat{p}_i) / \sqrt{\{n_i \hat{p}_i (1-\hat{p}_i)\}} \tag{12.7}$$

となる。これを**ピアソン残差**と言う。この残差の2乗和を χ^2 とすると，χ^2 は重回帰の残差平方和に対応する。つまり，ロジスティック回帰では χ^2 を最小にするように母数を推定している。χ_i をテコ比で標準化したものを**スチューデント化ピアソン残差** χ_{si} と言う。一方，各観測値と予測値との対数尤度の差を残差と考えることもできる。これを**デビアンス(逸脱度)残差** d_j という。これらの値は重回帰の t 値と同様に考えて利用する。**図12.8** 左は予測値(予測確率) $\hat{\pi}_i$ とデビアンス残差を標準化した**スチューデント化デビアンス残差** d_{sj} のグラフである。d_{sj} の打点が正値の場合は予測値が0〜1へ向かうにしたがって，値2から右下がりに値0に近づいている。打点が負値の場合は値0付近から−2に向かっている。d_{sj} の絶対値が2を大きく超える個体がないので(❶)，モデルに強い影響を与える外れ値はないだろう。**図12.8** 右はスチューデント化ピアソン残差 χ_{sj} とテコ比 $h_i / \bar{h}_i$ の**バブルチャート**である。バブルの大きさは頻度の数である。h_i の平均の2.5倍(❷)を超える個体はない。χ_{sj} の値が2以上(❸)の個体は4点あるが，h_i の値とバブルが小さいからモデルに強い影響を与えないだろう。

手順6：モデルの考察

残差診断も良好であるので，得られたモデルを考察する。**図12.6** の<パラメータの推定値>のカイ2乗値(❹)は，母数が0であるという仮説に対する乖離を表す統計量であり，重回帰分析の t 値に相当する。カイ2乗値の大きさから計算された p 値が小さいならば，母数は0の可能性が低いことを意味する。つまり，求めた推定値は統計的に意味があると判断しよう。ここでは，温度だけがわずかに5%有意でないものの，物理的に無視できないストレスである。そこで，(12.3)式を使って，分布関数の形でモデルを表すと，

$$F(t^*) = \frac{1}{1+\exp\left(14.624 + \genfrac{}{}{0pt}{}{0.6287(=A_1)}{-0.6287(=A_2)} - 0.5382 \frac{1}{k_B T} + 0.09129 \text{湿度}\right)} \tag{12.8}$$

となる。ここで，$k_B T$ は温度をアレニウス変換したもので，推定値の0.5382

12.3 ロジスティック回帰の手順

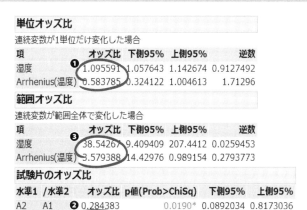

図12.10 オッズ比(相対危険度)の表示

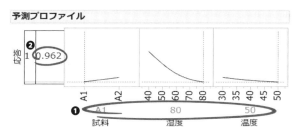

図12.11 予測プロファイル

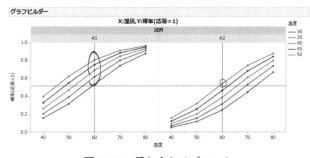

図12.12 重ね合わせプロット

が活性化エネルギーを表す。さらに，図**12.9**は母数の推定値に信頼率95%の信頼区間を加えて表示したものである。JMPでは正確な信頼区間を表示するが，その値は概算で標準誤差の2倍である。

|手順7|：改善効果

改善効果を計算する。JMPでは相対危険度をオッズ比と言い，連続尺度の場合は単位あたり（❶）とデータ範囲の2種類のオッズ比を表示する。名義尺度あるいは順序尺度の場合は水準に対するオッズ比を表示する。図**12.10**はJMPの出力である。データ範囲の推定値は，

 試料の差 $\exp\{0.62871664-(-0.62871664)\}=3.5163843$（❷）
 温度（30℃－50℃） $\exp\{-0.5382229(38.2823-35.9129)\}=3.579388$（❸）
 湿度（40%－80%） $\exp\{0.09129415(40-80)\}=38.54267$（❸）

と計算する。接着剤強度は，他の要因の影響を一定にした場合，湿度が40%から80%に変わると，剥がれるリスクが約38倍にもなる。

また，試験範囲内で温度や湿度が変化すると，どのくらい分布関数（累積故障確率）が変化するだろうか。図**12.11**の予測プロファイルを使えば，要因の効果が視覚的につかめる。図**12.12**は湿度の影響を横軸に温度や試料の影響を**重ね合わせプロット**で表したものである。湿度60%でA_1の場合，どの温度であっても50%以上が剥がれ，A_2を使うと50%程度剥がれるのは50℃のときだけである。

|操作| **12.1**：分析する変数のセット

①データセット『接着剤強度』^{U}を読込む。
②＜分析＞⇒＜モデルのあてはめ＞を選ぶ。
③ダイアログの＜列の選択＞で応答を選び＜Y＞を押す（このとき，手法が＜名義ロジスティック＞になっていることを確認する。名義ロジスティックになっていない場合は，＜列の選択＞リストの＜応答＞左青▲を右クリックし，＜名義尺度＞を選択してから，＜Y＞に指定する）。
④＜列の選択＞で頻度を選び＜度数＞を押す。

12.3 ロジスティック回帰の手順

⑤ Ctrl を押したまま<列の選択>で試料・湿度・温度を選び，<マクロ>を押し<完全実施要因>を選ぶ。

⑥ <モデル効果の構成>のリストで温度を選び，<変換>右赤▼を押し，<Arrhenius>を選ぶ。

⑦ イベントの発生を示す水準に<1>を選び，手法を<ステップワイズ法>に変更し，<実行>を押す。

|操作| **12.2：変数選択**

① ステップワイズのウィンドウで停止ルールを<閾値 p 値>にする。

② 方向に<変数増減>を選び<実行>を押す。

③ 変数選択が終わったら<モデルの実行>を押す。

|操作| **12.3：あてはめの確認**

① 出力ウィンドウの<順序ロジスティックのあてはめ 応答>左赤▼を押しメニューの<保存>⇒<確率の計算式の保存>を選ぶ。

② データテーブルで列を追加し，列名を発生確率とする。

③ 5個の試料で試験をしたので，発生確率に計算式を使い<頻度 /5>を埋込む。

④ <分析>⇒<二変量の関係>を選ぶ。

⑤ ダイアログの<列の選択>で発生確率を選び<Y, 目的変数>を押す。

⑥ <列の選択>で応答を選び<By>を押す。

⑦ <列の選択>で確率 [1] を選び<X, 説明変数>を押し<OK>を押す。

⑧ <確率 [1] と発生確率の…>左赤▼を押し，メニューから<直線のあてはめ>・<確率楕円>⇒<0.95>を選ぶ（散布図が2つ描画されるが本質的には同じもの）。

|操作| **12.4：残差の検討**

① 『接着剤強度』のデータウィンドウで<分析>⇒<モデルのあてはめ>を選ぶ。

② ダイアログの<手法>⇒<一般化線形モデル>を選ぶ。表示される<分布>⇒<二項>を選ぶと，<リンク関数>⇒<ロジット>が表示される。

③ <Y> に応答，<度数> に頻度，<追加> に試料・湿度・温度を選ぶ．温度に <Arrhenius> 変換を行い，<実行> を押す（出力ウィンドウの一番下のブロックに図 12.8 左が描画される）．
④ <一般化線形モデルのあてはめ> 左赤▼を押し，<列の保存> ⇒ <予測式> と <Pearson 残差> と <スチューデント化 Pearson 残差> を選ぶ．
⑤ 新しい列を追加し列名をテコ比とする．
⑥ 計算式 <1 − (Pearson 残差 / スチューデント化 Pearson 残差)^2> でテコ比を求める．
⑦ 新しい列を作り，列名を h/ 平均 h とする．計算式でテコ比とテコ比の平均の比，<テコ比 /Col Mean（テコ比）> を設定する．
⑧ <グラフ> ⇒ <バブルプロット> を選び，<Y> に h/ 平均 h，<X> にスチューデント化 Pearson 残差，<サイズ> に頻度，<色分け> に湿度を選び，<OK> を押す．

操作 **12.5**：信頼率 95% の信頼区間の表示

① 操作 12.3 で得られた出力ウィンドウをアクティブにして，<順序ロジスティックのあてはめ 応答> 左赤▼を押しメニューの <信頼区間> を選ぶ．
② <パラメータ推定> のブロックに信頼率 95% の信頼区間が表示される．

操作 **12.6**：オッズ比とプロファイルの表示

① 出力ウィンドウの <順序ロジスティックのあてはめ 応答> 左赤▼を押し，<モデルダイアログ> を選びダイアログを表示する．
② ダイアログで手法を <名義ロジスティック> に変更する．イベントを示す水準が <1> になっていることを確認して，<実行> を押す．
③ 出力ウィンドウの <名義ロジスティックのあてはめ 応答> 左赤▼を押しメニューの <オッズ比> を選ぶ．
④ <名義ロジスティックのあてはめ 応答> 左赤▼を押し <プロファイル> を選ぶ．

操作 **12.7**：重ね合わせプロット

① <予測プロファイル> 左赤▼を押し <グリッドテーブルの出力> を選ぶ．

12.3 ロジスティック回帰の手順

表12.1 電子部品の信頼性試験結果

温度条件 (℃)		面積 S(mm²)	温度サイクル(×10回)							
			25	50	75	100	125	150	175	200
110	0	0.6 0.8 0.9	0,0,0	1,1,1	0,1,1	0,1,1	2,2,2	2,2,2	1,1,1	4,2,2
		1.1 1.4 1.6	0,0,0	1,2,1	2,2,5	1,2,4	2,2,0	1,1,0	3,1,0	0,0,0
110	-30	0.6 0.8 0.9	0,0,0	0,1,1	1,1,2	1,1,2	3,3,2	2,2,2	1,1,1	2,1,0
		1.1 1.4 1.6	0,0,0	1,2,2	2,3,7	3,2,1	2,3,0	2,0,0	0,0,0	0,0,0
130	-10	0.6 0.8 0.9	0,0,0	0,0,2	1,3,2	2,3,3	3,3,1	2,1,2	1,0,0	1,0,0
		1.1 1.4 1.6	0,1,1	3,3,8	4,4,1	3,2,1	1,0,0	0,0,0	0,0,0	0,0,0
130	-30	0.6 0.8 0.9	0,0,2	2,4,3	3,3,4	2,2,1	1,1,0	2,0,0	0,0,0	0,0,0
		1.1 1.4 1.6	2,4,9	6,4,1	2,2,0	0,0,0	0,0,0	0,0,0	0,0,0	0,0,0
150	10	0.6 0.8 0.9	0,0,1	1,2,1	3,4,4	2,1,2	1,1,2	1,2,0	2,0,0	0,0,0
		1.1 1.4 1.6	1,1,6	5,7,4	4,2,0	0,0,0	0,0,0	0,0,0	0,0,0	0,0,0

パラメータ推定値

項	推定値	標準誤差	下側95%	上側95%	項	推定値	標準誤差	下側95%	上側95%
切片	6.68292531	0.0201185	6.6434937	6.7223569	群[16]	-0.4875307	0.1043554	-0.692064	-0.282998
群[1]	0.10723938	0.1146686	-0.117507	0.3319857	群[17]	-0.3465544	0.103483	-0.549377	-0.143731
群[2]	0.24309243	0.1170833	0.0136134	0.4725715	群[18]	-0.0882629	0.1040966	-0.292289	0.1157626
群[3]	0.47544258	0.1025929	0.2743642	0.676521	群[19]	0.24746869	0.1066062	0.0385243	0.4564131
群[4]	0.55259288	0.1035879	0.3495643	0.7556215	群[20]	0.39806313	0.1168802	0.1689822	0.6271441
群[5]	0.68607757	0.1026789	0.4848306	0.8873245	群[21]	-0.643099	0.1263015	-0.890645	-0.395553
群[6]	-0.1263442	0.1108346	-0.343576	0.0908875	群[22]	-0.4383636	0.0979739	-0.630389	-0.246338
群[7]	0.05940419	0.1141169	-0.164261	0.2830693	群[23]	-0.1900272	0.1094954	-0.404634	0.0245799
群[8]	0.24814315	0.1008991	0.0503845	0.4459018	群[24]	0.08567304	0.1101005	-0.13012	0.301466
群[9]	0.44983948	0.1079629	0.238236	0.6614429	群[25]	0.19300824	0.1171333	-0.036569	0.4225852
群[10]	0.5053298	0.1118478	0.2861122	0.7245474	群[26]	-1.1204522	0.092254	-1.301267	-0.939638
群[11]	-0.3097258	0.1153064	-0.535722	-0.083729	群[27]	-0.9203356	0.1164638	-1.1486	-0.692071
群[12]	0.01225344	0.108807	-0.201004	0.2255112	群[28]	-0.4762319	0.0949443	-0.662319	-0.290145
群[13]	0.15388835	0.1128841	-0.06736	0.375137	群[29]	-0.1061918	0.0955019	-0.293372	0.0809685
群[14]	0.30893682	0.1115149	0.0903716	0.5275021		0.19810263	0.0095749	0.1793362	0.2168691
群[15]	0.5053298	0.1118478	0.2861122	0.7245474	信頼区間はWald法による				

図12.13 対数ロジスティック回帰で得られた推定値

Wald検定

要因	パラメータ数	自由度	Waldカイ2乗	p値(Prob>ChiSq)
群	29	29	505.656423	<.0001*

モデルの要約

モデル	(-2)*対数尤度	AICc	BIC	パラメータ数
回帰	4222.033	4291.436	4398.85	31
別々の位置	4222.033	4291.436	4398.85	31
別々の位置と尺度	4190.846	4341.474	4533.073	60

包含モデルの検定

説明	尤度比カイ2乗	自由度	p値(Prob>ChiSq)
回帰 vs. 別々の位置	0	0	
別々の位置 vs. 別々の位置と尺度	31.18658	29	0.3567

図12.14 包含モデルの検定など

②データテーブルをアクティブにし＜グラフ＞⇒＜グラフビルダー＞を選ぶ。
③確率(応答＝1)を＜列の選択＞から＜Y＞ゾーンにドラッグ＆ドロップする。
④湿度を＜X＞ゾーンにドラッグ＆ドロップする。
⑤温度を＜重ね合わせ＞ゾーンにドラッグ＆ドロップする。
⑥試料を＜グループX＞ゾーンにドラッグ＆ドロップする。
⑦グラフ内の点の無いところで右クリックし，＜平滑線＞⇒＜変更＞⇒＜折れ線＞を選ぶ。

12.4　ロジスティック回帰の事例

V社は新しい電子部品を開発している。新型の電子部品は稼働時に自らが発する高熱により，回路を保護する封止樹脂が膨張する。逆に，停止時には膨張した封止樹脂が収縮する。封止樹脂の膨張と収縮が膨張係数の異なる配線に大きなストレスが掛かると考えられ，電子部品の寿命を調べるために温度サイクル試験が行われた。試験は高温側で3水準，低温側で3水準を与え，**表12.1**に示す5条件が取り上げられた。また，基板と配線の間の面積Sが断線するまでの時間(寿命)に影響を与えるのかを調べるため，面積の異なる5つの観測点が選ばれた。寿命は250サイクルごとに観測点の配線抵抗を測り，その値に基づいて断線の有無で判断した(**多重打切り型データ**)。**表12.1**の温度サイクルの数値は観測時点で断線した個数である。事前分析として，試験条件ごとに確率プロットを行う。得られたデータで観測時点での断線の有無は確認できる。しかし，実際にいつ断線が発生したのかはわからない。例えば500サイクルで断線が確認できたとき，それは500サイクル未満で250サイクルよりも長い時点のどこかで断線が発生したのである。つまり，観測時点を寿命と考えれば，寿命の長い側に偏りを生じることになる。こうした偏りを認識した中で寿命推定をしよう。ここでは，**対数ロジスティック分布**を使って，寿命の様子を調べる。信頼性試験では同じ故障モードを仮定するから，対数ロジスティック分布の尺度母数は同じ値を持つという制約を加える。**図12.13**は**対数ロジスティック回帰**の推定値である。尺度母数は$\hat{\sigma} = 0.1981$で標準誤差は

12.4 ロジスティック回帰の事例

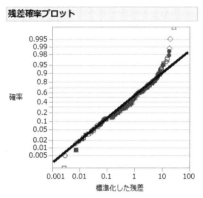

図12.15 残差確率プロット

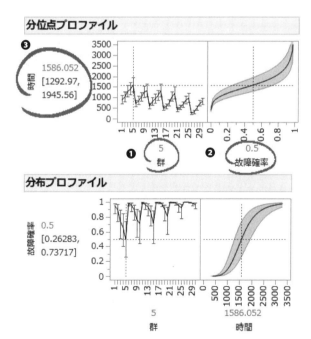

図12.16 分位点プロファイル(上)と分布プロファイル(下)

0.009575 である。同じ尺度母数を持つと仮定してよいかどうかを調べるには，<水準の組み合わせ…>ブロックの<包含モデルの検定>の欄を見る。包含モデルの検定結果を図**12.14**下に示す。<モデル比較の検定>の<位置 vs. 位置と尺度>のp値は 0.3567 だから 5% 有意ではない。積極的に各試験条件で尺度母数の値が異なると判断ができないから，仮定どおり母集団の故障モードは等しいと考える。図**12.14**の上に示す Wald 検定からは，得られた対数ロジスティックモデルが有意確率 1% で高度に有意であることもわかる。図**12.15**はこのモデルの残差確率プロットである。なお，図中の直線は著者が後から追記したものである。基準化残差の大きい側で直線性から外れた個体があるが，全体としてデータはモデルによくあてはまっていると考える。また，**分位点プロファイル**を使うと調べたい試験条件と分位点を与えて寿命推定ができる。例えば，図**12.16**では条件 5（高温度時 110℃，低温度時 0℃ で面積が 0.63 mm^2）(❶)の累積故障が 50%(❷) に達する時間は 1586.052(❸) サイクルと予測でき，信頼率 95% の信頼区間は 1292.91〜1945.56(❸) と推定する。温度サイクルの単位は 1 日に相当するので，この場合は約 4 年で 50% が故障すると予測できるのである。

操作 12.8：対数ロジスティック回帰

① 表 **12.2** のデータを JMP データテーブルに入力するか，データセット『微細ピッチ配線の信頼性』^{U} を読込む。

② <分析>⇒<信頼性/生存時間分析>⇒<生存時間（パラメトリック）…>を選ぶ。

③ ダイアログの<列の選択>から<u>温度サイクル</u>左の▰を右クリックし，変数の種類を順序尺度から連続尺度(❶)に変更してから，<イベントまでの…>に指定する。

④ <列の選択>で<u>群</u>を選び<追加>を押す。

⑤ <分布>の<Weibull>を押し<対数ロジスティック>を選び，<実行>を押す。

12.4 ロジスティック回帰の事例

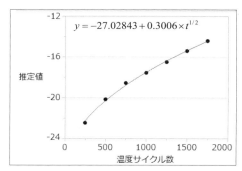

図12.17 順序ロジスティック回帰分析の結果（一部）

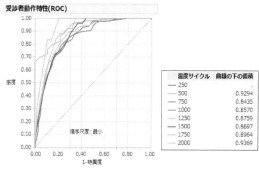

図12.18 温度サイクルと切片の推定値との関係

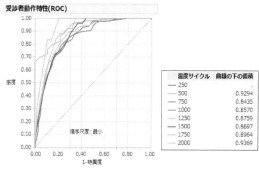

図12.19 ROC曲線

⑥ 出力ウィンドウの＜生存時間のあてはめ(…)＞左赤▼を押し，＜残差確率プロット＞を選ぶ．

⑦ ⑥と同様な操作で，＜分位点プロファイル＞・＜分布プロファイル＞・＜水準の組み合わせごとの…＞を選ぶ．

⑧ 分位点プロファイルで調べたい条件を選び，そのときの寿命を推定する．

12.5　累積ロジスティック回帰の適用例

　12.4節では，各試験条件で同じ故障モードで断線が起きることを確認した．また，偏りはあるが条件ごとの寿命推定を行った．しかし，目的の予測は実環境の寿命である．温度加速を行った試験結果に対して，同じ尺度パラメータを仮定し温度や温度差・面積の値が変化したときの効果がわかれば，実環境の寿命予測ができる．ここでは12.4節と同じ事例を使い，**累積ロジスティック回帰**を利用した，アレニウス則に従う温度加速モデルを紹介する．

　まず，温度サイクルを連続尺度から順序尺度に戻して特性にする．要因は高温側 t と温度差 Δt および面積 S である．t と Δt はアンバランスな試験計画になっている．t はアレニウス則に従うと考えてアレニウス変換を行う．また，Δt はべき乗則に従うと考え対数変換を行い，S と t，S と Δt の交互作用項を準備する．

　標本の大きさが $n=300$ あるので，小さい **Wald／スコアカイ2乗**でも**変数選択**は5%有意になりやすい．標本数に影響されにくい停止ルールである＜最小BIC＞基準を使う．変数選択で得られた切片の意味を考える．回帰分析では切片を注意深く考察することは少ない．本例の切片は特別な意味を持っている．**図12.17** は順序ロジスティック回帰分析の分析結果の一部である．＜パラメータ推定値＞ブロックの切片は温度サイクル試験における観測時点の推定値を意味する．いずれの切片も5%有意で，温度サイクル数が多くなるに従って切片の値が大きくなる．**図12.18** は温度サイクル数と切片の推定値の散布図である．温度サイクル数に対数変換や平方根変換を行うと打点にフィットした曲線が得られる．**図12.18** には平方根変換であてはめた曲線を表示している．

12.5 累積ロジスティック回帰の適用例

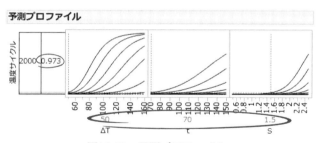

図12.20 予測プロファイル

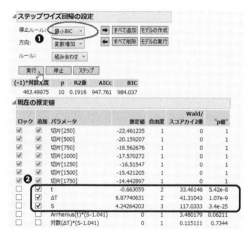

図12.21 累積ロジスティック回帰分析の変数選択

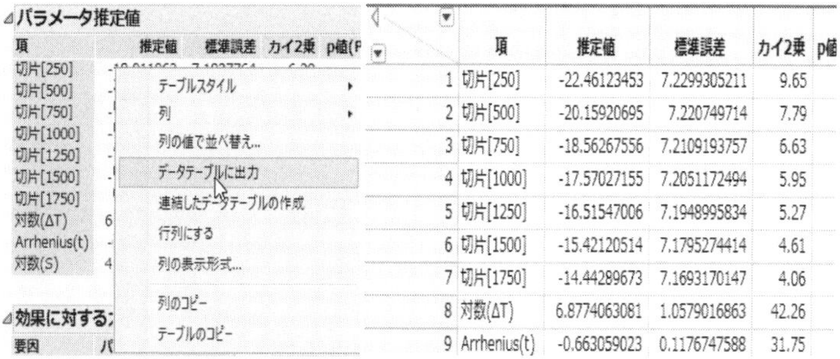

図12.22 表のメニュー(左)と出力されたデータテーブル(右)

得られた曲線,
$$y = -27.02843 + 0.3006 \times t^{1/2} \tag{12.9}$$
を使うと寿命の推定が可能になる。

　図**12.19**はモデルのROC曲線である。JMPでは横軸を1−特異度と言う。その意味は1−危険率(信頼率)である。縦軸は感度と言う。その意味は検出力である。したがって, 理想的なROC曲線は1−特異度が値0で感度が値1である。本例では, どの温度サイクルも左上の境界の面積が小さい(90%弱)から, あてはまりは悪くはない。また, 要因に着目(図**12.17**参照)すると, カイ2乗の大きさからSの効果が一番大きく, 次いでtとΔTがほぼ同等である。図**12.20**はモデルの予測プロファイルであるが, 実使用環境(温度70℃, 温度差50deg)で面積1.5mm²のときの温度サイクルの断線確率を表示している。温度サイクル2000回≒5.5年までに故障(断線)が発生しない確率は0.973である。

　最後に, 切片と温度サイクル数の関係式と要因を使い, 分布関数(故障の累積確率)$F(t)$を表現すると,
$$F(t) = \frac{1}{1 + \exp(-z)} \tag{12.10}$$
$$\left(z = -27.02843 + 0.3006 t^{0.5} - 0.6631 \frac{1}{k_B T} + 6.8774 \ln \Delta t + 4.2426 S \right)$$
となる。温度サイクル数は対数よりも平方根のほうがあてはまりがよいから, 寿命はロジスティック分布と対数ロジスティック分布の間にあると考えられる。また, (12.10)式を使い, 実使用環境で断線発生確率が10%となるのは2166サイクル, 50%が断線するのは2899サイクルと予測できる。

> |操作|　**12.9：分析する変数のセットと変数選択**

①＜分析＞⇒＜モデルのあてはめ＞を選ぶ。
②＜列の選択＞で温度サイクルを選び＜Y＞を押す(手法が＜順序ロジスティック＞になっていることを確認する)。

12.5 累積ロジスティック回帰の適用例

③ Ctrl を押したまま <列の選択> で t・Δt・S を選び <追加> を押す。
④ <モデル効果の構成> で t を選び <変換> 右赤▼を押し <Arrhenius> を選ぶ。
⑤ <モデル効果の構成> で Δt を選び <変換> 右赤▼を押し <対数> を選ぶ。
⑥ <モデル効果の構成> で Arrhenius(t) を選び <列の選択> から S を選び, <交差> を押すと交互作用項が追加される(同様な操作で Log(Δt) と S の交互作用項を追加する)。
⑦ 手法を <ステップワイズ法> に変更して <実行> を押す。
⑧ ダイアログの <ステップワイズ回帰の設定> のブロックの停止ルールとして <最小 BIC> を選び(❶),<実行> を押す[図 **12.21**(❷)が得られる]。
⑨ ダイアログで <モデルの実行> を押す。
⑩ 出力ウィンドウの <順序ロジスティック…> 左赤▼を押し, <ROC 曲線> を選ぶ。
⑪ ⑩と同様な操作で <プロファイル> を選ぶ。
⑫ <予測プロファイル> で要因の条件を適当に変えて予測を行う。

|操作| 12.10:温度サイクル数と推定値の関係

① <パラメータ推定値> の表で右クリックする(図 **12.22** 左のメニューが現れる)。
② 表示されたメニューの <データテーブルに出力> を選ぶ。
③ 新たなデータテーブルで 1 列追加し,列名を温度サイクル数とする。
④ 温度サイクル数に切片に対応した温度サイクルを入力する。
⑤ <分析> から <二変量の関係> を選び <Y, 目的変数> に推定値を,<X, 説明変数> に温度サイクル数を選び散布図を描画する。
⑥ <温度サイクル数と推定値の…> 左赤▼を押し <その他のあてはめ> を選ぶ。
⑦ <X の変換> から <平方根:sqrt(x)> を選び <OK> を押す。

第13章 劣化の予測

■手法の使いこなし
- 劣化分析を使い製品劣化を時間とストレスの関数で予測する。
- アレニウス則などの劣化モデルを使って実環境の寿命(擬似寿命)を予測する。
- 経時劣化が原因で起きるイベント数(損傷数や故障数)を予測する。

13.1 ゴム材の劣化

V社では,伸縮性のよいゴム材の経時劣化を調べるために,温度ストレスを与えた信頼性試験を行った。試料に配合の異なる開発材AとBを用意した。AとBは伸びの初期品質3.5倍を設計目標に作られた。『ゴム材の伸び』[U]には試験結果が保存されている。V社では伸び比が1.0倍になった時点を寿命と定義し,周辺温度20℃の**中央値寿命**の設計目標を10年と考えた。

《質問13:劣化指標》
V社で開発中の2種類のゴム材の劣化の優劣をどう判断すべきか。その理由を客観的に示すにはどうすればよいか?

表13.1のようなデータが得られたら最初にグラフを作る。図13.1左は経過日(試験時間)と伸びの関係の散布図である。図13.1右は経過日の対数と伸びに(13.1)式の変換を施した散布図である。マーカーの違いは材の違いを示したものである。

$$z = \ln\left(\frac{x}{x_{\max}-x}\right) = \ln\left(\frac{伸び}{Max-伸び}\right) \tag{13.1}$$

ここで,Max 値に伸びの初期品質である3.5倍を与えた。図13.1左に較べて右のほうが,温度水準別に求めた3本の回帰直線のあてはまりもよく,傾きも平行に近い。次に,材の影響を考える。回帰直線の傾きは材で違うと考えたほうが自然である。そこで,取り上げる要因に温度・経過日・材の主効果と

13.1 ゴム材の劣化

表13.1 ゴムの伸びのデータ

温度(℃)	材	経過日						
		4日	10日	15日	30日	45日	60日	120日
25	A	2.90	2.55	2.40	2.20	2.15	2.10	2.00
		3.10	2.80	2.60	2.35	2.10	2.00	1.70
		3.05	2.55	2.45	2.05	1.95	1.85	1.60
	B	3.00	2.80	2.65	2.50	2.45	2.40	2.30
		3.15	2.95	2.70	2.70	2.40	2.30	2.10
		3.00	2.70	2.55	2.20	2.10	2.05	2.00
65	A	2.75	2.25	1.95	1.50	1.35	1.30	1.05
		2.60	2.10	1.80	1.50	1.30	1.25	1.05
		2.60	2.20	1.70	1.40	1.20	1.10	1.00
	B	2.80	2.40	2.10	1.75	1.60	1.65	1.50
		2.70	2.30	2.00	1.80	1.65	1.55	1.35
		2.70	2.40	1.95	1.65	1.50	1.45	1.25
90	A	2.50	2.00	1.60	1.20	1.00		
		2.45	1.80	1.50	1.15	1.05		
		2.40	1.70	1.40	1.00	1.00		
	B	2.50	2.15	1.85	1.50	1.30		
		2.60	2.00	1.70	1.50	1.30		
		2.50	2.10	1.70	1.35	1.15		

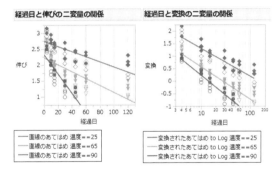

図13.1 温度別の経過日と伸びの関係

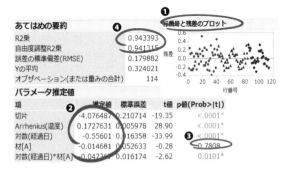

図13.2 重回帰分析の結果

経過日と材の交互作用項を加え,

$$z = b_0 + b_1 \ln(x) + b_2/(k_B T) + \begin{Bmatrix} b_3(材A) \\ -b_3(材B) \end{Bmatrix} + \ln(x) \begin{Bmatrix} b_4(材A) \\ -b_4(材B) \end{Bmatrix} \quad (13.2)$$

のモデルを考えた。図**13.2**は(13.2)式に基づいた**重回帰分析**の結果である。得られたモデルの残差(❶)に外れ値や構造的な問題はないようである。そこで，ゴムの伸びに推定値(❷)を代入した(13.3)式を採択する。なお，材の主効果のp値は0.781(❸)と大きいが，材と経過日との**交互作用**が5%有意なので材の主効果をモデルから除外しない。回帰モデルでは主効果と交互作用はセットで扱い，交互作用が有意な場合は，主効果が有意であるなしに関わらずモデルに取り込むのが基本である。2次の効果を考えた場合も，交互作用の扱いと同様な考え方で変数選択を行うとよい。

$$伸び = 3.5/\{1 + \exp(-z)\} \quad (13.3)$$

$$\left(z = -4.077 - 0.556 \ln(x) + 0.173/(k_B T) + \begin{Bmatrix} -0.015(材A) \\ 0.015(材B) \end{Bmatrix} + \ln(x) \begin{Bmatrix} -0.042(材A) \\ 0.042(材B) \end{Bmatrix} \right)$$

ここで，$k_B T$は温度をアレニウス変換したもので，xは経過日を表したものである。ゴムの伸びが1倍になったときに寿命は尽きると定義したので，**擬似寿命**は(13.3)式を使い，zが$\ln(1/2.5) = -0.916$となる時間(経過日)を**逆推定**すると，

　　温度20℃でA材の中央値・・・456.4日　　B材の中央値・・・1326.9日
　　温度25℃でA材の中央値・・・376.8日　　B材の中央値・・・1061.4日
　　温度65℃でA材の中央値・・・ 99.7日　　B材の中央値・・・ 225.6日
　　温度90℃でA材の中央値・・・ 50.4日　　B材の中央値・・・ 101.9日

と求まる。どの温度水準でもA材に較べてB材のほうが温度ストレスに強い。材と経過日の交互作用の影響で温度ストレスが小さいほどその差は大きくなる。温度が20℃のB材の中央値の予測は1326.9日だから4年弱の寿命である。残念だが設計目標の寿命に届かない。しかし，技術からは「過去の経験や材料特性から寿命の予測がこれほど短いのは不思議だ」というコメントが返された。技術側のコメントが正しいとした場合にどのような分析をすべきか。

13.2 劣化の進行を使い寿命を調べる劣化分析

13.1 節では重回帰式を使い,簡易的にゴム材の劣化を予測した。図13.2 に示すようにモデルのあてはまり(❹)もよい。しかし,開始時のゴムの伸びを恣意的に一律 3.5cm とした点が気がかりである。**劣化分析の目的は対象の劣化を記録した時間データを分析し,各時点の劣化量から寿命を予測することである**。13.2 節では劣化量に着目した分析の基礎的な考え方を紹介する。

(1) 劣化分析の目的

時間データの分析は製品の寿命や生物の生存時間のモデルを求めるものだが,試験や調査では選んだ標本が観測期間中に**イベント**(故障や死亡など)が起きない場合が多い。標本は時間の経過とともに劣化が進み,最後に寿命が尽きる。直接,標本の劣化を観測し劣化進行をモデルで表せれば,イベントが発生しない状況でも寿命を擬似的に予測することが可能である。また,データに温度や応力などのストレスが観測されていれば,加速劣化も調べることができる。

(2) 劣化分析の表現

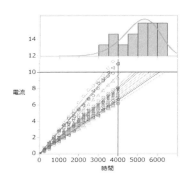

図13.3 ガリウムヒ素レーザーの劣化

劣化分析の基本は,縦軸に劣化量を横軸に劣化量の観測時点を与えた散布図を作り,散布図で打点の傾向を発見することである。複数の標本を観測し,劣化進行の方程式が見つかれば,イベントが発生する時点,**擬似故障**を予測できる。さらに,擬似故障を使って寿命分布の推定ができる。Meeker & Escobar (1998) で紹介されたガリウムヒ素レーザーの 80℃ における試験結果を例に

説明をする。このデータの劣化状況を散布図にしたものが**図13.3**である。**図13.3**は15の標本の観測時点と電流増加量%をプロットしたものである。標本の寿命は電流増加量が10%を超えた時点で故障と判断される。15の標本の中で3個が4000時間までに故障が発生したが、残りの12個は4000時間まで正常動作した。劣化量を比例式で表すと、正常な12個の電流増加量が10%を超える時点を予測できる。3個の故障に12個の擬似故障を加えて、寿命分布を推定するのである。**図13.3**の上側に示したヒストグラムが、ガリウムヒ素レーザーの劣化から推定した寿命分布である。母集団の寿命は計算により、$\hat{\alpha}=5488.1$, $\hat{\beta}=6.59$ の**ワイブル分布**に従うと推測できる。劣化進度の傾きや切片に影響を与えるストレスを観測できれば、加速劣化のモデルを求めることができる。例えば、温度劣化は、時点と劣化量の関係にアレニウス則を考えて、要因に温度を取り上げるのである。

操作　13.1：GaAsLaser の劣化グラフ

① 『GaAs Laser』[S] を読込む（Data フォルダ下の Reliability フォルダ）。
② <分析> ⇒ <信頼性/生存時間分析> ⇒ <劣化分析> を選びダイアログを表示する。
③ <反復測定劣化> のタブを選び、<列の選択> で電流を選び <Y, 目的変数> を押す。
④ <列の選択> で時間を選び <時間> を押す。
⑤ <列の選択> でユニットを選び <ラベル, システム ID> を押す。
⑥ <上側仕様限界> のテキストボックスに <10> と入力し <OK> を押す。

操作　13.2：GaAsLaser の寿命

① 出力ウィンドウの <モデルの指定> ブロックで切片の下のボタンを押し、<共通> を選ぶ。
② <現モデルのレポートを生成> を押す。
③ <劣化データ分析> 左赤▼を押し、<グラフオプション> ⇒ <あてはめ線の表示> を選ぶ。

13.2 劣化の進行を使い寿命を調べる劣化分析

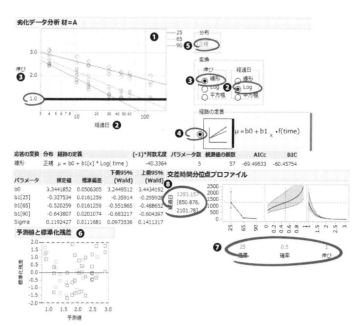

図13.4　材Aの単純線形経路の分析結果

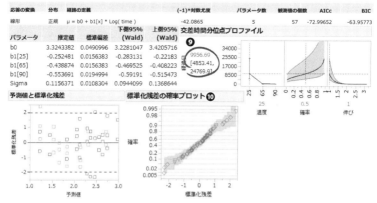

図13.5　材Bの単純線形回路の母数推定と残差分析など

④散布図の下の＜逆推定＞のタブを押し＜逆推定＞左赤▼を押し，＜交差時間の保存＞を選ぶ。

⑤表示されたデータテーブルから＜分析＞⇒＜一変量の分布＞で予測のヒストグラムを作り，＜予測＞左赤▼から＜連続分布のあてはめ＞⇒＜Weibull＞を選んでワイブル分布をあてはめる（注：**図13.3**は著者が2つのグラフのスケールを合わせて合成した）。

13.3　劣化分析の手順

JMPの劣化分析は＜信頼性/生存時間分析＞⇒＜劣化分析＞，あるいは＜信頼性/生存時間分析＞⇒＜破壊劣化＞が利用できる。ここでは，『ゴム材の伸び』を使い，劣化分析の手順を以下に示す。

手順1：変数の役割設定

劣化分析に使うデータを用意する。特性には連続尺度の劣化量を選ぶ。『ゴム材の伸び』では劣化量に伸びを選ぶ。経過日は劣化量を観測した時点変数であり，劣化量とペアで扱う。温度は水準（あるいは水準値）とし，加速性を評価する。開発材の違いで劣化速度が変化すると考え，材を＜By＞変数に指定する。

手順2：劣化状態の確認

時点変数と劣化量の散布図から劣化状況を確認する。打点の様子から劣化モデルを選択する。本例は，各時点で試料が破壊するまでの伸びを観測しているので**破壊劣化**にあたる。そこで，＜破壊劣化＞のメニューで分析を行う。また，劣化速度は材で異なると考えたから，材ごとに経過日と伸びの関数を破壊劣化の出力ウィンドウの散布図を活用して探索する。図13.4は材Aの散布図(❶)である。打点の動きから，横軸の経過日に**対数変換**(❷)を行い，縦軸の伸びは実尺(❸)を使う。回帰式の切片は温度の水準で共通(❹)であるとし，傾きが異なるモデルを考える。さらに，劣化の分布は通常は正規分布(❺)を仮定することが多いが，ワイブル分布などを指定することができる。JMPでは，この劣化モデルを**単純線形回路**と言う。なお，**図13.4**は表示の単純化のために信頼区間のハッチングを外した状態で表示している。

13.3 劣化分析の手順

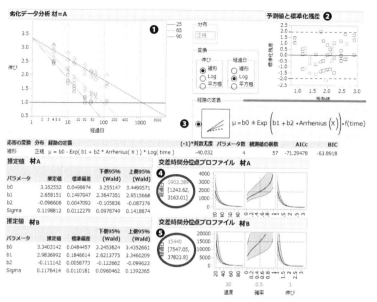

図13.6 材Aの非線形経路（定率）モデルの分析結果と材Bの母数推定

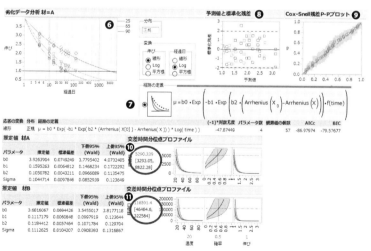

図13.7 材Aの非線形経路（反応速度）モデルの分析結果と材Bの母数推定

手順3：劣化速度の検討

　劣化速度を検討する。ここでは，材Aについて劣化速度を検討する。単純線形回路は，温度水準別に劣化を予測するモデルである。**図13.4**から残差(❻)は絶対値で2以内に収まっており，モデルのあてはまりは悪くない。

　次に母数の推定値を考察する。「どの温度条件でも共通の切片を持つ」と仮定したので，切片の値3.34が開始時の伸びの推定値である。また，温度が25℃のときの寿命の中央値は，プロファイル(❼)を使い1283.2日，信頼率95％の信頼区間は(850.9日，2101.8日)と推定(❽)する。一方，**図13.5**は材Bの分析結果である。残差の確率プロット(❿)は良好な結果(❿)を示している。このプロットは，重回帰の残差の正規確率プロットに対応するものである。材Bについても同じ温度条件で予測すると，中央値は9956.7日，信頼率95％の信頼区間は(4853.4日，24769.9日)である(❾)。材Bは中央値の信頼区間の下限でも13年超という予測である。重回帰式による予測と値が大きく違う点に注意されたい。対数尺上のちょっとした差異は，実尺に戻すと大きな差となって現れる。なお，実環境20℃の寿命は温度の水準値をアレニウス変換した値と対応する寿命の中央値(推定値)を使い，回帰分析により点推定する。20℃の材Aの点推定は2361.0日，材Bは23401.3日と求まる。

手順4：温度劣化の検討

　今度は水準値を使い，**アレニウス則**を仮定した温度劣化を調べる。破壊劣化の出力ウィンドウで，散布図を眺めながら候補になる劣化モデルのあてはまりを確認する。本例では，手順3の結果を加味して劣化モデルを，

$$\hat{y} = b_0 - \exp\{b_1 - b_2/(k_B T)\} \log(x) \tag{13.4}$$

と考える。ここで$\hat{y}$は伸びの推定値，$\log(x)$は経過日の常用対数である。b_0が試験開始時の伸び比の推定値である。JMPではこのモデルを**定率モデル**と言う。時間(あるいは対数を取った時間)に対して線形な劣化経路を持ち，反応速度(変化率)が温度の関数で表されるモデルである。材Aの結果と材Bの母数推定の結果などを**図13.6**に示す。**図13.6**の散布図(❶)を見ると，想定した定率モデル(❸)はデータによくあてはまっている。また残差プロット(❷)からは

13.3 劣化分析の手順

外れ値は見当たらない.

次に,材Aと材Bの推定値を較べると切片(b0)とSiguma(標準偏差)はほぼ同じ値であり,温度の劣化エネルギー(b2)は材Bのほうが少し大きい.また,温度劣化の定数(b1)の推定値はB材のほうが大きいから,材Aに比べて劣化の進行が遅いことがわかる.各材の劣化式は以下のとおりである.

材Aの伸び $= 3.353 - \exp\{2.658 - 0.097/(k_B T)\} \log($経過日$)$

材Bの伸び $= 3.340 - \exp\{2.984 - 0.111/(k_B T)\} \log($経過日$)$

定率モデルを使った20℃の寿命の中央値は,材Aでは1903日,信頼率95%の信頼区間は(1243.6日,3163.0日)(❹)である.材Bでは15440日,信頼区間は(7547.1日,37823.8日)(❺)である.材Bでは信頼区間の下限値でも20年ほどの寿命がある.

今度は,別の劣化モデル,**反応速度モデル**をあてはめてみよう.

$$y = b_0 \exp\left[-b_1 \exp\left\{b_2\left(\frac{11605}{T_0} - \frac{11605}{T}\right)\right\} x\right] \tag{13.5}$$

ここで,$T_0 = 273.15 + \overline{temp}(= 57.5)$, $T = 273.15 + temp$

分析の結果を図13.7に示す.図13.7の散布図(❻)から,(13.5)式のモデル(❼)もデータがよくあてはまっているように見える.残差分析の状態(❽,❾)も外れ値がなく良好である.反応速度モデルは得られた推定値を使って,

材Aの伸び $= 3.926 \exp\left[-0.160 \exp\left\{0.105\left(\frac{11605}{T_0} - \frac{11605}{T}\right)\right\} \log($経過日$)\right]$

材Bの伸び $= 3.682 \exp\left[-0.112 \exp\left\{0.118\left(\frac{11605}{T_0} - \frac{11605}{T}\right)\right\} \log($経過日$)\right]$

と表すことができる.このときの20℃における寿命の中央値は,材Aの場合は,5290.3日,信頼率95%の信頼区間は(3293.1日,8822.3日)(❿)であり,材Bの場合は116591.4日,信頼区間は(46484.6日,322584日)(⓫)である.本例では,反応速度モデルを使うと一番長い寿命が得られる.

手順5:疑似寿命の予測

得られた劣化モデルを使って**疑似寿命**の予測を行う.定率モデルや反応速度モデルでは<交差時間分位点プロファイル>を使って,各温度条件の疑似寿

命を求めることができる。検討した4つのモデルの疑似寿命をまとめたものが**表13.2**である。モデルによって，実寿命（20℃）での予測が大きく異なる点に注意されたい。**表13.2**の値からわかるように，重回帰式は，他のモデルよりも活性化エネルギーが小さく保守的な予測になる。逆に，指数関数を持つ効果により寿命が大きく推定されるのが反応速度モデルである。定率モデルと単純線形回路モデルはほぼ同等の予測となり，重回帰式と反応速度モデルの間の中庸な予測になる。どのモデルがふさわしいかを調べる統計的な物差しはAICやBICといった適合度指標だが，劣化分析の予測は重回帰と異なり外挿するので，過去のデータの蓄積による物理化学的な知見を加味したモデルの選定が非常に大切である。

表13.2　各劣化モデルから推定した疑似寿命

モデル	初期伸び		劣化エネルギー		活性化エネルギー		20℃の予測		25℃の予測		65℃の予測		90℃の予測	
	材A	材B	材A	材B	材A	材B	材A	材B	材A	材B	材A	材B	材A	材B
重回帰	3.5	3.5	0.173	0.173	0.289	0.336	456.6	1327.6	376.9	1061.8	99.7	225.7	50.4	101.9
単純線形回路	3.34	3.32	0.045	0.043	0.515	0.737	1681.0	14245	1283.2	9956.7	90.5	199.6	38.1	66.5
定率	3.35	3.34	0.097	0.111	0.521	0.730	1903.3	15440	1190.6	7775.2	93.6	214.9	37.1	62.2
反応速度	3.93	3.68	0.105	0.118	0.626	0.920	5290.3	116591	2968.8	48253.7	138.2	518.6	46.8	112.8

操作　13.3：ゴム材の劣化分析（単純線形回路）

① データセット『ゴム材の伸び』^{U} を読込む。

② <分析> ⇒ <信頼性/生存時間分析> ⇒ <破壊劣化> を選びダイアログを表示する。

③ <列の選択> で伸びを選び <Y, 目的変数> を押す。

④ <列の選択> で経過日を選び <時間> を押す。

⑤ <列の選択> で温度を選び <X> を押す。

⑥ <列の選択> で材を選び <By> を押し <OK> を押す。

⑦ 出力ウィンドウの <劣化データ分析 材＝A> ブロックで⑧～⑪の操作を行う。

⑧ <分布> を <正規> のままとし，<経過日> に <Log> にチェックを入れて，対数尺に変更する。

⑨ <経路の定義>で<$\mu = b0 + b1x \times f(\text{time})$>(図 13.4 の❹参照)を選び、<レポートの生成>を押す。

⑩ <交差時間分位点プロファイル>で、伸びの値 2.05 をクリックし<1>を入力する。

⑪ <交差時間分位点プロファイル>で温度の欄の赤垂線を動かして、各水準の疑似寿命を確認する。

⑫ 出力ウィンドウの<劣化データ分析 材=B>ブロックで⑧～⑪を繰返す。

操作 13.4：ゴム材の劣化分析（非線形経路：定率モデル）

① 操作 13.3 に引き続き、出力ウィンドウの<劣化データ分析 材=A>のブロックで②～⑥を行う。

② <経路の定義>で<$\mu = b0 \pm \text{Exp}(b1 + b2 \times \text{Arrhenius}(x)) \times f(\text{time})$>（図 13.6 の❸参照）を選ぶ。

③ 表示されたダイアログのリストから<摂氏>を選び<OK>を押す。

④ <レポートの生成>を押す。

⑤ <交差時間分位点プロファイル>で、伸びの値 2.05 をクリックし<1>を入力する。

⑥ <交差時間分位点プロファイル>で温度の欄の赤垂線を動かして、各水準の疑似寿命を確認する。

⑦ 出力ウィンドウの<劣化データ分析 材=B>ブロックで②～⑥を繰返す。

操作 13.5：ゴム材の劣化分析（非線形経路：反応速度タイプ）

① 操作 13.4 に引き続き、出力ウィンドウの<劣化データ分析 材=A>のブロックで②～⑤を行う。

② <経路の定義>で反応速度タイプ（図 13.7 の❼参照）のモデルを選ぶ。

③ 表示されたダイアログで<使用条件化の温度…>に<20>を入力し、<OK>を押す。

④ <レポートの生成>を押す。

⑤ <交差時間分位点プロファイル>で温度・確率・伸びの条件を動かして、各水準の疑似寿命を確認する。

⑥ 出力ウィンドウの＜劣化データ分析 材＝B＞ブロックで②〜⑤を繰返す。

13.4 劣化分析の事例

　長寿命の製品では試験で強いストレスを与え，短い時間で故障を発生させる**加速寿命試験**が使われる。13.4節で紹介するデータは，Meeker & Escobar (1998)からの引用である。開発中のデバイスは，80℃の環境で15年の寿命(中央値の点推定)を保証することが設計目標だという。また，このデバイスは電力低下が－0.5(db)以下になったときに寿命と判断される。試作段階のデバイスBの信頼性を評価するために，150℃，195℃，237℃の3水準で34個のユニットの電圧低下を観測する試験が行われた。試験で得られたデータが『Device B』^{S}に保存されている。このデータを使って，**図13.8**の散布図を作成する。横軸は観測時点で対数尺の表示になっており，縦軸は電圧低下量である。**図13.8**より温度が高くなると電圧低下が進んでいることがわかる。次に，温度加速性を検討する。デバイスBの故障や劣化はアレニウス則に従うとして，

$$y = b_0 \left[1 - \exp\left(-b_1 \exp\left(b_2\left(\frac{11605}{T_0} - \frac{11605}{T}\right)\right) x\right)\right] \tag{13.6}$$

　ここで，$T_0 = 273.15 + \overline{temp}\,(=193.5)$，$T = 273.15 + temp$

の温度加速を考える。このデータは13.3節と異なり，34個のユニットの**経時劣化**のデータであるから，個々のユニットの分析とグループの分析ができる。個々のユニットに対して反応速度モデルをあてはめた結果を**図13.9**左に示す。150℃の水準では，4000時間の試験の電力低下が－0.5(db)以下のものはない。**図13.9**右は温度水準ごとの反応速度モデルをあてはめたものである。以下では，個々のユニットに反応速度をあてはめたモデルを使って，34個の故障時点あるいは擬似故障時点を予測する。その結果を**図13.10**左に示す。**図13.10**右はデバイスBの寿命予測である。ここでは，寿命分布に対数正規分布を仮定する。分位点プロファイルから，80℃のときの中央値寿命と信頼度90％点は175836.8時間(約20年)，115769.3時間(約13年)と予測できる。中央値寿命の点推定の判断であれば，15年の設計目標を達成したと考えられるが，中

13.4 劣化分析の事例

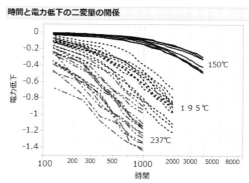

図13.8 デバイスBの電圧劣化の状況

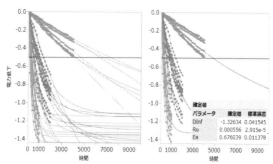

図13.9 反応速度モデルのあてはめ（左：個々のユニット　右：全体）

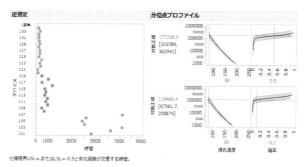

図13.10 デバイスBの寿命予測

央値の信頼率95%の下限値を考えれば，103201時間(12年弱)であるから15年の設計目標を達成したとは言い難い。

|操作| **13.6：デバイスBの劣化分析**

① 『Device B』^{S} を読込む（Dataフォルダ下のReliabilityフォルダ）．
② <分析>⇒<信頼性/生存時間分析>⇒<劣化分析>を選ぶ．
　（ここで，表示されたダイアログで<反復測定劣化>のタブを選ぶ）
③ <列の選択>で電力低下を選び<Y,目的変数>を押す．
④ <列の選択>で時間を選び<時間>を押す．
⑤ <列の選択>で摂氏温度を選び<X>を押す．
⑥ <列の選択>でデバイスを選び<ラベル，システムID>を押す．
⑦ <下限仕様限界>のテキストボックスに<-0.5>を入力し，<OK>を押す．

|操作| **13.7：デバイスBの反応速度モデルのあてはめ**

① 出力ウィンドウの<劣化データ分析>左赤▼を押し，<グラフオプション>から<あてはめ線の表示>を選ぶ．
② ①と同様に赤▼を押し，<劣化経路の種類>から<非線形経路>を選ぶ．
③ <モデルの指定>ブロックの<空白>を押し，<反応速度>を選ぶ．
④ 表示されたダイアログで<温度の単位>は<摂氏>を選び，基準の温度は変えずに<OK>を押す．
⑤ <モデルの指定>ブロックで<使用して保存>を押す．
⑥ 同じブロックの<モデルのあてはめ>を押し，<現モデルのレポート…>を押す．
⑦ 同じブロックの<反応速度1>を押し，<反応速度>を選び，操作④を行う．
⑧ 同じブロックのテキストボックスの<反応速度1>を<反応速度2>に変え，<使用して保存>を押す．
⑨ 同じブロックで<システムIDごとのあてはめ>を押し，<現モデルのレポートを生成>を押す．

|操作| **13.8：デバイスBの寿命予測**

13.4 劣化分析の事例

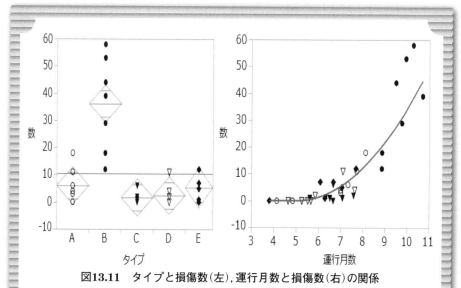

図13.11 タイプと損傷数(左), 運行月数と損傷数(右)の関係

モデル全体の検定

モデル	(-1)*対数尤度	尤度比カイ2乗	自由度	p値(Prob>ChiSq)
差分	288.367079	576.7342	9	<.0001*
完全	67.8358306			
縮小	356.20291			

適合度統計量	カイ2乗	自由度	p値(Prob>ChiSq)
Pearson	39.4511	24	0.0245*
デビアンス	37.8052	24	0.0363*

AICc
165.2369

パラメータ推定値

項	推定値	標準誤差	尤度比カイ2乗	p値(Prob>ChiSq)	下側信頼限界	上側信頼限界
切片	-5.155724	0.8002054	53.178917	<.0001*	-6.777452	-3.638783
タイプ[A]	0.19491	0.1501877	1.6379736	0.2006 ❷	-0.106136	0.4846941
タイプ[B]	-0.154962	0.231714	0.4481919	0.5032	-0.610994	0.2980082
タイプ[C]	-0.568204	0.2547862	5.7595803	0.0164*	-1.106185	-0.098525
タイプ[D]	0.0594172	0.2229177	0.0700917	0.7912	-0.40192	0.4773115
建造年度[60]	-0.448011	0.1230966	14.329114	0.0002*	-0.694978	-0.211859
建造年度[65]	0.2145384	0.0906254	5.5231001	0.0188*	0.0358754	0.3915657
建造年度[70]	0.3117268	0.0945721	10.669275	0.0011*	0.12553	0.496785
運行年度[60]	-0.185138	0.0590727	9.9718756 ❶	0.0016*	-0.301762	-0.069969
運行月数	0.9027067	0.1018031	101.28000	<.0001*	0.7082318	1.107514

図13.12 ポアソン回帰分析の結果

①出力ウィンドウの<逆推定>のタブを押し，<逆推定>左赤▼を押して<交差時間の保存>を選ぶ．
②表示されたデータテーブルで<分析>⇒<信頼性/生存時間…>⇒<寿命の二変量>を選ぶ．
③表示されたダイアログの<列の選択>で摂氏温度左▇を右クリックし，順序尺度から連続尺度に変える．
④ダイアログの<分布>は<対数正規>を選ぶ．
⑤<列の選択>で予測を選び<Y, イベントまでの時間>を押す．
⑥<列の選択>で摂氏温度を選び<X>を押し，<OK>を押す．
⑦出力ウィンドウの<比較>のタブを<分位点>に変更する．
⑧<分位点プロファイル>で摂氏温度を<80℃>に確率を<0.5>に設定する．

13.5　ポアソン回帰の適用例

時間の経過と共に損傷や故障などのイベント数が増えていく現象に対して，イベント数を予測したい場合がある．このとき，イベント数は対象全体に較べて非常に小さな数であり，イベントが発生しないこともある．このような場合に重回帰分析を使うと，予測値が負の値になりモデルの解釈が難しくなる．13.5 節では，貨物船損傷データ，『Ship Damage』[S]を使い，イベント発生数を予測する**ポアソン回帰**を紹介する．本例は，波が原因で貨物船の前部に生じた損傷を貨物船のタイプ別に分類して，損傷数を観測したものである．分析の目的は 3 つの要因と損傷するリスクの関連を調べることである．3 つの要因とは，貨物船のタイプ，建造年度，そして運行期間を表す運行年度である．**図13.11**左は，貨物船のタイプと損傷の数のひし形プロットである．この結果からタイプ B の損傷の数が多いと結論を急いではいけない．**図13.11** 右は運行月数と損傷の数の散布図である．運行月数はあらかじめ対数変換された値である．散布図の曲線は運行月数を要因に，損傷の数の平方根を特性としたときの回帰曲線である．損傷の数は運行月数にも影響を受けている．このとき，マーカーの●がタイプ B の位置を表しており，タイプ B の貨物船は運行月数の多い部分に

13.5 ポアソン回帰の適用例

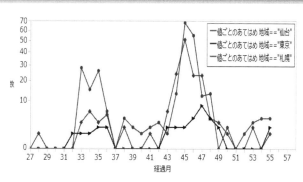

図13.13 プリント板の故障数の推移

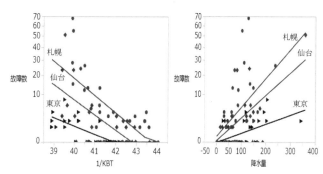

図13.14 最低温度と故障数(左),降水量と故障数(右)

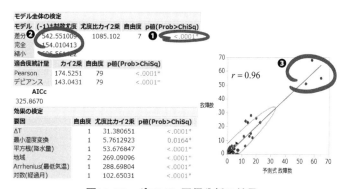

図13.15 ポアソン回帰分析の結果

偏っている。つまり，タイプ B の損傷数が多いのは，貨物船のタイプの問題なのか，運行月数の影響なのかがはっきりしない。このデータにポアソン回帰を使ってみよう。**図13.12** は時点変数を要因に組込んだ場合のポアソン回帰の結果である。時点変数の効果は，他の要因のカイ 2 乗値に較べて圧倒的に大きい（❶）。一方，タイプの違いはタイプ E を基準にしたときに有意な差があるのはタイプ C だけである（❷）。ポアソン回帰で他の要因の影響を取り除いた後の効果と，**図13.11** 左のグラフで示す効果の印象と大きく異なるのである。なお，『Ship Damage』の出典である McCullagh & Nelder(1989)では時点変数をオフセットにした分析を行っている。時点変数をオフセットする方法は JMP のドキュメンテーションを参照してほしい。

　ポアソン回帰の事例をもう 1 つ紹介する。屋外で使われる計測機器に組込まれている圧力センサに付随するプリント板の腐食に関する話である。この計測器の耐用寿命は 6 年で運用されている。ここでは 3 都市で使われている計測機器の故障履歴にポアソン回帰を適用した内容に絞って，分析手順を述べる。

　図13.13 は，あるロットのプリント板の経過月(27月～55月)と故障数の平方根との関係を 3 都市で層別したものである。月次の平均故障率はおよそ $10^{-4}(1/月)$ のオーダである。**図13.13** から時間と共に故障数が増加しているようにも見える。また，33 月および 45 月の前後で故障が急に増えていることがわかる。故障が増えているのは夏場 6 月～9 月であった。このため，故障数と気象状況との関係が疑われた。**図13.14** 左はアレニウス変換した月次の最低気温 $1/k_BT$ と故障数の平方根との関係である。3 都市では回帰直線の傾きが異なるものの，故障数は最低温度が高いほど増えている。**図13.14** 右は月次の降水量と故障数の平方根との関係である。こちらも，3 都市で傾きが異なるものの，降水量が多いほど故障数も増えている。このデータ，『屋外計測器』にポアソン回帰を使ってみよう。故障数に影響を与える要因は，地域・$1k_BT$・月次の温度差ΔT・ロジット型の変換をした最小湿度変換・降水量の平方根，それに時点変数の対数を取った経過月である。**図13.15** にポアソン回帰分析の結果を示す。モデルは p 値（❶）から高度に有意である。

13.5 ポアソン回帰の適用例

パラメータ推定値

項	推定値	標準誤差	尤度比カイ2乗	p値(Prob>ChiSq)	下側信頼限界	上側信頼限界
切片	40.574936	3.9150828	128.95426	<.0001*	33.060833	48.426535
ΔT	-0.495511	0.0899367	31.380651	<.0001*	-0.673264	-0.320482
最小湿度変換	-1.184094	0.4954789	5.7612923	0.0164*	-2.160532	-0.216619
平方根(降水量)	0.1205331	0.0158197	53.676847	<.0001*	0.0892692	0.1513335
地域[仙台]	0.3160344	0.0832661	14.814197	0.0001*	0.1543256	0.4815277
地域[東京]	-2.229206	0.1698101	231.95097	<.0001*	-2.570929	-1.904422
Arrhenius(最低気温)	-1.201993	0.0881296	288.69804	<.0001*	-1.38069	-1.034772
対数(経過月)	3.2698641	0.3449018	102.65031	<.0001*	2.6043799	3.9574501

図13.16 ポアソン回帰分析による母数推定

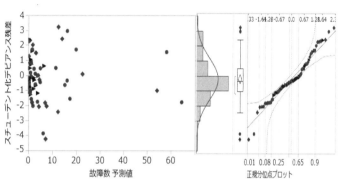

図13.17 スチューデント化デビアンス残差

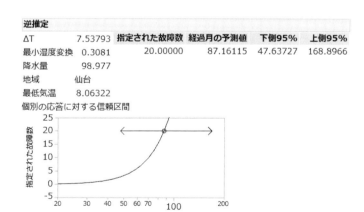

図13.18 回帰の逆推定

また，モデルのR2乗の計算は，542.55/696.56 = 0.78(❷)である。**予測値と実測値の散布図を図13.15右に示す。**故障数の大きい3点(❸)に引きずられているが，予測値は実測値によく合っている。想定した要因は**図13.16**に示すように，いずれもp値から高度に有意である。このモデルでは3都市の効果も有意である。これは，各都市の違いを説明する別の物理的な要因があるのかもしれないし，そもそも気象情報は各都市の平均的な値なので，実際に計測器が設置された場所の気象条件はわからないことによるのかもしれない。このモデルの残差を調べたグラフが**図13.17**である。**スチューデント化デビアンス残差**の分布では，両端に大きな個体はあるものの，全体としては左右対称の山型の分布にまとまっているので，構造的な問題はないと考える。以上からポアソン回帰の最終モデルを，

$$\hat{r} = \exp(\hat{\mu}) \tag{13.7}$$

$$\begin{cases} \hat{\mu} = 40.575 - 0.496\,\Delta T - 1.184\left(\dfrac{RH}{100-RH}\right) + 0.121\sqrt{降水量} \\ \quad - 1.202\,\dfrac{11605}{273.15+最低気温} + 3.270\ln(x) + \begin{cases} 0.316(仙台) \\ -2.229(東京) \\ 1.913(札幌) \end{cases} \end{cases}$$

とする。(13.7)式を使い，**図13.18**の条件で故障数が20個となる経過月を求めると，87月(7年超)となる。信頼率95％の信頼区間は(47月, 168月)である。

|操作| 13.9：貨物船の損傷数の予測

① JMPのDataフォルダの中にある『Ship Damage』^{S}を読込む。
② <分析> ⇒ <モデルのあてはめ> を選ぶ。
③ ダイアログの<列の選択>で数を選び<Y>を押す。
④ [Ctrl]を押したまま<列の選択>でタイプ・建造年数・運行年度・運行月数を選び<追加>を押す。
⑤ 手法で<一般化線形モデル>を選び分布に<Poisson>を選ぶ。
⑥ リンク関数が<対数>であることを確認したら<実行>を押す。

|操作| **13.10：屋外計測器の故障数の予測**

① 『屋外計測器』[U] を読込む。
② <分析> ⇒ <モデルのあてはめ> を選ぶ。
③ ダイアログの <列の選択> で故障数を選び <Y> を押す。
④ [Ctrl] を押したまま <列の選択> で地域・最低気温・ΔT・最小湿度変換・降水量・経過月を選び <追加> を押す。
⑤ 最低気温をアレニウス変換，降水量を平方根変換，経過月を対数変換する。
⑥ 手法で <一般化線形モデル> を選び分布に <Poisson> を選ぶ。
⑦ リンク関数が <対数> であることを確認したら <実行> を押す。
⑧ <一般化線形モデルのあてはめ> 左赤▼を押し <逆推定> を選ぶ。
⑨ 表示されたダイアログで逆推定したい値を入力する。

● 引用・参考文献

1．多変量解析全般
[1] 永田靖(1996)：『統計的方法のしくみ』，日科技連出版社
[2] 永田靖・棟近雅彦(2001)：『多変量解析法入門』，サイエンス社
[3] 廣野元久(2017)：『目からウロコの統計学』，日科技連出版社
[4] 廣野元久・林俊克(2011)：『JMPによる多変量データ活用術』(2訂2版)，海文堂出版
[5] 廣野元久・永田靖(2013)：『アンスコム的な数値例で学ぶ統計方法23講』，日科技連出版社
[6] フラーリー・リードウィル(1990)：『多変量解析とその応用』，現代数学社
[7] R.ジョンソン・D.ウィッチャン(1992)：『多変量解析の徹底研究』，現代数学社
[8] S.Chatterjee & A.Hadi(1988)：*Sensitivity Analysis In Linear Regression*，Wiley

2．決定木
[9] 大隅昇(1979)：『データ解析と管理技法』，朝倉書店
[10] M.ベリー・G.リノフ(1999)：『データマイニング手法』，海文堂出版
[11] L.Breiman et al. (1984)：*Classification And Regression Trees*,Wadsworth & Brooks
[12] マイケル・ブロードベント，山本博訳(1996)：『マイケル・ブロードベントの世界ワイン・ヴィンテージ案内』，柴田書店

3．自己組織化マップ
[13] T.コホネン(1996)：『自己組織化マップ』，シュプリンガー・フェアラーク東京

4．ニューラルネットワーク
[14] 麻生英樹(2003)：『パターン認識と学習の統計学』，岩波書店
[15] M.ベリー・G.リノフ(1999)：『データマイニング手法』，海文堂出版
[16] J.Kay & D.Titterington(1999)：*Statistics and Neural Networks*，Oxford

5．信頼性データ・生存時間分析
[17] A.アン・W.タン(1988)：『土木・建築のための確率・統計の応用』，丸善
[18] 大橋靖雄・浜田知久馬(1995)：『生存時間解析』，東京大学出版会
[19] 中村剛(2001)：『COX比例ハザードモデル』，朝倉書店
[20] W.ネルソン(1988)：『寿命データの解析』，日科技連出版社
[21] 芳賀敏郎(2010)：『医薬品開発のための統計解析 第3部非線形モデル』，サイエンティスト社
[22] 浜島信之(1990)：『多変量解析による臨床研究』，名古屋大学出版会
[23] 真壁肇・宮村鐵夫・鈴木和幸(1989)：『信頼性モデルの統計解析』，共立出版
[24] D.Hosmer & S.Lemeshow(1989)：*Applied Logistic Regression*，Wiley

[25] McCullagh & Nelder(1989)：*Generalized Linear Models, Second Edition*，Chapman and Hall/CRC
[26] W.Meeker & L.Escobar(1998)：*Statistical Methods for Reliability Data*，Wiley
[27] R.Myers & D.Montgomery & G.Vining(2002)：*Generalized Linear Models*，Wiley
[28] 廣野元久ほか(1991)：「寿命データにおける芳賀のロジスティック回帰近似の適用 微細ピッチ Al ワイヤの温度サイクル試験のデータ解析」,『信頼性・保全性シンポジウム発表報文集』巻 21st，pp.193-198
[29] 廣野元久(2001)：『故障物理と寿命予測』(セミナーテキスト)，日本科学技術連盟

索　引

アルファベット

AID　166
CHAID　162
K-Means法　85, 87
MDS　100
Pearson　24
Ward法　85, 86

あ行

アレニウス則　222, 226
アレニウスプロット　234, 236
イベントプロット　212, 216
因子の回転　46
因子負荷量　44
因子負荷量のグラフ　47
因子分析　47

か行

回帰診断　130
回帰分析　25
学習データ　186, 200
確率楕円　25
隠れ層　190
カプラン・マイヤー法　213
管理図　18
擬似故障　279
疑似寿命　285
クラスター分析　82, 85, 88
決定木　158, 170
検証データ　186, 202

さ行

最小極値分布　209
最大極値分布　210
残差　26
三次元散布図　42
散布図行列　40
自己組織化マップ　92, 96

指数分布　207, 244
重回帰分析　122, 134
主成分分析　40, 47
信頼率　22
スクリープロット　54
ステップワイズ（変数選択）　66
正規混合分析　92, 94
正規分位点プロット　20
正規分布　17
正準分析　65
生存関数　206
潜在クラス分析　98
相関分析　25
相対危険度　258
層別因子を含む重回帰分析　151

た行

対応分析　104, 109
多次元尺度構成法　100
多重共線性　124, 148
多重対応分析　114
ダミー変数　151, 156
直交回帰　28
デンドログラム　82
等高線プロファイル　196
同時線形回帰　106

な行

二元表　28
二項分布　17
2重対数プロット　244
ニューラルネットワーク　184, 192
ニューロ判別　184

は行

バイプロット　46
箱ひげ図　18
ハザード関数　207, 208, 236
外れ値プロット　80

バリマックス回転　46
判別（正準）関数　64
判別関数　64, 65
判別分析　61, 65
ひし形グラフ　33
比例ハザード法　236, 242
分散分析　28
平均再帰期間　206
変数選択　66, 136
ポアソン回帰　292
ポアソン分布　17

ま行

マイナー則　246
マハラノビス距離　80, 94
モザイク図　24, 28

や行

尤度比　24

ら行

リスク比　239, 244
リンク関数　224, 257
累積ハザード関数　208
累積ハザード法　212
累積ロジスティック回帰　272
劣化分析　279, 282
ロジスティック回帰　36, 184, 256, 258
ロジット　256

わ行

ワイブル回帰　224, 225
ワイブル確率プロット　222
ワイブル分布　209, 213

<著者>

廣野元久(ひろの　もとひさ)

株式会社リコー　NA事業部SF事業センタ所長を経て，現在
　　　　　　　　事業開発本部事業統括室シニアマネジャー
東京理科大学　　工学部経営工学科　非常勤講師（1997-1998）
慶応義塾大学　　総合政策学部　非常勤講師（2000-2004）

【主な著書】
　JMPによる多変量データ活用術（海文堂）
　目からウロコの統計学（日科技連出版社）
　グラフィカルモデリングの実際（共著：日科技連出版社）
　多変量解析実例ハンドブック（共著：朝倉書店）
　SEM因果分析入門（共著：日科技連出版社）
　アンスコム的な数値例で学ぶ統計的方法23講（共著：日科技連出版社）

JMPおよびS-RPDアドインに関する問い合わせ先

SAS Institute Japan 株式会社 JMPジャパン事業部
〒106-6111 東京都港区六本木6-10-1 六本木ヒルズ森タワー11F
TEL：03-6434-3780（平日9：00～12：00／13：00～17：00)
FAX：03-6434-3781
E-Mail：jmpjapan@jmp.com
URL：http://www.jmp.com/japan/

※本書ではJMP14を使用しております．また，S-RPDアドインは，JMPのライセンスをお持ちの方に配布しており，動作するJMPのバージョンなどいくつか制約を設けています．

JMPによる技術者のための多変量解析
―技術企画から信頼性評価まで

定価：本体 3,900 円（税別）

2018 年 11 月 30 日　第 1 版第 1 刷発行

著　者	廣野　元久	
発 行 者	揖斐　敏夫	
発 行 所	一般財団法人　日本規格協会	

〒 108-0073　東京都港区三田 3 丁目 13-12　三田 MT ビル
http://www.jsa.or.jp/
振替　00160-2-195146

印 刷 所　日本ハイコム　株式会社
製　　作　株式会社　群企画

©Motohisa Hirono, 2018　　　　　　　　　　　Printed in Japan
ISBN978-4-542-60113-0

● 当会発行図書，海外規格のお求めは，下記をご利用ください．
販売サービスチーム：(03)4231-8550
書店販売：(03)4231-8553　注文 FAX：(03)4231-8665
JSA Webdesk：https://webdesk.jsa.or.jp/